职业教育计算机类专业新形态系列教材

C 语言项目化教程

主　编　王德选　陈秀玲　冉隆毅
副主编　余　淼　陈　红
参　编　陈福平　王晨瑞

电子工业出版社
Publishing House of Electronics Industry
北京·BEIJING

内 容 简 介

全书采用项目化、任务式的编写方式。项目名称以主副标题形式归纳概括,清晰明了;各个项目按照知识点拆分为若干个任务,每个任务都从全国计算机等级考试考点入手,并配套全国计算机等级考试C语言试题,将理论和实践相融合,循序渐进地介绍C语言的知识点。全书分为11个项目,分别是熟悉老朋友——C语言、开启学习之旅——遵守规则、开启编程之路——顺序结构程序设计、进阶程序设计——选择结构程序设计、高阶程序设计——循环结构程序设计、玩转N维编程——数组、提升编程效率——函数、提优增速——指针、思前想后——预处理功能、整合资源——结构体与联合和所见即所得——图形可视化。并且每个项目都配备了例题和具体的实现代码,此外还配套线上视频讲解、拓展训练、课后习题等。

本书可作为大数据、人工智能、智能控制、工业机器人等相关专业的编程教材,也可作为广大计算机爱好者或全国计算机等级考试的参考书。

未经许可,不得以任何方式复制或抄袭本书之部分或全部内容。
版权所有,侵权必究。

图书在版编目(CIP)数据

C语言项目化教程/王德选,陈秀玲,冉隆毅主编. —北京:电子工业出版社,2023.1
ISBN 978-7-121-44793-8

Ⅰ.①C… Ⅱ.①王… ②陈… ③冉… Ⅲ.①C语言—程序设计—教材 Ⅳ.①TP312.8

中国版本图书馆CIP数据核字(2022)第255001号

责任编辑:孙 伟 文字编辑:李书乐
印 刷:北京七彩京通数码快印有限公司
装 订:北京七彩京通数码快印有限公司
出版发行:电子工业出版社
  北京市海淀区万寿路173信箱 邮编:100036
开 本:787×1092 1/16 印张:21 字数:532.8千字
版 次:2023年1月第1版
印 次:2023年8月第2次印刷
定 价:67.00元

凡所购买电子工业出版社图书有缺损问题,请向购买书店调换。若书店售缺,请与本社发行部联系,联系及邮购电话:(010)88254888,88258888。
质量投诉请发邮件至zlts@phei.com.cn,盗版侵权举报请发邮件至dbqq@phei.com.cn。
本书咨询联系方式:(010)88254571或lishl@phei.com.cn。

前　言

全书采用项目化教程模式，将 C 语言的知识点拆分成若干个子任务；通过任务描述、相关知识、国考训练课堂，将知识点融会贯通；采用实战的方式，详细介绍 C 语言的各个知识点，并且全部例题配备了试题分析、代码实现和运行结果；国考训练课堂配套了答案解析，方便初学者快速理解和领悟各个知识点的综合应用。此外，全书融入了课程思政元素，旨在实现全课程育人、全方位育才先育人的目标。

主要内容

本书可视为是一本以任务驱动、问题导向的书籍，非常适合零基础的读者学习 C 语言。全书分为 11 个项目，每个项目中又有若干个任务。

项目 1　熟悉老朋友——C 语言，分为 4 个任务，主要阐述 C 语言的发展历程、C 语言的发展与特点、C 语言程序的基本结构、C 语言程序的运行环境和操作步骤。其中，在 C 语言程序的运行环境中详细阐述了在 Visual C++6.0 和 Visual Studio 2015 环境下的运行实现。

项目 2　开启学习之旅——遵守规则，分为 4 个任务，以常量、变量和标识符，常用的数据类型，运算符和表达式，数据类型间的转换引领贯穿；着重介绍了 C 语言的关键字与标识符、常量与变量的区别和联系、各种不同的数据类型、常用运算符及运算符的优先级与结合性等的综合运用。

项目 3　开启编程之路——顺序结构程序设计，分为 3 个任务，以程序控制的基本结构、数据的输入输出和顺序结构的程序设计为载体，主要阐述了结构化程序设计思想、C 语言语句概述、printf()函数、scanf()函数、putchar()函数、getchar()函数等。

项目 4　进阶程序设计——选择结构程序设计，分为 3 个任务，以 if 语句、switch 语句为基础，以多种选择结构的典型应用为实践，主要阐述了单分支 if 语句、双分支 if 语句、多分支 if 语句、switch 语句、break 语句等。

项目 5　高阶程序设计——循环结构程序设计，分为 5 个任务，以 while 语句、do…while 语句、for 循环语句、if 和 goto 构成的循环语句、循环的嵌套为切入点，主要介绍了 4 种循环控制语句及其综合实践应用等。

项目 6　玩转 N 维编程——数组，分为 3 个任务，以一维数组、二维数组和字符数组为载体，借助典型例题，主要阐述了 C 语言中同类型集合数据的处理、应用等。

项目 7　提升编程效率——函数，分为 5 个任务，详细阐述了函数的定义、函数的调用、函数的嵌套和递归调用、数组作为函数参数和变量的存储类型。

项目 8　提优增速——指针，分为 3 个任务。主要介绍了指针的概念、指针与函数和指针与数组。

项目 9　思前想后——预处理功能，分为 4 个任务，以预处理、宏、文件包含、条件编译为导向，详细阐述了 C 语言的预处理命令、不带参数的宏定义、带参数的宏定义、宏定义的嵌套及文件包含的定义、格式、功能。

项目 10　整合资源——结构体与联合，分为 4 个任务，详细阐述了结构体、使用结构体指针处理链表、联合和枚举。

项目 11　所见即所得——图形可视化，分为 2 个任务，以安装 EasyX、鼠标操作为引领，详细阐述了使用 C 语言实现图形可视化操作时的基本库的安装、使用及常用的鼠标操作。

本书由重庆化工职业学院的王德选、陈秀玲、冉隆毅担任主编，重庆三峡职业学院的余淼、重庆化工职业学院的陈红担任副主编，参加编写的还有重庆化工职业学院的陈福平、南华大学本科在读学生王晨瑞。其中王德选编写项目 1、项目 2 和项目 3；陈秀玲编写项目 5 和项目 7；冉隆毅编写项目 4；余淼编写项目 6 和项目 8；陈红编写项目 9 和项目 10 的任务 1、任务 2；陈福平编写项目 11；王晨瑞编写项目 10 的任务 3、任务 4 和附录Ⅰ、附录Ⅱ、附录Ⅲ、附录Ⅳ。全书由陈秀玲统稿。

本书特色

（1）项目化教程，知识点以任务的形式贯穿。

（2）全书每个项目都有项目导读并融入课程思政元素，做到了全课程育人。

（3）语言简明易懂，由浅入深介绍 C 语言并实现进阶编程。

（4）每个项目中的例题配有分析过程、实现代码和运行结果；并且每个项目都配有拓展训练和课后习题，便于读者阶段性学习检验和学以致用。

（5）所选例题贴近生活、内容丰富，涵盖 11 个项目、40 个任务，并配套国考试题。

配套资源

为便于教学，本书配有教学课件、全部项目任务的例题源代码、微课视频、教学日历、教案、习题答案、安装软件等。读者可以通过扫描书中相应的二维码获取。

读者对象

本书可作为大数据、人工智能、智能控制、工业机器人等相关专业的编程教材，也可作为广大计算机爱好者或全国计算机等级考试的参考书。

由于时间和水平有限，书中难免存在疏漏之处，欢迎读者批评指正。

编　者
2022 年 6 月

目 录

项目1 熟悉老朋友——C语言 ································ 1
任务1 C语言的发展历程 ································ 1
一、任务描述 ································ 1
二、相关知识 ································ 1
三、国考训练课堂1 ································ 5
任务2 C语言的发展与特点 ································ 7
一、任务描述 ································ 7
二、相关知识 ································ 7
三、国考训练课堂2 ································ 9
任务3 C语言程序的基本结构 ································ 10
一、任务描述 ································ 10
二、相关知识 ································ 10
三、国考训练课堂3 ································ 12
任务4 C语言程序的运行环境和操作步骤 ································ 13
一、任务描述 ································ 13
二、相关知识 ································ 14
三、国考训练课堂4 ································ 28
拓展训练1 ································ 29
一、实验目的与要求 ································ 29
二、实验内容 ································ 29
课后习题1 ································ 31

项目2 开启学习之旅——遵守规则 ································ 32
任务1 常量、变量和标识符 ································ 32
一、任务描述 ································ 32
二、相关知识 ································ 32
三、国考训练课堂1 ································ 35
任务2 常用的数据类型 ································ 36

	一、任务描述	36
	二、相关知识	37
	三、国考训练课堂 2	40
任务 3	运算符和表达式	41
	一、任务描述	41
	二、相关知识	41
	三、国考训练课堂 3	47
任务 4	数据类型间的转换	49
	一、任务描述	49
	二、相关知识	49
	三、国考训练课堂 4	51
拓展训练 2		52
	一、实验目的与要求	52
	二、实验内容	53
课后习题 2		53

项目 3　开启编程之路——顺序结构程序设计 　57

任务 1	程序控制的基本结构	57
	一、任务描述	57
	二、相关知识	57
	三、国考训练课堂 1	59
任务 2	数据的输入输出	60
	一、任务描述	60
	二、相关知识	60
	三、国考训练课堂 2	67
任务 3	顺序结构的程序设计	69
	一、任务描述	69
	二、相关知识	69
	三、国考训练课堂 3	72
拓展训练 3		73
	一、实验目的与要求	73
	二、实验内容	74
课后习题 3		75

项目 4　进阶程序设计——选择结构程序设计 　79

任务 1	if 语句	79
	一、任务描述	79
	二、相关知识	79

三、国考训练课堂 1 ·· 84
任务 2　switch 语句 ··· 85
　　一、任务描述 ·· 85
　　二、相关知识 ·· 85
　　三、国考训练课堂 2 ·· 88
任务 3　多种选择结构的典型应用 ··· 91
　　一、任务描述 ·· 91
　　二、相关知识 ·· 91
　　三、国考训练课堂 3 ·· 95
拓展训练 4 ··· 98
　　一、实验目的与要求 ··· 98
　　二、实验内容 ·· 98
课后习题 4 ··· 100

项目 5　高阶程序设计——循环结构程序设计 ··· 104
任务 1　while 语句 ·· 104
　　一、任务描述 ·· 104
　　二、相关知识 ·· 104
　　三、国考训练课堂 1 ·· 108
任务 2　do…while 语句 ·· 110
　　一、任务描述 ·· 110
　　二、相关知识 ·· 110
　　三、国考训练课堂 2 ·· 113
任务 3　for 循环语句 ··· 115
　　一、任务描述 ·· 115
　　二、相关知识 ·· 115
　　三、国考训练课堂 3 ·· 118
任务 4　if 和 goto 构成的循环语句 ·· 120
　　一、任务描述 ·· 120
　　二、相关知识 ·· 120
　　三、国考训练课堂 4 ·· 122
任务 5　循环的嵌套 ·· 123
　　一、任务描述 ·· 123
　　二、相关知识 ·· 123
　　三、国考训练课堂 5 ·· 130
拓展训练 5 ·· 132
　　一、实验目的与要求 ··· 132
　　二、实验内容 ·· 133

课后习题 5 ·· 134

项目 6　玩转 N 维编程——数组 ··· 137
任务 1　一维数组 ·· 137
　　一、任务描述 ·· 137
　　二、相关知识 ·· 137
　　三、国考训练课堂 1 ··· 143
任务 2　二维数组 ·· 145
　　一、任务描述 ·· 145
　　二、相关知识 ·· 145
　　三、国考训练课堂 2 ··· 151
任务 3　字符数组 ·· 152
　　一、任务描述 ·· 152
　　二、相关知识 ·· 152
　　三、国考训练课堂 3 ··· 162
拓展训练 6 ·· 164
　　一、实验目的与要求 ··· 164
　　二、实验内容 ·· 165
课后习题 6 ·· 168

项目 7　提升编程效率——函数 ·· 174
任务 1　函数的定义 ·· 174
　　一、任务描述 ·· 174
　　二、相关知识 ·· 174
　　三、国考训练课堂 1 ··· 177
任务 2　函数的调用 ·· 178
　　一、任务描述 ·· 178
　　二、相关知识 ·· 178
　　三、国考训练课堂 2 ··· 183
任务 3　函数的嵌套和递归调用 ·· 185
　　一、任务描述 ·· 185
　　二、相关知识 ·· 185
　　三、国考训练课堂 3 ··· 189
任务 4　数组作为函数参数 ··· 190
　　一、任务描述 ·· 190
　　二、相关知识 ·· 191
　　三、国考训练课堂 4 ··· 193
任务 5　变量的存储类型 ··· 195

一、任务描述 ·· 195
　　二、相关知识 ·· 195
　　三、国考训练课堂 5 ·· 203
拓展训练 7 ·· 204
　　一、实验目的与要求 ·· 204
　　二、实验内容 ·· 204
课后习题 7 ·· 205

项目 8　提优增速——指针 ··· 209

任务 1　指针的概念 ·· 209
　　一、任务描述 ·· 209
　　二、相关知识 ·· 209
　　三、国考训练课堂 1 ·· 214
任务 2　指针与函数 ·· 215
　　一、任务描述 ·· 215
　　二、相关知识 ·· 215
　　三、国考训练课堂 2 ·· 220
任务 3　指针与数组 ·· 222
　　一、任务描述 ·· 222
　　二、相关知识 ·· 222
　　三、国考训练课堂 3 ·· 231
拓展训练 8 ·· 232
　　一、实验目的与要求 ·· 232
　　二、实验内容 ·· 232
课后习题 8 ·· 234

项目 9　思前想后——预处理功能 ······························ 237

任务 1　预处理 ·· 237
　　一、任务描述 ·· 237
　　二、相关知识 ·· 237
　　三、国考训练课堂 1 ·· 238
任务 2　宏 ·· 240
　　一、任务描述 ·· 240
　　二、相关知识 ·· 240
　　三、国考训练课堂 2 ·· 248
任务 3　文件包含 ·· 250
　　一、任务描述 ·· 250
　　二、相关知识 ·· 250

三、国考训练课堂 3 ·· 252
　　任务 4　条件编译 ·· 254
　　　　一、任务描述 ·· 254
　　　　二、相关知识 ·· 254
　　　　三、国考训练课堂 4 ·· 258
　　拓展训练 9 ·· 260
　　　　一、实验目的与要求 ·· 260
　　　　二、实验内容 ·· 260
　　课后习题 9 ·· 261

项目 10　整合资源——结构体与联合 ·· 264
　　任务 1　结构体 ·· 264
　　　　一、任务描述 ·· 264
　　　　二、相关知识 ·· 265
　　　　三、国考训练课堂 1 ·· 274
　　任务 2　使用结构体指针处理链表 ·· 276
　　　　一、任务描述 ·· 276
　　　　二、相关知识 ·· 276
　　　　三、国考训练课堂 2 ·· 281
　　任务 3　联合 ·· 283
　　　　一、任务描述 ·· 283
　　　　二、相关知识 ·· 283
　　　　三、国考训练课堂 3 ·· 288
　　任务 4　枚举 ·· 289
　　　　一、任务描述 ·· 289
　　　　二、相关知识 ·· 289
　　　　三、国考训练课堂 4 ·· 290
　　拓展训练 10 ·· 291
　　　　一、实验目的与要求 ·· 291
　　　　二、实验内容 ·· 292
　　课后习题 10 ·· 293

项目 11　所见即所得——图形可视化 ·· 300
　　任务 1　安装 EasyX ·· 300
　　　　一、任务描述 ·· 300
　　　　二、相关知识 ·· 300
　　　　三、课堂训练 ·· 305
　　任务 2　鼠标操作 ·· 308

  一、任务描述 308
  二、相关知识 308
 拓展训练 11 312
  一、实验目的与要求 312
  二、实验内容 312
 课后习题 11 314

附录 Ⅰ ASCII 码对照表 315

附录 Ⅱ C 语言中的关键字 316

附录 Ⅲ 运算符和结合性 317

附录 Ⅳ 全国计算机等级考试二级 C 语言程序设计考试大纲（2018 年版） 319

项目 1　熟悉老朋友——C 语言

项目导读

C 语言诞生到现在已经有 50 多年的历史了，可以说经久不衰。C 语言是一门编译型语言，有着悠久的历史和广泛的使用人群，它有着怎样的发展历程？都有哪些特性？如何运行一个 C 语言程序？带着这些疑问，开启本项目的学习。本项目主要介绍计算机语言的划分，程序算法的基本概念、特性，C 语言的产生过程及其特点，C 语言的基本结构，以及 C 语言的实践操作过程等。

项目目标

1. 学习 C 语言的分类，理解算法的特性，培养学生做事情要掌握一定的方法和步骤。

2. 学习 C 语言的发展历程，引导学生懂得经典的事物是经得起历史的洗礼、时间的推敲的，引导学生要静下心来潜心学习，更要经得起诱惑、耐得住寂寞、坐得住板凳。

3. 学习 C 语言的基本结构、32 个关键字，培养学生从现在做起，每天坚持理解和背诵单词，养成良好的纠错思维。

4. 学习 C 语言的 IDLE 集成运行环境，使学生在生活中学会变通，造就一专多能的本领。

任务 1　C 语言的发展历程

微课视频

一、任务描述

人与计算机之间进行信息交换的工具就是计算机语言。计算机语言分为机器语言、汇编语言和高级语言 3 种。

二、相关知识

1. 计算机语言

1）机器语言（Machine Language）

每种型号的计算机都有自己的指令系统，也称机器语言。机器语言是计算机系统所能识别的，不需要翻译直接供机器使用的程序设计语言。机器语言中的每条语句（指令）实际是二进制形式的指令代码，计算机能直接识别和执行，不需要进行任何翻译。指令是指示计算机执行一个基本操作的命令，它通常包括两部分：操作码和操作数。操作码用来规定计算机所要执行的操作，操作数表示参加操作的数本身或操作数所在的地址码。用机器语言编写的程序称为机器语言程序。

2）汇编语言（Assemble Language）

汇编语言是一种面向机器的程序设计语言，用助记符号代替操作码，用地址符号代替地址码。这种代替使得机器语言"符号化"，所以汇编语言也被称为符号语言。用汇编语言编写的程序机器不能直接执行，必须经过编译程序翻译成机器语言程序后才能执行。

汇编程序是将用符号表示的汇编指令码翻译成与之对应的机器语言指令码。用汇编语言编写的程序称为源程序，翻译后得到的机器语言程序称为目标程序。

3）高级语言（High-level Programming Language）

20 世纪 50 年代中期，人们创造了高级语言。高级语言中的数据用十进制表示，语句用较为接近自然语言的英文字母表示。由于高级语言比较接近于人们习惯用的自然语言和数学表达式，而且不依赖某台机器，因此具有较好的通用性。当前软件开发使用的是更先进的可视化编程语言，大大缩短了软件的开发周期。

与汇编语言一样，计算机不能直接识别任何高级语言编写的程序，因此必须用语言处理程序把人们用高级语言编写的源程序转换成可执行的目标程序，这个过程一般分为两个阶段。

● 翻译阶段。计算机将源程序翻译成机器指令时，通常分两种方式：一种为编译方式，另一种为解释方式。所谓编译方式是首先把整个源程序翻译成等价的目标程序，然后执行此目标程序。COBOL、PASCAL 等都采用编译方式。而解释方式是把源程序逐句翻译，翻译一句执行一句，边翻译边执行。解释程序不产生目标程序，而是借助解释程序直接执行源程序本身。Python 语言采用解释方式。一般将高级语言翻译成汇编语言或机器语言的程序称为编译程序。

● 连接阶段。这一阶段是用编译程序把目标程序及其所需的功能库等转换成一个可执行的装入程序。产生的可执行程序可以脱离编译程序和源程序独立存在并反复使用。

常用的高级语言有 BASIC 语言、C 语言、FORTRAN 语言、Java 语言、Python 语言等。

2. 算法

做任何事情都有一定的方法和步骤。在计算机诞生之后，人们把计算机的解题步骤称为计算机算法。如迭代法、穷举法、冒泡法等，其实编写的每个程序就是一类计算机算法。

3. 算法的特性

1）有穷性

算法是一个有穷步骤序列，即一个算法必须在执行有穷步后结束。换言之，任何算法都必须在有限的时间（合理的时间）内完成。显然，一个算法如果永远不能结束或需要运行相当长的时间才能结束，这样的算法是没有使用价值的。

2）确定性

算法中的每个步骤必须有明确的定义，不能有二义性和不确定性。每个步骤是确定的，结果就是确定的。算法中每个步骤的目的应该是明确的，对问题的解决是有贡献的。如果执行了一系列步骤而问题没有得到解决，也就达不到目的，那么该步骤是没有意义的。

3）可行性

算法中的每个步骤应该是可实现的，即在现有计算机上是可执行的。例如，当 b 是一个很小的实数时，a/b 在代数中是正确的，但在计算机算法中是不正确的，因为它在计算机上是无法执行的。若要使 a/b 能正确执行，则必须对 b 进行限制：$|b|>r$，r 是一个计算机允许的实数。

4）0 个或多个输入

算法执行过程中可以有 0 个或若干个输入数据，即算法处理的数据可以不输入（内部生成），也可从外部输入。少量数据适合内部生成，大量数据一般需要从外部输入，所以多数算法中要有输入数据的步骤，需要根据具体的问题加以分析。

5）1 个或多个输出

算法在执行过程中必须有 1 个以上的输出，即算法中必须有输出数据的步骤，一个没有输出步骤的算法是毫无意义的。算法得到的结果就是算法的输出（不一定就是打印输出）。算法的目的是解决一个具体的问题，一旦问题得以解决，就说明采取的算法是正确的，而输出的结果就是验证这一目的的最好方式。

4. 简单算法举例

1）中间变量法

【例 1-1】在计算机中实现 A 和 B 两个数的交换。

例如，将两个杯子里的水互换位置，必须借助第三个杯子来实现，即利用中间变量法来实现交换。先将第一个杯子里的水倒入第三个杯子，这样第二个杯子里的水就可以倒入第一个杯子，然后将第三个杯子里的水倒入第二个杯子，从而实现两杯水的位置互换。

中间变量法的思路如下：要实现 A 和 B 两个数的互换，可以借助第三个变量 C 来实现。即先将 A 的原始值存储在第三个变量 C 中，再将 B 的值放在 A 中，最后将 C 的值赋给 B，这样就可以实现 A 和 B 两个数的互换。

2）加减交换法

两个数的交换还可以采用加减交换法。

思路如下：将两个数之和赋给第一个数，然后用新得到的第一个数减去第二个数得到原来的第一个数，并赋给第二个数；再用新得到第一个数减去新得到的第二个数（原第一个数）得到原来的第二个数，并赋给第一个数，从而实现两个数的交换。具体操作为先执行 A=A+B，再执行 B=A-B，最后执行 A=A-B，从而实现 A 和 B 两个数的交换。

3）迭代法

迭代法也称辗转法，是一种不断用变量的旧值递推新值的方法。迭代法是用计算机解决问题的一种基本方法，它利用计算机运算速度快、适合做重复性操作的特点，让计算机重复执行一组指令（或步骤），并且每次在执行这组指令（或步骤）时，都会根据变量的原值推出它的一个新值。迭代法又分为精确迭代和近似迭代。与迭代法对应的方法是直接法（或称为一次解法），即一次性解决问题。比较典型的迭代法有二分法和牛顿迭代法。

【例 1-2】 计算 $n!=1×2×3×…×n$。

分析：这是一个循环次数已知的累加求积问题，即求 $n!$ 时，先求 $1!$，再用 $1!×2$ 得到 $2!$，再用 $2!×3$ 得到 $3!$……以此类推，直到用 $(n-1)!×n$ 得到 $n!$ 为止。因此，可得求 $n!$ 的递推公式为：

$$n!=(n-1)!×n$$

如果用 p 表示 $(i-1)!$ 的话，那么，只要将 p 乘上 i 即可得到 $i!$ 的值。用 C 语言表示这种累乘关系为：

$$p=p*i$$

令 p 的初值为 1，并让 i 值从 1 变化到 n，就可以得到 $n!$。

算法如下：

setp1　　输入 n 的值。
setp2　　给累乘求积变量 p 赋初值，即 $p=1$。
setp3　　给累乘次数计数器 i 赋初值，即 $i=1$。
setp4　　若 i 的值未超过 n，则反复执行 step5～step6，否则转去执行 step7。
setp5　　进行累乘运算，$p=p*i$。
setp6　　累乘次数计数器加 1，$i=i+1$，并转去执行 step4。
setp7　　打印累乘结果，即 $n!$。

5. 怎样表示一个算法

算法设计好了以后，需要通过一定的方式来表达，即算法描述。算法描述通常可以用自然语言、传统流程图或 N-S 框图等。

1）用自然语言描述算法

用自然语言描述算法就是利用人们常规的想法、语言来建构程序。用自然语言描述的算法不仅通俗易懂，而且容易掌握。但算法的表达形式与计算机的高级语言形式差距较大，通常用于描述简单问题。

2）用传统流程图描述算法

所谓流程图是指用图形来表示程序的算法。写程序实现算法前要先画出整个程序包括的各个模块的流程，即流程图，这是程序设计中广泛使用的一种辅助设计手段。流程图中采用各种不同的几何图形来代表各种操作，如图 1-1 所示。

（1）处理框：表示各种处理功能，框中给出处理说明或一组操作。处理框只能有一个入口和一个出口，如图 1-1（d）所示。

（2）输入输出框：表示数据的来源或去向，框中给出输入或输出数据说明。输入输出框只能有一个入口和一个出口，如图 1-1（b）所示。

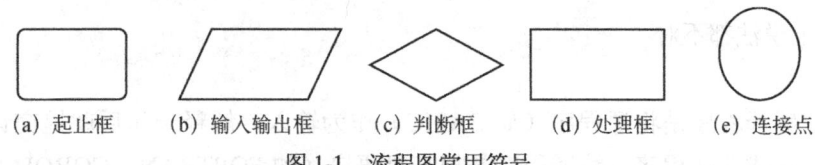

图 1-1　流程图常用符号

(3) 判断框：表示一个逻辑判断，框中给出条件表达式、逻辑表达式或算术表达式。判断框只能有一个入口，有多个出口（两个以上），但在执行过程中只能有一个出口被激活。一般情况下有两个出口，分别表示条件表达式或逻辑表达式的成立或不成立（真或假、是或否）。特殊情况下会有多个出口，分别表示算术表达式的多个取值，如图 1-1 (c) 所示。

(4) 连接点（圆圈）：用于将画在不同地方的流程线连接起来，如图 1-1 (e) 所示。

程序的 3 种基本结构流程图如图 1-2 所示。

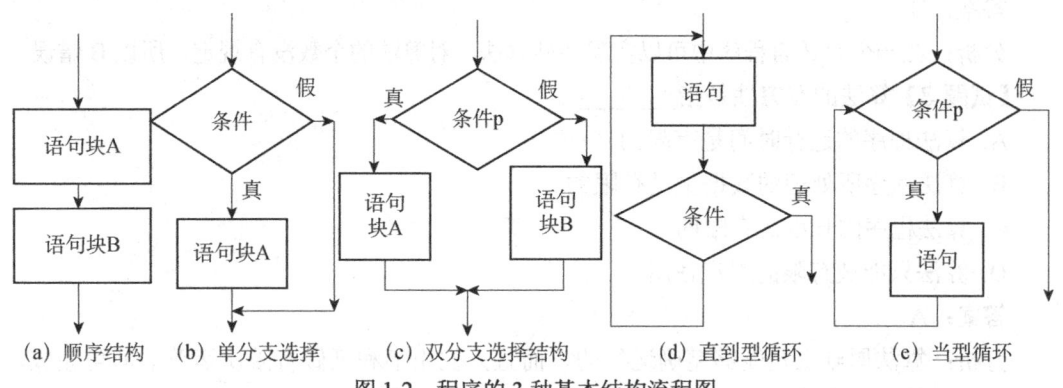

图 1-2　程序的 3 种基本结构流程图

3）用 N-S 框图描述算法

N-S 框图的主要特点是取消了流程线，全部算法由一些基本的矩形框图顺序排列组成。4 种程序结构的 N-S 框图如图 1-3 所示。

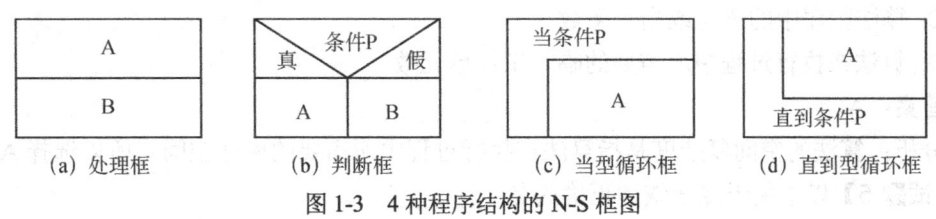

图 1-3　4 种程序结构的 N-S 框图

三、国考训练课堂 1

【试题 1】计算机高级语言程序的运行方法有编译执行和解释执行两种，以下叙述中正确的是_____。

　　A. C 语言程序仅可以编译执行

　　B. C 语言程序仅可以解释执行

　　C. C 语言程序既可以编译执行又可以解释执行

D. 以上说法都不对

答案：A。

分析：解释程序是将源程序（如 BASIC）作为输入，解释一句后就提交计算机执行一句，并不形成目标程序。编译程序是把高级语言（如 FORTRAN、COBOL、Pascal、C 等）源程序作为输入，翻译转换成机器语言的目标程序，然后再让计算机执行这个目标程序，从而得到计算结果。

【试题2】以下叙述中错误的是_____。

A. C 语言程序可以由多个程序文件组成

B. 一个 C 语言程序只能实现一种算法

C. C 语言程序可以由一个或多个函数组成

D. C 语言中，一个函数可以单独作为一个程序文件存在

答案：B。

分析：在一个 C 语言程序中可以实现多种算法，对算法的个数没有规定，所以 B 错误。

【试题3】算法的有穷性是指_____。

A. 算法程序的运行时间是有限的

B. 算法程序所处理的数据量是有限的

C. 算法程序的长度是有限的

D. 算法只能被有限的用户使用

答案：A。

分析：算法原则上是能够精确运行的，而且人们用笔和纸做有限次运算后即可完成。有穷性是指算法程序的运行时间是有限的。

【试题4】算法的空间复杂度是指_____。

A. 算法在执行过程中所需要的计算机存储空间

B. 算法所处理的数据量

C. 算法程序中的语句或指令条数

D. 算法在执行过程中所需要的临时工作单元数

答案：A。

分析：算法的空间复杂度是指算法在执行过程中所需要的内存空间，所以选择 A。

【试题5】以下关于算法叙述正确的是_____。

A. 算法就是程序

B. 设计算法时只需考虑数据结构的设计

C. 设计算法时只需考虑结果的可靠性

D. 以上三种说法都不对

答案：D。

分析：算法是指解题方案的准确而完整的描述，算法不等于程序，也不等于计算方法，所以 A 错误。设计算法时不仅要考虑数据对象，还要考虑算法的控制结构。

任务 2　C 语言的发展与特点

微课视频

一、任务描述

C 语言是一种高级语言，是比较接近自然语言和数学语言的程序设计语言。C 语言又是国际上广泛流行的、很有发展前途的计算机高级语言。它可以作为系统描述语言，既可以用来编写系统软件，也可以用来编写应用软件。

二、相关知识

1. C 语言的发展历程

C 语言的出现是与 UNIX 操作系统密切联系在一起的，C 语言本身也有一个产生和发展的过程。具体的发展历程如下。

1960 年出现的 ALGOL 60 是一种面向问题的高级语言，由于它离硬件比较远，因此不宜用来编写系统程序。

1963 年剑桥大学推出了 CPL（Combined Programming Language）。CPL 是基于 ALGOL 60 的高级语言，比较接近硬件，但规模比较大，难以实现。

1967 年英国剑桥大学的 Matin Richards 对 CPL 做了简化，推出了 BCPL（Basic Combined Programming Language）。

1970 年美国贝尔实验室的 Ken Thomson 以 BCPL 为语言基础，又做了进一步简化，设计出了既简单又很接近硬件的 B 语言，并用 B 语言编写了第一个 UNIX 操作系统，在 PDP-7 上实现。但 B 语言缺乏丰富的数据类型，又以字长编址，有一定的缺陷。

1971 年开始，Dennis Ritchie 用了一年左右的时间，在 B 语言的基础上加入了丰富的数据类型和强有力的数据结构，从而形成了 C 语言。Dennis Ritchie 开发 C 语言的主要目的是更好地描述 UNIX 操作系统。

1973 年，Ken Thomson 和 Dennis Ritchie 两人合作把 UNIX 90%以上的内容用 C 语言改写。

1978 年，Brian Kernighan、Ken Thomson 和 Dennis Ritchie 3 人合作写了一本著名的书 *The C Programming Language*，该书介绍的 C 语言被称为标准 C 语言。

1983 年，美国国家标准学会（ANSI）建立了一个委员会，着手制定 ANSI 的标准 C。

1988 年，ANSI 公布了 C 语言的标准 ANSI C。这个标准的大部分特性已被现代的编译系统所支持，使得 C 语言的可移植性很强。

1989 年，国际标准化组织（ISO）也采用了 ANSI C。

1994 年，ISO 修订了 C 语言标准，称 ISO C。

目前，从微型计算机到大型计算机都配有 C 语言编译程序。不仅在装配 UNIX 操作系统的机器上，而且在非 UNIX 操作系统的机器上也配有多种 C 语言编译程序。由于 C 语言本身具有许多优点，因此它已经成为在微型、小型、大型、巨型计算机上，从系统程序设计到工程应用程序设计都能使用的一种高级程序设计语言。

2021年1月TIOBE发布了2020年度编程语言排行榜，统计中显示C语言的使用量位居世界第一，如图1-4所示。

Jan 2021	Jan 2020	Change	Programming Language	Ratings	Change
1	2	∧	C	17.38%	+1.61%
2	1	∨	Java	11.96%	-4.93%
3	3		Python	11.72%	+2.01%
4	4		C++	7.56%	+1.99%
5	5		C#	3.95%	-1.40%

图1-4　2020年度编程语言排行榜

2. C语言的主要特性

目前，C语言的应用特别广泛，常应用于多种操作系统，并且是很多项目开发的必备语言。C语言为什么能够越来越受欢迎？这是由它的一些基本特性决定的。C语言的优点可以概括为：简洁、灵活、表达能力强、目标程序质量高、可移植性好。具体地讲，包括以下几个方面。

1）语言简洁，表达能力强且使用方便灵活

C语言一共有32个关键字，9种控制语句，程序的书写格式自由，主要用小写字母表示，减少了一切不必要的成分。另外，C语言是处于低级语言与高级语言之间的一种记述性程序设计语言。它既面向硬件和系统，有直接访问硬件的功能，又面向高级语言，有容易书写、便于理解的特点。

2）目标程序质量高

C语言提供了一个较大的运算符集合，并且其中大多数运算符与一般机器指令一致，可以直接翻译成机器代码，因此用C语言代码编写程序生成的代码质量高。实践证明，C语言生成的目标代码比汇编语言低10%~20%，但C语言在描述问题时编程迅速、可读性好、表达能力强，这些优点是汇编语言无法比拟的。

3）可移植性好

C语言不依存于硬件的输入/输出程序，其通过调用系统提供的并且独立于C语言的程序模块库（函数）来实现输入/输出功能。因此，C语言可以在不同种类的机器间实现程序的移植。

4）数据类型丰富

C语言提供了丰富的数据类型，有整型、实型、字符型、浮点型、指针类型等。而且允许程序员自己设计更为复杂的数据类型，如数组、结构、联合等，可以用来实现各种复杂的数据结构运算。

5）具有结构化的控制语句

C语言提供了一整套循环、条件判断和转移语句，实现了对程序逻辑流程的有效控制，有利于结构化程序设计。

6）程序结构清晰、紧凑

C语言程序通常由若干个函数组成，因此它是一种模块化程序设计语言，有利于将整体程序分割成若干个相对独立的功能模块。并且程序模块间可以相互调用，以及实现数据传递，这就使得程序不但清晰而且紧凑。

7）C语言允许编程人员定义各种类型的变量指针和函数指针

指针的实质就是内存地址。正确地使用指针可以提高程序的执行效率。C语言还支持指针运算，允许编程人员直接访问和操纵内存地址。

任何事物都不是十全十美的，C语言也有一定的缺陷，具体体现在：

C语言虽然比较灵活，但是在语法上不如一些高级语言（如Pascal、Ada）严格，错误检查系统不够坚固。例如，有些语句用在Pascal程序中，会被Pascal编译程序指出语法错误，但类似的语句用在C语言程序中，会轻而易举地通过编译系统。因此程序的调试会出现一些问题，尤其对于初学者来说，需要注意这一点。

其次，C语言程序的安全性较低。例如，C语言对指针的使用没有严格的限制，如果指针的设置出错，就可能引起内存中的信息被破坏。如果经常出现类似的错误，就极有可能导致系统崩溃。了解了C语言的优缺点后，有助于在编写程序的时候扬长避短。

三、国考训练课堂2

【试题6】 以下叙述正确的是_____。

A．C语言比其他语言高级

B．C语言可以不用编译就能被计算机识别

C．C语言以接近英语国家的自然语言和数学语言作为语言的表达形式

D．C语言出现的最晚，具有其他语言的一切优点

答案：C。

分析：C语言成为高级语言是相对于汇编语言等低级语言的，出现在C语言之后的C++、Java等也是高级语言，而且各种语言在不同领域都有其各自的优点。凡是应用语言必须经过编译，翻译成机器可识别的代码才能达到编程的目的。因此只有C选项是对的。

【试题7】 C语言源程序名的后缀是_____。

A．.exe　　　　　　B．.c　　　　　　C．.obj　　　　　　D．.cp

答案：B。

分析：源程序文件的后缀是.c，编译后文件的后缀是.obj，可执行文件的后缀是.exe。

【试题8】 以下叙述中错误的是_____。

A．C语言中的每条可执行语句和非执行语句最终都将被转换成二进制的机器指令

B．C语言程序经过编译、连接之后才能形成一个真正可执行的二进制机器指令文件

C．用C语言编写的程序称为源程序，它以ASCII码的形式存放在一个文本文件中

D．C语言源程序经编译后生成后缀为.obj的目标程序

答案：A。

分析：C语言中的非执行语句不会被编译，不会生成二进制的机器指令，所以A错误。由C语言构成的指令序列称为C源程序，C源程序经过C语言编译程序编译之后生

成一个后缀为.obj 的二进制文件（称为目标文件）；最后要由"连接程序"把此.obj 文件与 C 语言提供的各种库函数连接起来生成一个后缀为.exe 的可执行文件。

【试题 9】对 C 语言的特点描述正确的是_____。

A. C 语言的数据类型丰富，使用灵活

B. C 语言共有 32 个关键字，9 种控制语句

C. C 语言程序属于编译类型语言

D. 以上说法都正确

答案：D。

分析：C 语言共有 32 个关键字，9 种控制语句，并且数据类型有整型、实型、字符型、字符串、结构体、共用体、指针等多种数据类型，可以说数据类型丰富。

【试题 10】以下叙述中错误的是_____。

A. C 语言的可执行程序是由一系列机器指令构成的

B. 用 C 语言编写的源程序不能直接在计算机上运行

C. 通过编译得到的二进制目标程序需要连接才可以运行

D. 在没有安装 C 语言集成开发环境的机器上不能运行 C 源程序生成的.exe 文件

答案：D。

分析：C 语言的可执行程序是由一系列机器指令组成的。用 C 语言编写的源程序必须经过编译生成二进制目标代码，再经过连接才能运行，并且可以脱离 C 语言集成开发环境，故答案为 D。

任务 3　C 语言程序的基本结构

一、任务描述

C 语言是一种描述能力很强的高级程序设计语言（所谓高级语言是指与机器结构无关的，按照人的思维习惯和英语的语言描述习惯的编程语言）。每种语言的程序都有一定的结构，即组织形式。程序本身可以改变，但是程序的组织结构形式不能随意改变。那么，C 语言程序的组织结构形式是怎样的呢？下面将进行介绍。

二、相关知识

1. C 语言的基本结构

在 C 语言程序中，每个文件可以由若干个函数组成，但有且只能有一个主函数。每个函数由函数的定义和执行语句两部分组成。

下面通过一个例题来介绍 C 语言程序的组织结构形式。

【例 1-3】计算两个变量 x、y 中的整数之和，并将结果送入变量 sum 中。

程序设计如下：

```
/* This is a program */
#include <stdio.h>
main()
{
int  x,y,sum;          /* 定义 3 个变量 */
x=1;
y=2;
sum=x+y;
printf("sum = %d\n",sum);
}
```

这是一个简单的 C 语言程序。尽管简单，但充分说明了 C 语言程序的基本组成。该程序包含注释、预处理命令、变量的定义及使用等。

（1）程序开始处的"/* This is a program */"是注释行。注释用于说明程序的功能和目的，编译系统会跳过注释行，不对其进行翻译。作为一个好的程序员，应养成给程序写详细注释的习惯。注释行一般写在程序的最开始处，用于说明整个程序的目的和功能。在必要的时候，还可以加在程序的任何位置，以增强可读性。本例中的"/* 定义 3 个变量 */"注释行，就是对前面语句的解释。注释行可以根据需要以多行的形式书写。

（2）以"#"开始的语句是预处理命令。这些命令是在编译系统翻译代码之前需要由预处理程序处理的语句。本例中的"#include <stdio.h>"语句是请求预处理程序将文件"stdio.h"包含到程序中，作为程序的一部分。

（3）程序中的"main()"是主函数，每个 C 语言程序都必须包含一个主函数，而且也只能有一个主函数。

（4）用"{ }"括起来的部分是一个程序模块，在 C 语言中也称为分程序，每个函数都至少有一个分程序。C 语言程序的执行是从主函数开始的，到主函数的最后一句结束。

程序中"int x, y, sum;"的"int"是变量的类型定义部分，说明 x、y 和 sum 都是整型（int）变量。"x=1; y=2;"是两个赋值语句，令 x 和 y 的值分别为 1 和 2。"sum=x+y;"是使 sum 的值为 x+y 的结果。

（5）程序中的"printf("sum = %d\n", sum);"语句，其中"printf()"是 C 语言中的标准输出函数；它的功能是将双引号内的字符串原样输出，本例输出"sum ="；"%d"是输入输出的"格式字符串"，用来指定输入输出时的数据类型和格式（项目 3 将详细介绍），"%d"表示"十进制整数类型"，在程序执行输出时，输出一个十进制整数值；语句中的"\n"是换行符；printf()函数括号内最右端的"sum"是要输出的变量，现在它的值是 3。

（6）程序中有些语句的末尾有"；"（分号），它是 C 语言的执行语句和说明语句的结束符，是 C 语言程序语句的必要组成部分。

2. C 语言的关键字

C 语言共有 32 个关键字，C 语言的关键字及含义如表 1.1 所示。

表 1.1　C 语言的关键字及含义

关键字	含义	关键字	含义
auto	声明自动变量	int	声明整型变量或函数
break	跳出当前循环	long	声明长整型变量或函数
case	开关语句分支	register	声明寄存器变量
char	声明字符型变量或函数	return	子程序返回语句（可以带参数，也可不带参数）
const	声明只读变量	short	声明短整型变量或函数
continue	结束当前循环，开始下一轮循环	signed	声明有符号类型变量或函数
default	开关语句中的"其他"分支	sizeof	计算数据类型长度
do	直到型循环语句	struct	声明结构体变量或函数
double	声明双精度变量或函数	static	声明静态变量
else	条件语句否定分支（与 if 连用）	switch	用于开关语句
enum	声明枚举类型	typedef	用以给数据类型取别名
extern	一般用在变量名或者函数名前，用来声明变量/函数是在其他文件已定义	union	声明共用数据类型
float	声明浮点型变量或函数	unsigned	声明无符号类型变量或函数
for	一种循环语句	void	声明函数无返回值或无参数，声明无类型指针
goto	无条件跳转语句	volatile	说明变量在程序执行中可被隐含地改变
if	条件语句	while	当型循环语句

三、国考训练课堂 3

【试题 11】 以下叙述中正确的是_____。

A. 每个 C 语言程序文件中都必须有一个 main()函数

B. 在 C 语言程序中 main()函数的位置是固定的

C. C 语言程序可以由一个或多个函数组成

D. 在 C 语言程序的函数中不能定义另一个函数

答案： A。

分析： 在每个 C 语言程序中各个函数的位置是无关紧要的，但是它总是从 main()函数开始执行。通常人们把它放在最前面，并且有且只有一个 main()函数。

【试题 12】 以下叙述中正确的是_____。

A. C 语言程序中注释部分可以出现在程序中任意合适的地方

B. 花括号"{"和"}"只能作为函数体的定界符

C. 构成 C 语言程序的基本单位是函数，所有函数名都可以由用户命名

D. 分号是语句之间的分隔符，不是语句的一部分

答案： A。

分析： 花括号可以作为函数体的定界符，还可以作为如 if、when、for 等复合语句体的定界符。C 语言有其自身的函数库，如 sqrt()函数是开方函数、abs()函数是求绝对值函

数等，这些系统函数不能由用户命名。分号是 C 语言语句的一部分，若缺少则会导致语句在编译时出错。

【试题 13】 在一个 C 语言程序中_____。
A. main()函数必须出现在所有函数之前
B. main()函数可以在任何地方出现
C. main()函数必须出现在所有函数之后
D. main()函数必须出现在固定位置
答案：B。
分析：C 语言中规定 main()函数可以出现在程序的任意位置，但是一个程序中有且仅有一个主函数。

【试题 14】 以下叙述中错误的是_____。
A. C 语言是一种结构化程序设计语言
B. 使用 3 种基本结构构成的程序只能解决简单问题
C. 结构化程序设计提倡模块化的设计方法
D. 结构化程序由顺序、分支、循环 3 种基本结构组成
答案：B。
分析：C 语言是一种结构化程序设计语言。结构化程序设计以模块化设计为中心，有 3 种基本结构：顺序、选择和循环结构。各模块相互独立，因而可将原来较为复杂的问题化简为一系列简单模块并充分利用现有模块搭建新系统，提高程序的复用性和可维护性。

【试题 15】 下列选项中不属于结构化程序设计原则的是_____。
A. 可封装　　　　B. 自顶向下　　　　C. 模块化　　　　D. 逐步求精
答案：A。
分析：结构化程序设计的思想包括自顶向下、逐步求精、模块化、限制使用 goto 语句，所以选择 A。

任务 4　C 语言程序的运行环境和操作步骤

一、任务描述

C 语言的标准已被大多数 C 和 C++的开发环境所兼容，目前可以使用多种工具开发 C 语言程序。能运行 C 语言程序的编译环境有许多，可以利用 C 语言自身的 Turbo C，还可以借助集成开发环境 Visual C++ 6.0、Visual Studio 等。在各种不同的操作系统（如 Unix、Windows、Linux、Mac OS X 等）中，可以借助多种不同的编译器运行 C 语言程序。

本任务主要介绍 Windows 操作系统中 C 语言编译环境（Visual C++ 6.0 和 Visual Studio）的搭建。

二、相关知识

1. 执行 C 语言程序的操作步骤

C 语言程序是一种编译型的高级语言。用 C 语言编写的源程序必须先进行编译和连接，生成可执行的目标程序之后才能执行。执行一个 C 语言程序一般经过如下几个步骤。

1）编辑

通过编辑得到的程序称为源程序。程序员可以用任意编辑软件（如记事本、Notepad++等）将编写好的 C 语言程序输入计算机，编辑就是输入、修改源程序，并将修改好的源程序保存在磁盘文件中。C 语言的源程序以文本文件的形式保存在计算机的磁盘中，文件的扩展名是".c"。

2）编译

编译是指将编辑好的源文件翻译成二进制目标代码的过程。编译过程是使用 C 语言提供的编译程序（编译器）完成的。编译时，编译器首先要检查源程序中每个语句的语法是否存在错误，当发现错误时，就在屏幕上显示错误的位置和类型，此时需要再次调用编辑软件修改错误，然后再进行编译，直到排除所有的语法和语义错误。正确的源程序文件经过编译后会在磁盘上生成目标文件。目标文件与源程序文件同名，但扩展名不一样，系统会自动为目标文件赋予".obj"的扩展名。

3）连接

编译之后产生的目标文件是可重新定位的程序模块，不能直接运行。连接就是把目标文件和一些进行编译时生成的目标程序模块及系统提供的标准库函数连接在一起，生成可执行文件的过程。生成的可执行文件通常与源程序文件同名，但扩展名为".exe"。

4）运行

生成可执行文件后，就可以在操作系统中运行了。在操作系统中可以直接执行扩展名为".exe"的可执行文件。可执行文件可以脱离编译系统而独立存在。在操作系统的支持下，只要键入可执行文件的文件名，就可以立刻执行（可执行程序要装入内存执行）。如果在运行的过程中发现可执行程序不能达到预期的目标，就必须重复"编辑、编译、连接、运行"这4个步骤。C 语言程序执行步骤如图 1-5 所示。

2. Visual C++6.0 运行环境搭建

1）Visual C++6.0 简介

Visual C++6.0（简称 VC 6.0）是微软开发的一款最经典的集成开发环境（简称 IDE），其以简单的工程管理界面深受广大使用者的喜爱，至今大部分学校仍然用它作为 C 语言的教学工具。

2）Visual C++6.0 安装

（1）双击 Visual C++6.0 安装包中的 setup.exe 文件，打开如图 1-6 所示的对话框。

（2）单击"运行程序"按钮，打开 Visual C++6.0 中文企业版安装向导，如图 1-7 所示。

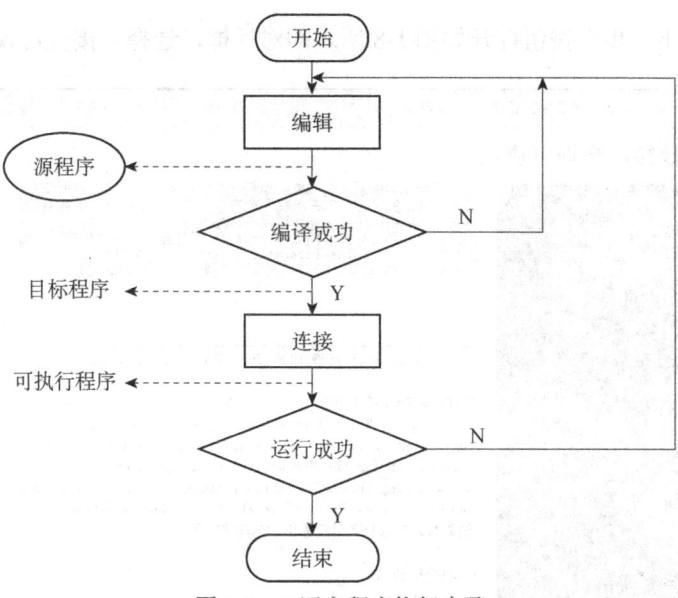

图 1-5　C 语言程序执行步骤

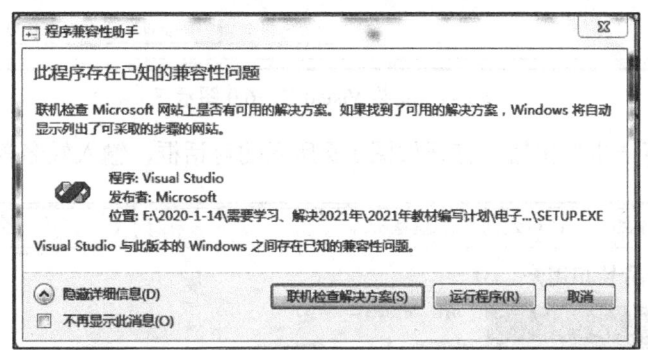

图 1-6　安装 Visual C++6.0 图示一

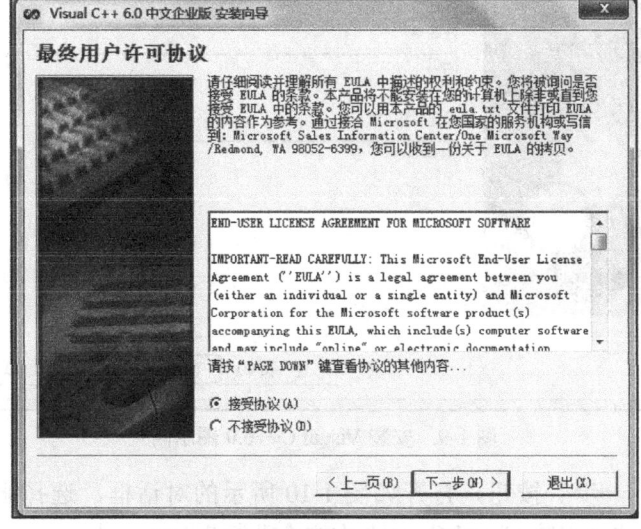

图 1-7　安装 Visual C++6.0 图示二

（3）单击"下一步"按钮打开如图 1-8 所示的对话框，选择"接受协议"单选按钮。

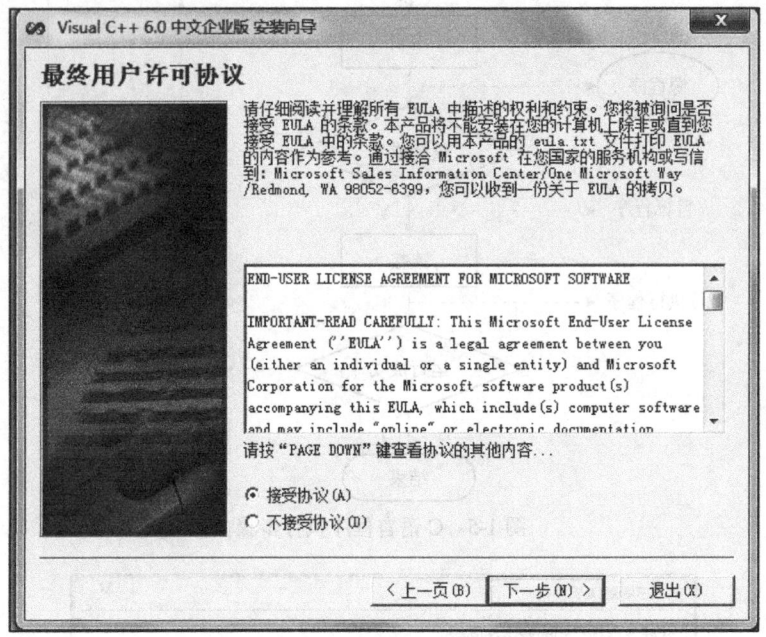

图 1-8　安装 Visual C++6.0 图示三

（4）单击"下一步"按钮，打开如图 1-9 所示的对话框，输入姓名等信息。

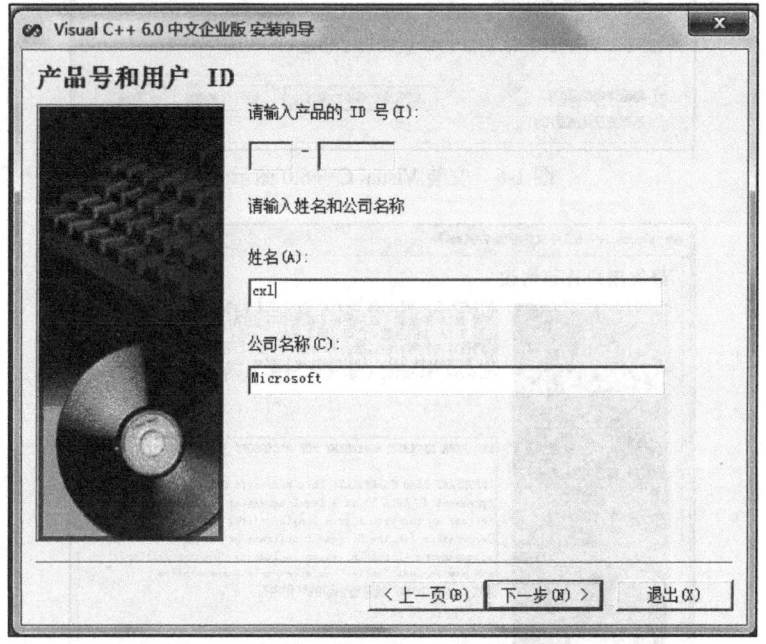

图 1-9　安装 Visual C++6.0 图示四

（5）单击"下一步"按钮，打开如图 1-10 所示的对话框，选择服务器安装程序选项，这里选择默认的"安装 Visual C++6.0 中文企业版"。

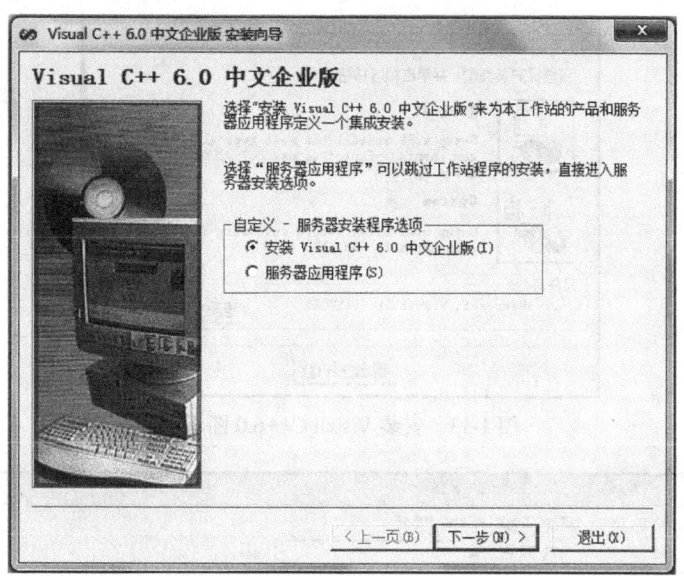

图 1-10　安装 Visual C++6.0 图示五

（6）单击"下一步"按钮，系统返回如图 1-6 所示的对话框。单击"运行程序"按钮后，系统弹出如图 1-11 所示的对话框。

（7）单击"继续"按钮，出现如图 1-12 所示的提示信息，系统开始搜索组件。

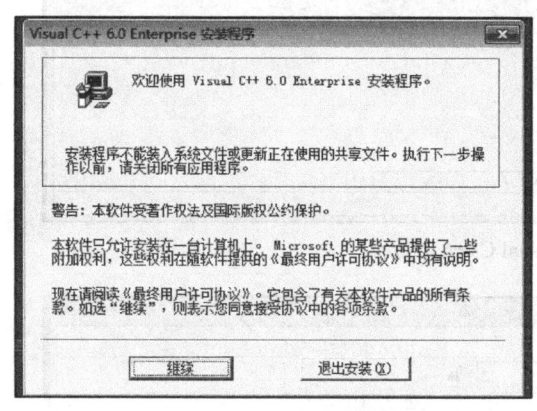

图 1-11　安装 Visual C++6.0 图示六

图 1-12　安装 Visual C++6.0 图示七

（8）搜索到组件后，系统出现如图 1-13 所示的对话框，选择安装类型并设置安装的路径，这里选择"Typical"，并选默认的安装路径，系统开始安装，直到完成。

3）利用 Visual C++6.0 编辑程序

成功安装了 Visual C++6.0 后，需要先启动 Visual C++6.0，再创建"工程"和"C++源程序文件"。上述步骤完成后才可以编辑程序，具体操作步骤如下。

（1）先启动 Visual C++6.0，如图 1-14 所示。

（2）单击"文件"菜单中的"新建"命令，如图 1-15 所示，打开"新建"对话框。

（3）在"新建"对话框中选择"Win32 Console Application"，在"工程名称"文本框中输入"Cgongcheng"，如图 1-16 所示。

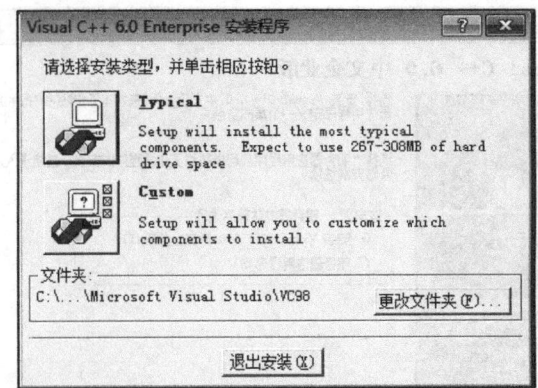

图 1-13　安装 Visual C++6.0 图示八

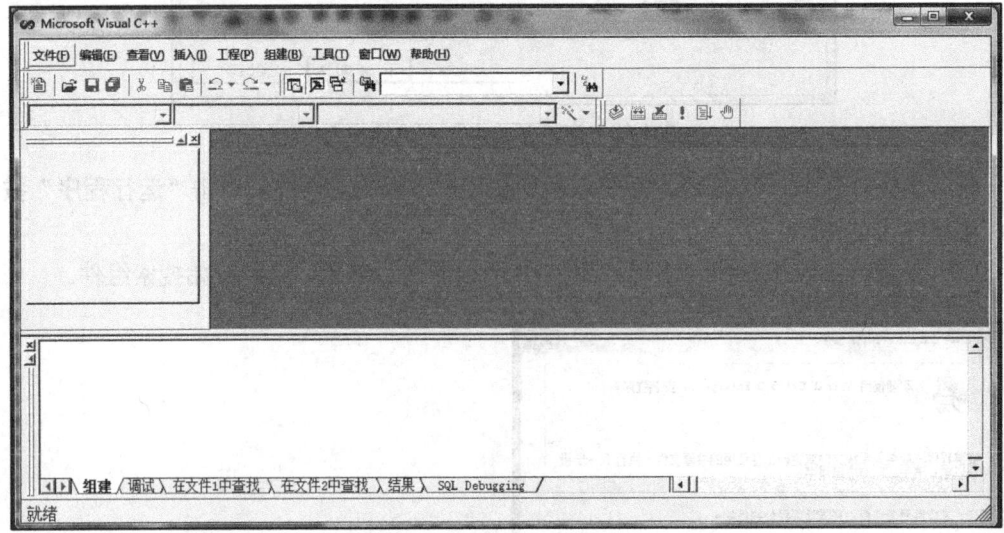

图 1-14　启动 Visual C++6.0 图示

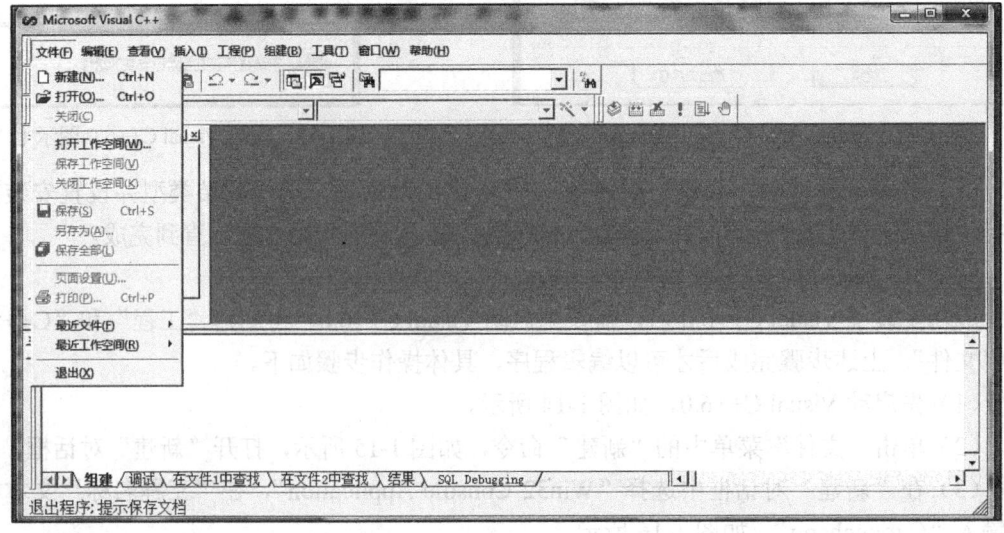

图 1-15　选择"新建"选项

项目 1 熟悉老朋友——C 语言 / 19

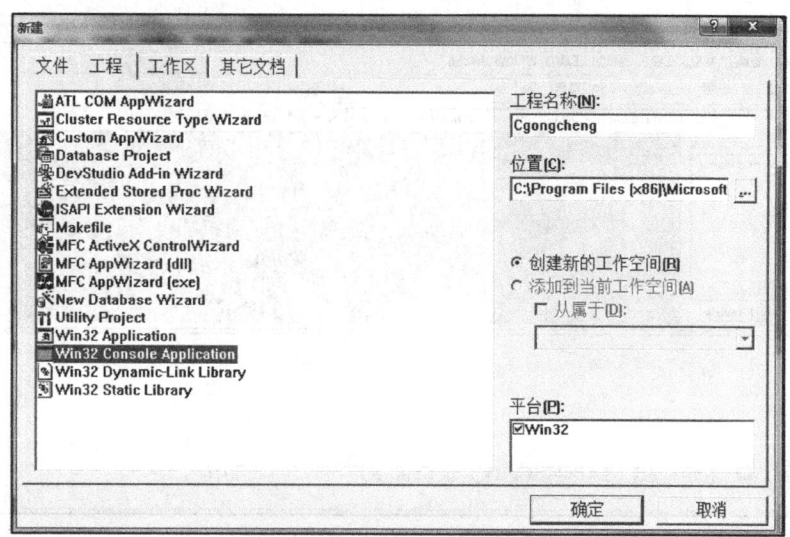

图 1-16 设置"新建"对话框中的工程信息

（4）设置完毕后，单击"确定"按钮，打开如图 1-17 所示的"您想要创建什么类型的控制台程序"对话框，选择"一个空工程"单选按钮。

（5）单击"完成"按钮，系统弹出"新建工程信息"对话框，如图 1-18 所示。

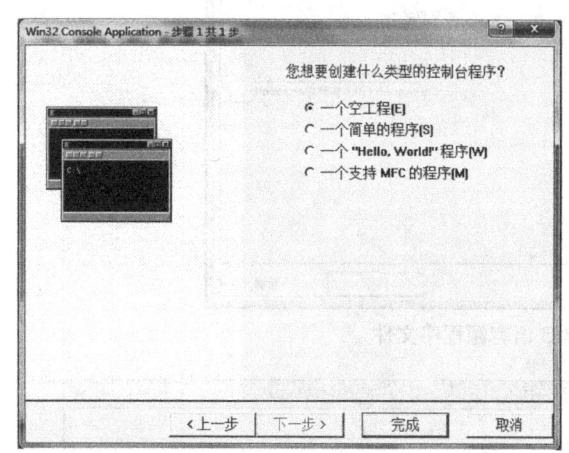

图 1-17 "您想要创建什么类型的控制台程序"对话框

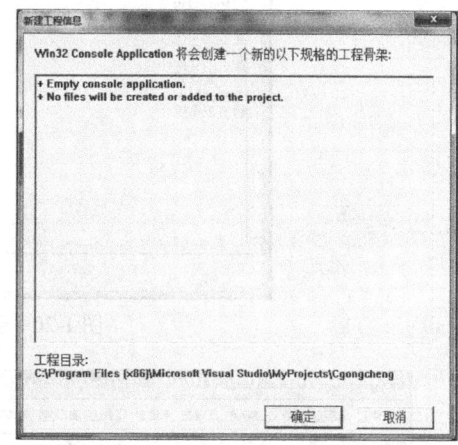

图 1-18 "新建工程信息"对话框

（6）单击"确定"按钮，即可完成工程信息的创建，Visual C++6.0 工作界面如图 1-19 所示。

（7）再次单击"文件"菜单中的"新建"命令，选择"文件"选项卡中的"C++ Source File"，并在右侧文件名的位置输入 C 语言源程序文件的文件名，这里输入的是"Cchengxu"，如图 1-20 所示。

（8）单击"确定"按钮，打开 Visual C++工作环境界面，如图 1-21 所示。

创建"工程"和"C++ Source File"文件后，在 Visual C++工作环境界面光标闪动的位置，就可以编写 C 语言程序了。

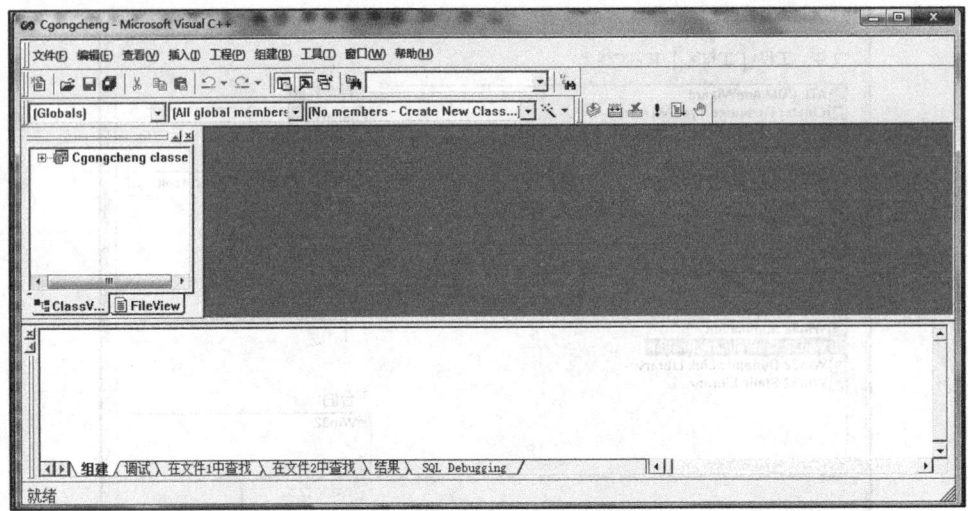

图 1-19　Visual C++6.0 工作界面

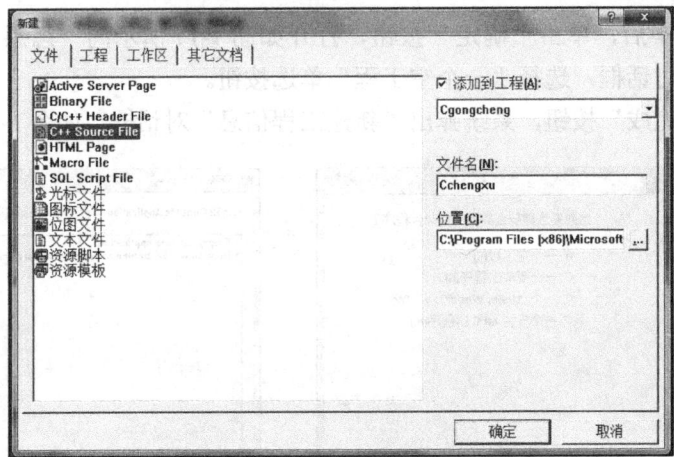

图 1-20　创建 C 语言源程序文件

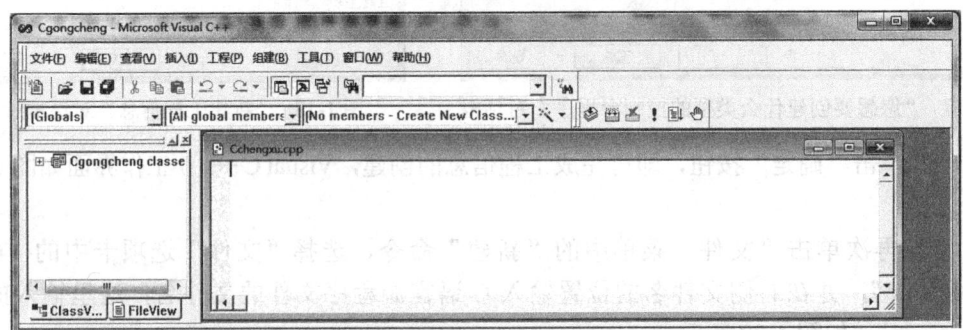

图 1-21　Visual C++工作环境界面

3. Visual Studio 2015 运行环境搭建

1）Visual Studio 2015 简介

Microsoft Visual Studio（简称 VS）是美国微软公司推出的开发工具包系列产品。VS

是一个基本完整的开发工具集，它包括了整个软件生命周期中所需要的大部分工具（UML 工具、代码管控工具、集成开发环境等）。Visual Studio 是最流行的 Windows 平台应用程序的集成开发环境，目前版本已经升至 2019。这里我们将以 VS 2015 为例，介绍利用 VS 2015 编写 C 语言程序的过程。VS 2015 支持 Windows 应用开发、跨平台移动开发、Web 和云开发等。

2）Visual Studio 2015 安装

VS 2015 有社区版（Community）、专业版（Professional）和企业版（Enterprise）3 个版本。其中社区版免费提供给单个开发人员、科研、教育及小型专业团队使用。而专业版和企业版都是需要付费使用的。这里以 VS 2015 社区版为例介绍其安装过程。

（1）登录 ISO 镜像下载官方网站，下载 VS 2015 社区版。

（2）双击镜像文件 vs 2015.com_chs.iso，系统会加载到虚拟光驱，双击 vs_community.exe 文件，系统会弹出如图 1-22 所示的界面，加载时会等待几分钟的时间。

图 1-22　VS 2015 社区版初始安装界面

（3）等待几分钟后，系统弹出如图 1-23 所示的对话框，开始初始化安装程序。

（4）在系统弹出的如图 1-24 所示的对话框中，设置安装路径和安装类型（这里均为默认选项）。

图 1-23　VS 2015 初始化安装程序对话框

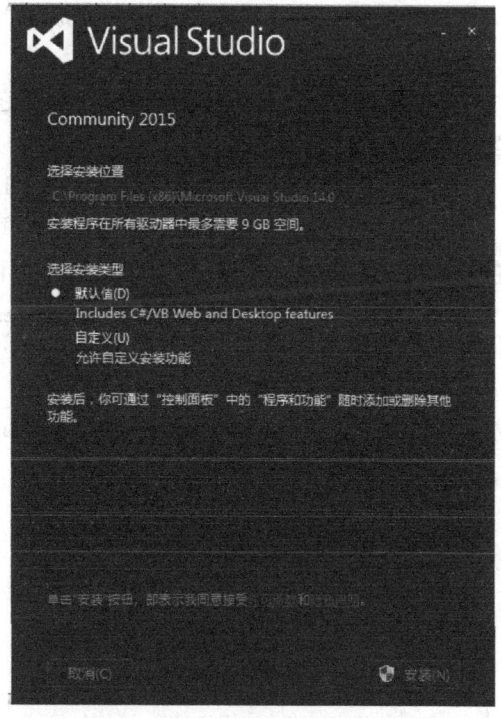

图 1-24　设置安装路径和安装类型

（5）单击"安装"按钮，系统开始安装，如图 1-25 所示。

图 1-25 开始安装 VS 2015

（6）出现安装成功字样后，即完成了 VS 2015 的安装。

3）利用 VS 2015 编辑程序

由于 VS 2015 是集成开发环境，利用它来编辑和运行 C 语言程序，需要创建"解决方案""项目"等，具体操作步骤如下。

（1）单击"开始"按钮，选择"Visual Studio 2015"选项，启动 Visual Studio 2015。

（2）第一次启动的时候，打开"起始页"选项卡，起始页中介绍了 Visual Studio 2015 的相关信息，如图 1-26 所示，阅读完毕后可以直接将其关闭。

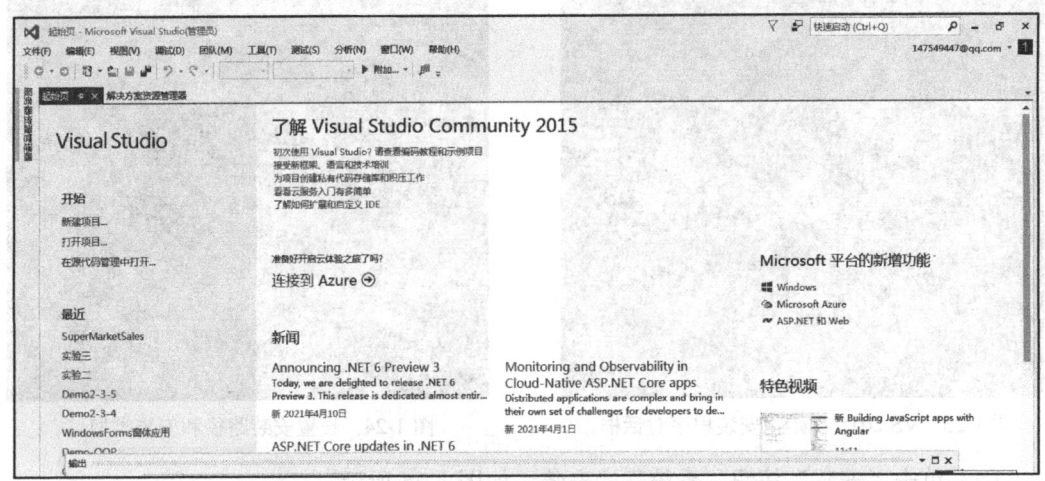

图 1-26 Visual Studio 2015 的"起始页"选项卡

（3）单击"文件"→"新建"→"项目"命令，如图 1-27 所示，打开"新建项目"对话框。

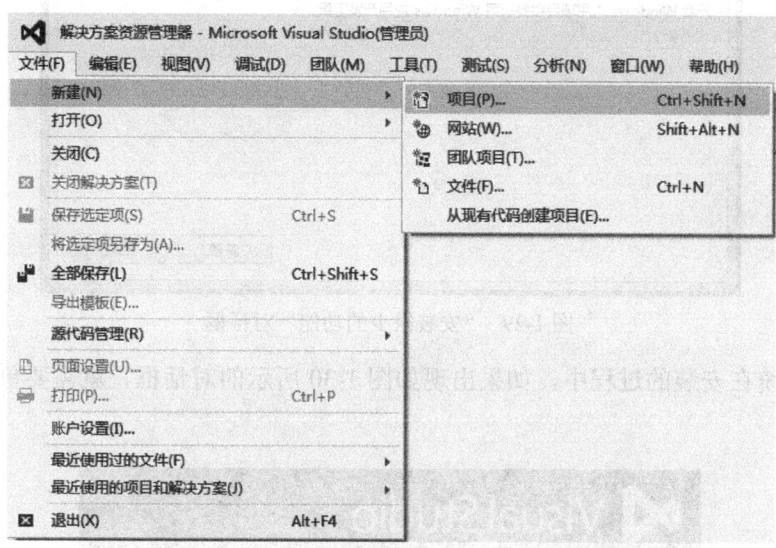

图 1-27　新建项目

（4）在"新建项目"对话框左侧的导航栏中选择"Windows"选项，在中间的窗格中选择"安装通用 Windows 平台工具"，如图 1-28 所示。

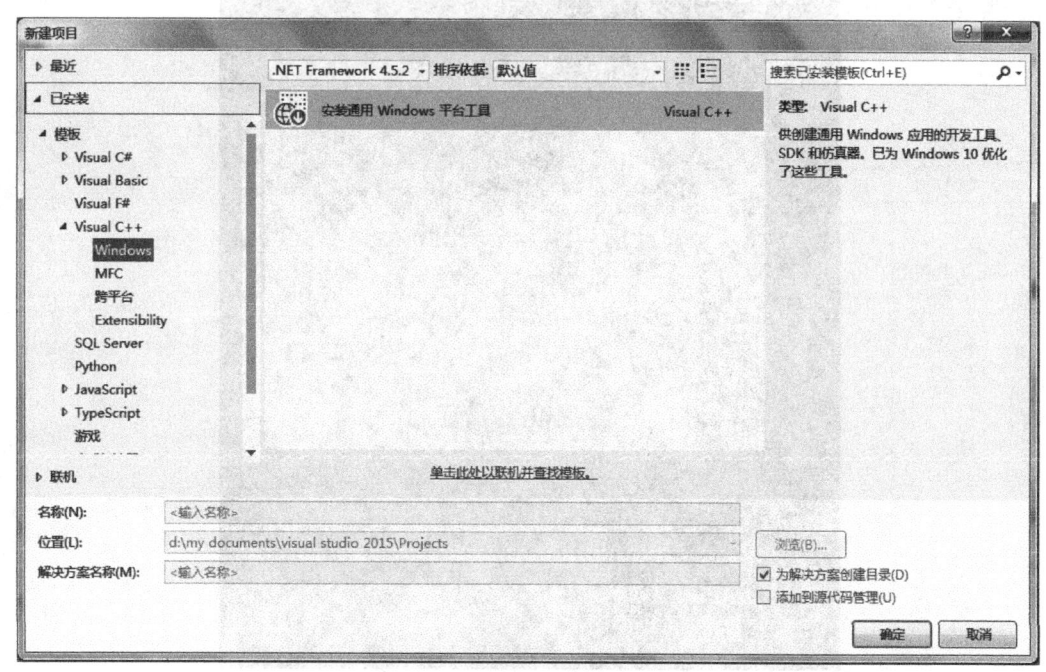

图 1-28　"新建项目"对话框

（5）系统将打开"安装缺少的功能"对话框，如图 1-29 所示，单击"安装"按钮，系统将自行安装缺少的组件。

24 / C语言项目化教程

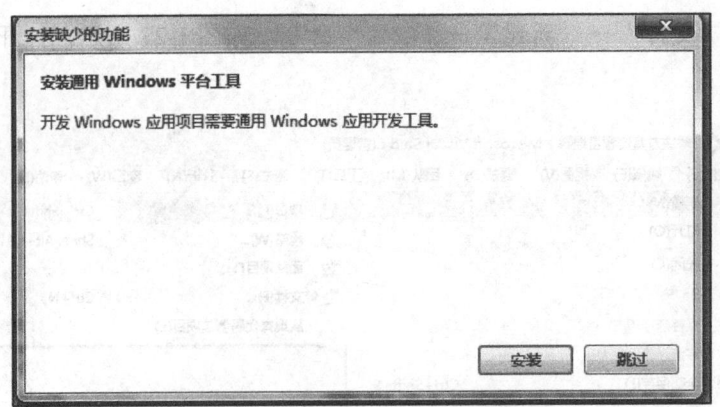

图 1-29 "安装缺少的功能"对话框

（6）系统在安装的过程中，如果出现如图 1-30 所示的对话框，就需要单击"继续"按钮。

图 1-30 "安装警告"对话框

（7）接着系统将打开如图 1-31 所示的"功能"对话框，勾选"全选"复选框后，单击"下一步"按钮继续安装，如图 1-32 所示。

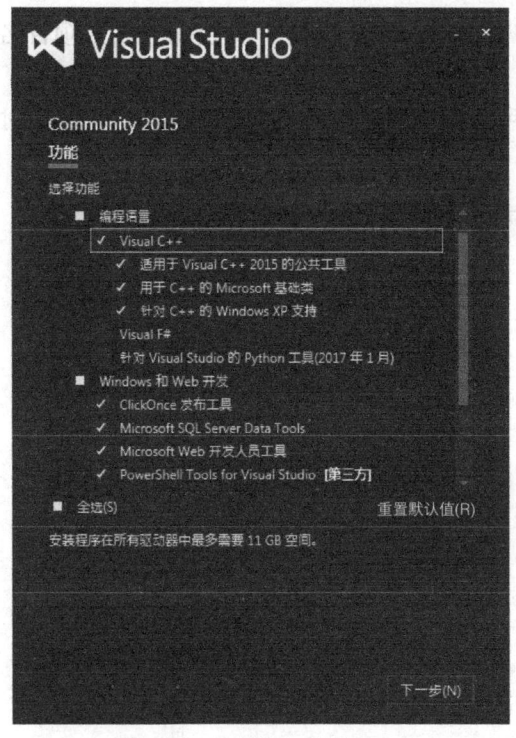

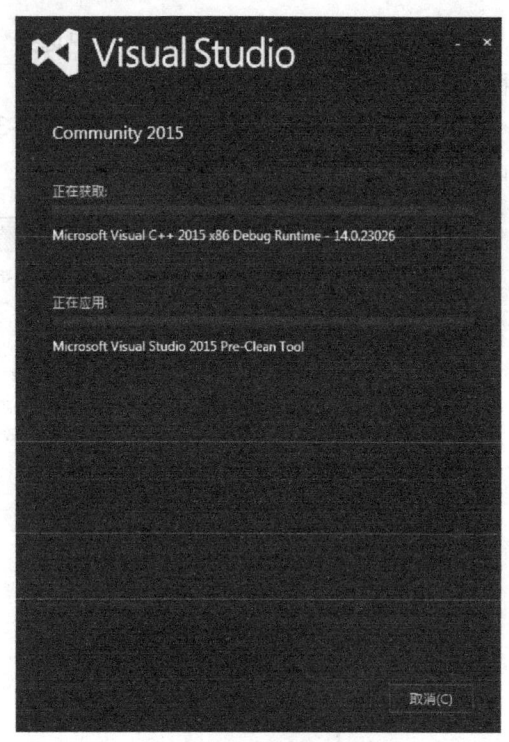

图 1-31 "功能"对话框　　　　　图 1-32 系统继续安装缺少组件

（8）安装完成后，再次启动 VS 2015，并单击"文件"→"项目"命令，在打开的"新建项目"对话框中选择"Visual C++"→"Win32"选项，如图 1-33 所示。

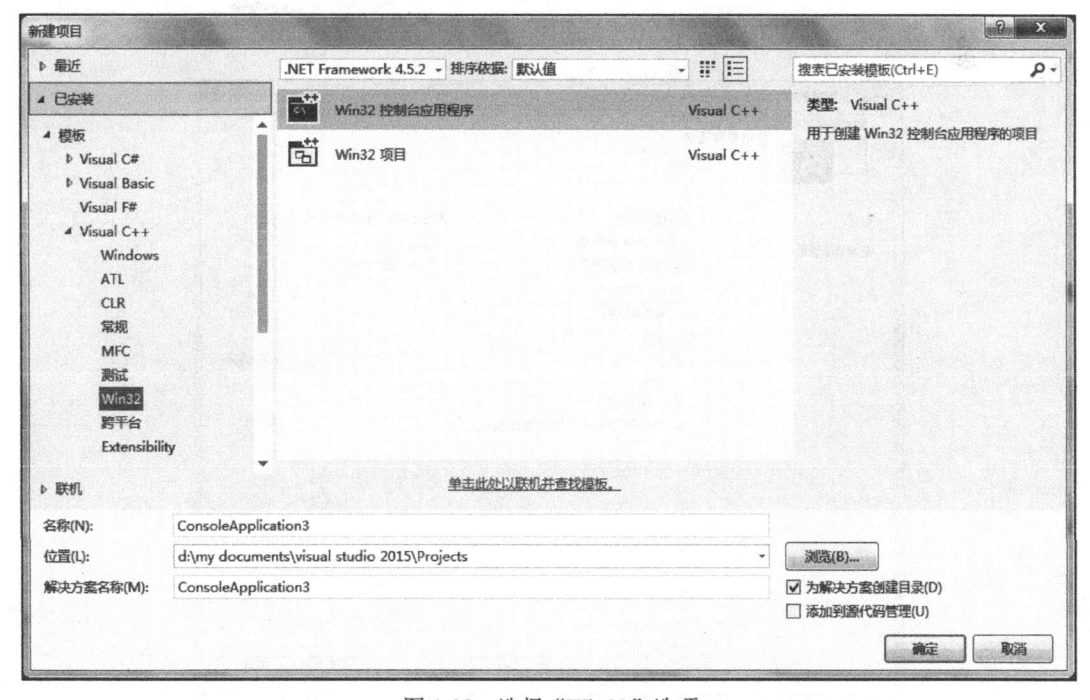

图 1-33 选择"Win32"选项

26 / C语言项目化教程

（9）在如图 1-33 所示的对话框中选择"Win32 控制台应用程序"，并分别输入项目名称、解决方案名称及存储路径。

（10）单击"确定"按钮，打开如图 1-34 所示的"欢迎使用 Win32 应用程序向导"对话框。

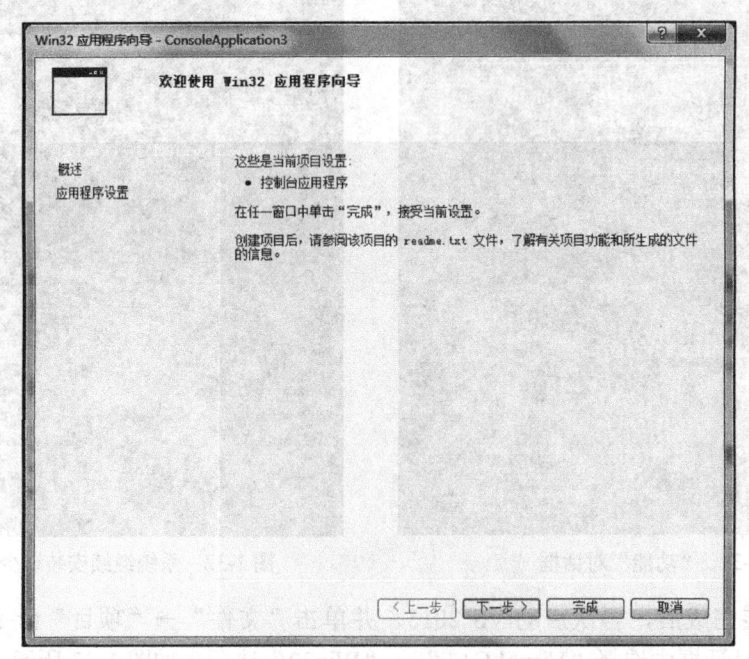

图 1-34 "欢迎使用 Win32 应用程序向导"对话框

（11）单击"下一步"按钮，打开"应用程序设置"对话框，如图 1-35 所示。

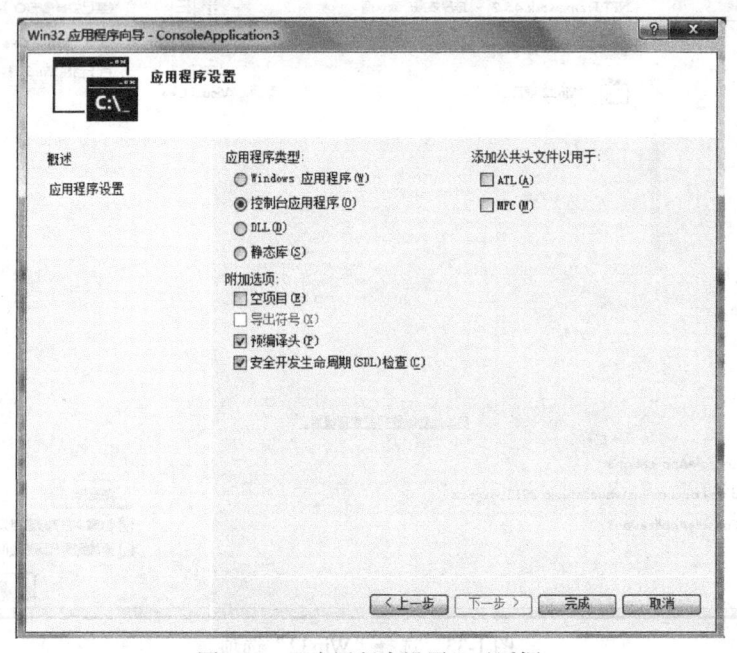

图 1-35 "应用程序设置"对话框

(12)在"附加选项"中勾选"空项目"和"安全开发生命周期(SDL)检查"复选框,并单击"完成"按钮,打开如图 1-36 所示的工作界面。

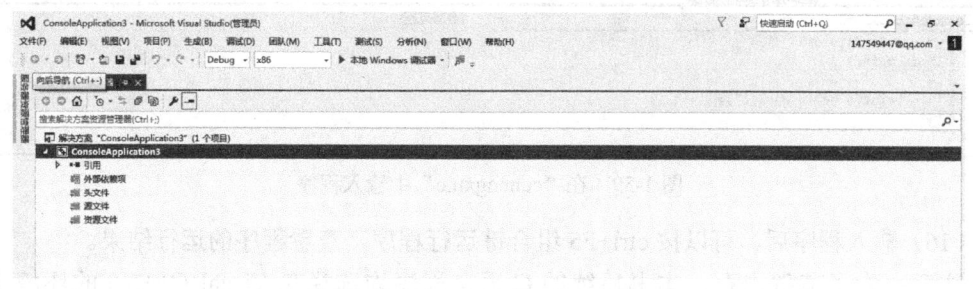

图 1-36　Visual Studio 2015 工作界面

(13)右键单击"源文件",在系统弹出的快捷菜单中单击"添加"→"新建项"命令,如图 1-37 所示。

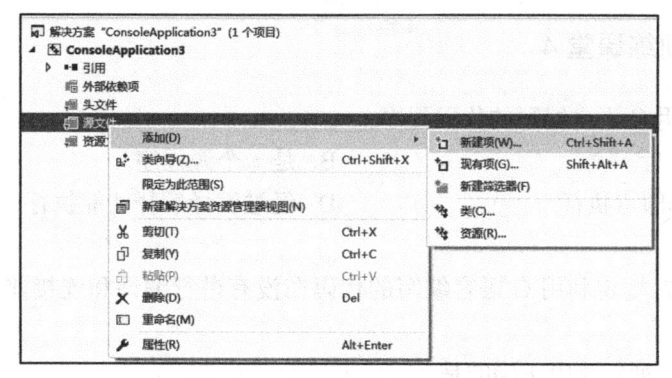

图 1-37　"新建项"操作图示

(14)在打开的"添加新项"对话框中选择"C++文件(.cpp)",并在"名称"文本框中输入程序的文件名"cchengxu",扩展名为".c",并设置存储位置,如图 1-38 所示。

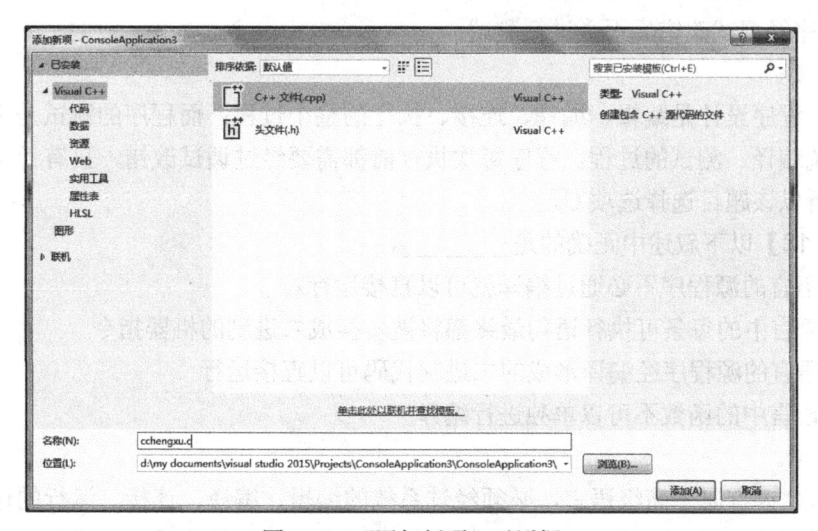

图 1-38　"添加新项"对话框

(15) 单击 "添加" 按钮，在 "cchengxu.c" 中输入程序，如图 1-39 所示。

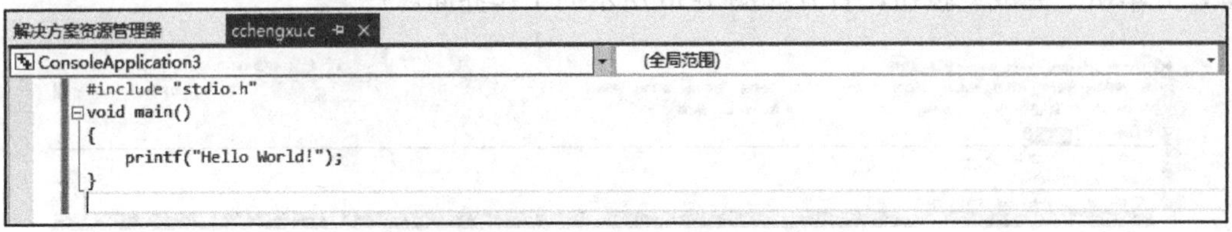

图 1-39　在 "cchengxu.c" 中输入程序

(16) 输入程序后，可以按 ctrl+F5 组合键运行程序，查看程序的运行结果。

注意：为了节省内存，本书后续的 C 语言程序均选择在 Visual C++6.0 的环境下执行。在此特别提醒初学者，由于不同的集成开发环境所对应的 C 语言数据类型的存储范围不同，因此部分 C 语言程序的运行结果在 Visual C++6.0 环境下和 Visual Studio 2015 环境下略有不同。

三、国考训练课堂 4

【试题 16】用 C 语言编写的代码程序_____。
A. 可立即执行　　　　　　　　B. 是一个源程序
C. 经过编译即可执行　　　　　D. 经过编译解释才能执行
答案：B。
分析：C 语言规定利用 C 语言编写的代码在没有进行编译和连接前，是一个 C 语言源程序。

【试题 17】下列叙述中正确的是_____。
A. 程序设计就是编制程序
B. 程序的测试必须由程序员自己完成
C. 程序经调试改错后还应进行测试
D. 程序经调试改错后不必进行测试
答案：C。
分析：程序设计是编辑、编译、连接、执行的整个过程；而程序的测试是由程序员编辑，由系统编译、测试的过程。程序每次执行前都需要经过调试改错，只有无错误时才可以执行。所以该题目选择选项 C。

【试题 18】以下叙述中正确的是_____。
A. C 语言的源程序不必通过编译就可以直接运行
B. C 语言中的每条可执行语句最终都将被转换成二进制的机器指令
C. C 语言的源程序经编译形成的二进制代码可以直接运行
D. C 语言中的函数不可以单独进行编译
答案：B。
分析：C 语言属于高级语言，必须经过系统的编辑、编译、连接、运行的过程才可以执行得出最后的结果。而编译、连接的过程就属于高级语言转换成低级语言即二进制机器指令的过程，因此，选择选项 B。

【试题 19】 能将高级语言编写的源程序转换成目标程序的软件是_____。
A. 汇编程序　　　　B. 编辑程序　　　　C. 解释程序　　　　D. 编译程序
答案：D。
分析：要想使高级语言在机器内运行，那么必须把高级语言编写的源程序转换成计算机可以识别的目标程序。实现此过程有两种方法，编译和解释，其中解释是逐条执行，但不需要生成目标程序，所以本题选择 D。

【试题 20】 以下叙述中正确的是_____。
A. 在 C 语言中，预处理命令行都以 "#" 开头
B. 预处理命令行必须位于 C 语言源程序的起始位置
C. #include <stdio.h>必须放在程序的开头
D. C 语言的预处理不能实现宏定义和条件编译的功能
答案：A。
分析：预处理命令是以 "#" 开头的命令，它们不是 C 语言的可执行命令，这些命令应该在函数之外书写，一般在源文件的最前面书写，但不是必须在起始位置书写，所以 B、C 选项错误。C 语言的预处理能够实现宏定义和条件编译等功能，所以 D 错误。

拓展训练 1

一、实验目的与要求

1. 了解可以运行 C 语言程序的平台（Tubro C、C-Free、Visual C++6.0、Visual Studio 2015 等）。
2. 熟练掌握安装 Visual C++6.0。
3. 掌握在 Visual C++6.0 环境下运行 C 语言程序的准备工作。
4. 熟练安装 Visual Studio 2015，并将系统升级更新到可以运行 C 语言程序的工作环境。
5. 练习简单 C 语言程序的编辑、调试和运行。

二、实验内容

1. 下载并安装 Visual C++6.0。
2. 在官方网站下载安装社区版 Visual Studio 2015，并运行 C 语言程序。
3. 在 Visual C++6.0 环境下运行以下程序并分析运行结果。

```
#include <stdio.h>
main()
{
printf("C language is my Love!\n");
printf("My Love is C language \n");
```

```
printf("Hello World!\n");
}
```

4. 在 Visual Studio 2015 环境下运行以下程序并分析运行结果。

(1) 实现两个已知整数的和。

```
#include <stdio.h>
main()
{
int a,b;
a=3;
b=5;
printf("a+b=%d\n",a+b);
}
```

程序的运行结果：_____。

(2) 实现两个随机输入的整数的和。

```
#include <stdio.h>
main()
{
int a,b;
printf("please input a and b:");
scanf("%d,%d",&a,&b);
printf("a+b=%d\n",a+b);
}
```

程序的运行结果：_____。

(3) 实现多组两个整数的和。

```
#include <stdio.h>
int sum(int a,int b)
{int z;
z=a+b;
return z;
}
main()
{
printf("第一对整数的和是%d\n",sum(3,5));
printf("第二对整数的和是%d\n",sum(30,50));
printf("第三对整数的和是%d\n",sum(300,500));
}
```

程序的运行结果：_____。

5. 总结并分析不同 C 语言运行环境的操作步骤及注意事项。

课后习题 1

一、填空题

1. C 语言是_____年诞生的。
2. C 语言程序上机操作的基本步骤是_____、编译、_____和_____。
3. 在 C 语言中，一共有_____个关键字，_____种控制语句。
4. 在 C 语言程序中，有且只能有_____主函数，每个文件由若干个_____组成。
5. 在 C 语言程序中，每个函数由_____和_____两部分组成。

二、简答题

1. 简述 C 语言的发展历程？
2. C 语言的特点有哪些？
3. 什么是算法，如何描述算法？
4. C 语言的编译环境有哪些，各有什么特点？

三、上机操作题

1. 综合练习。

（1）结合本项目的例题，完成以下程序设计：

```
*************************
*  Welcome to Beijing!  *
*************************
```

（2）上机完成上述程序的运行，并学会查看运行结果。
（3）查看程序的运行结果，如图 1-40 所示。

图 1-40　习题运行结果

2. 调试编辑下面的程序，得出程序的运行结果。

```c
#include <stdio.h>
#define PI  3.14
void main()
 { int r;
float s;
r=10;
s=PI*r*r;
printf("s=%f\n",s);
}
```

3. 仿照上题，编写一个程序，求边长为 10 的正方形的面积。

项目2　开启学习之旅——遵守规则

项目导读

正如每个学校、班级都有自己的规章制度一样，C语言也有其相应的规则。在此需要学习C语言常量、变量、标识符和语句等基本概念；熟悉各种数据类型、常见的运算符，以及各种表达式；掌握C语言运算符的优先级和结合性。

项目目标

1. 学习C语言整型常量、浮点型常量等不同的表现形式，引导学生结合自身，理解不同阶段不同角色的作用。

2. 学习C语言变量的命名及先定义后使用的原则，遵守C语言语句规范，培养学生认真务实、严谨求真的学习态度。

3. 学习C语言整型和字符型数据的相互转换，培养学生的一技之长、一专多能。

任务1　常量、变量和标识符

微课视频

一、任务描述

对于基本数据类型，按其取值是否可以改变分为常量和变量两种。在程序执行的过程中，取值不可以改变的量称为常量，取值可以改变的量称为变量，它们可以与数据类型结合起来分类，如整型常量、整型变量、浮点型常量、浮点型变量、字符型常量、字符型变量、枚举常量、枚举变量等。在C语言中，常量可以不经过说明直接引用，变量必须先定义后使用。

二、相关知识

1. 关键字与标识符

1) 关键字

关键字又称保留字，是一种预先定义的、具有特殊意义的标识符。因此，不能重新定义关键字，也不能把关键字定义为一般标识符。例如，关键字不能做变量名、函数名等。C语言共有32个关键字，它们均由小写字母组成。

2)标识符

在 C 语言中,标识符是用来标识变量名、符号常量名、函数名、数组名、用户自定义类型名、文件名的有效字符序列。简单地说,标识符就是一个名字。

C 语言中规定标识符只能由字母、数字和下画线 3 种字符组成,且第一个字符必须为字母或下画线,随后的字符可以是字母、数字或下画线。

标识符的长度可以是一个或多个字符。ANSI 标准并没有规定标识符的长度,它只是由各个 C 语言编译系统自己来规定。有的系统(如 IBM PC 的 MS C)取 8 个字符(Turbo C 则允许 32 个字符),假如程序中出现的变量名长度大于 8 个字符,则只有前 8 个字符有效,后面的不被识别。

C 语言中字母的大写和小写被认为是两个不同的字符,因此,SUM、Sum 和 sum 是 3 个不同的标识符。

如 chr1、a b、ab、a2b 等都是合法的,而 3m、a!number、h%igh 等是非法的。

注意:程序中的标识符不能和关键字相同,也不能和用户自己编制的函数或 C 语言库函数同名。

2. 常量

1)常量的定义

所谓常量,是指程序在运行过程中值永远保持不变的量。如 20、58.65、"$" 等。

2)常量的分类

常量也是数据,所以常量也有数据类型。C 语言中的常量有 4 种类型,整型常量、实型常量、字符常量和字符串常量。

(1)整型常量。整型常量一般用来表示数学中的整数,包括正整数、负整数和 0,所以整型常量也称整常数。如 20、−19、0 等。

(2)实型常量。实型常量也称为浮点型数、实数或浮点数。在 C 语言中,实数只采用十进制。它有两种表示形式:十进制小数形式和指数形式。

● 十进制小数形式 它由整数和小数点组成,数的正负用"+"(可以省略)和"−"区分。如 −9.12、8.6、26.0、−35、28.等都是实型常量。

● 指数形式 用指数形式表示实数的一般形式为:数值 e(或 E)整数。

注意:字母 e 或 E 之前必须有数值,且其后面必须为整数。

例如,21.321e2 或 21.321E2 都代表 2132.1,即 21.321×10^2。E2、e、5e2.5 等都是不合法的指数形式。

(3)字符常量。字符常量是用单引号括起来的单个字符。如'a' 'A' '2' '$' '%'等都是合法的字符常量。

(4)字符串常量。字符串常量是由一对双引号括起来的字符序列。如"How are you" "A" "819" "$123"等。

注意:不要将字符常量与字符串常量相混淆。字符常量'm'和字符串常量"m",虽然都只有一个字符,但在内存中的存储情况是不同的。例如,'a'在内存中占一字节,存储形式如图 2-1 所示;而"a"在内存中占两字节,存储形式如图 2-2 所示。

| a |

图 2-1 字符常量的存储形式

| a | \0 |

图 2-2 字符串常量的存储形式

在 C 语言中，字符串常量在内存中存储时，系统会自动在字符串的末尾加一个字符串结束标志，即 ASCII 码值为 0 的字符 NULL，常用 "\0" 表示，以便系统据此判断字符串是否结束。因此在程序中，长度为 n 个字符的字符串常量，在内存中占 $n+1$ 字节。例如，字符串 "good" 有 4 个字符，作为字符串常量存储在内存中时，共占 5 字节，系统会自动在后面加上字符 NULL，存储形式如图 2-3 所示。

| g | o | o | d | NULL |

图 2-3 字符串 "good" 的存储形式

（5）符号常量。在 C 语言中可以用一个标识符来表示一个常量，称之为符号常量。符号常量在使用之前必须先定义，其一般形式为：

```
#define 标识符 常量
```

其中，#define 是一条预处理命令，称为宏定义命令。该命令的功能是把一个标识符定义为其后的常量值。一经定义，以后在程序中所有出现该标识符的地方，均代表该常量值。

习惯上，常量的标识符使用大写字母，变量的标识符使用小写字母。

3. 变量

1）变量的定义

所谓变量，就是在程序运行过程中，其值可以改变的量。变量在内存中占据一定的存储单元，以存放变量的值。

2）变量的 3 要素

变量有 3 个基本要素：变量名、类型和值。

为了访问变量，需要给变量命名，这个名字就是变量名（此处需要注意区分变量名和变量值这两个不同的概念），变量名的命名必须遵循标识符规则，在命名时应尽量遵循"见名知意"的原则。如用 "price" 代表 "价钱"、用 "sum" 代表 "和"、用 "avg" 代表 "平均值" 等。变量名实际上是一个符号地址，在对程序编译连接时由系统给每个变量分配一个内存地址（在 C 语言中，以 "&变量名" 表示变量的地址），程序在运行的过程中从内存地址中取值，即通过变量名找到相应的内存地址，然后从其存储单元中读取数据。

3）变量的分类

变量也分为不同的类型，如整型变量、实型变量、字符变量等。在 C 语言中要求对所有变量进行强制定义，即应"先定义，后使用"。

变量定义的一般形式是：

```
类型符 变量名表列
```

例如，定义两个整型变量 a 和 b，可用如下的格式：

```
int   a,b;
```

4）定义变量的目的

（1）保证程序中使用变量时不会发生错误。

（2）对变量指定类型后，在编译时就能为其分配相应的存储单元。

（3）指定变量类型后，也便于在编译时，据此检查该变量所进行的运算是否合法。例如，整型变量 a 和 b 可以进行求余运算，即 a%b。如果将 a 和 b 指定为实型变量，就不允许进行求余运算，在编译时会给出有关"出错信息"。

（4）变量的值一般通过赋值运算符或通过调用标准输入函数获取。

变量赋值的一般形式为：

```
变量名=表达式
```

例如：

```
int m;
m=6;
```

即将整型数据 6 赋值给整型变量 m，从而使变量 m 对应的存储单元中存放的数据为 6。也可以在定义变量时给变量赋值，称之为变量的初始化。

其一般形式为：

```
类型符      变量名=表达式
```

例如：

```
int   a=2;     //指定 a 为整型变量,初值为 2
float f=9.28;  // 指定 f 为实型变量,初值为 9.28
char  c='a';   //指定 c 为字符型变量,初值为'a'
```

也可以给定义的部分变量赋初值。例如，

```
int a,b=3,c;
```

但不能用如下形式：

```
int  a=b=c=3;
```

否则系统调试的时候，将出现错误提示，如图 2-4 所示。因为变量 b 和变量 c 没有被定义就直接赋值使用了。

```
Compiling...
任务1.cpp
C:\Program Files (x86)\Microsoft Visual Studio\MyProjects\项目2\任务1.cpp(4) : error C2065: 'b' : undeclared identifier
C:\Program Files (x86)\Microsoft Visual Studio\MyProjects\项目2\任务1.cpp(4) : error C2065: 'c' : undeclared identifier
执行 cl.exe 时出错.
项目2.exe - 1 error(s), 0 warning(s)
```

图 2-4　运行程序出现错误提示

三、国考训练课堂 1

【试题 1】下列关于 C 语言用户标识符的叙述中正确的是_____。

A. 用户标识符中可以出现下画线和减号
B. 用户标识符中不可以出现减号，但可以出现下画线
C. 用户标识符中可以出现下画线，但不可以放在用户标识符的开头
D. 用户标识符中可以出现下画线和数字，它们都可以放在用户标识符的开头

答案：B。

分析：标识符的定义是以字母或下画线开头，其后可以接数字、字母、下画线。因此选项 A、选项 C 和选项 D 都是错误的。

【试题2】以下能定义为用户标识符的是_____。
A. scanf　　　　　B. void　　　　　C. _3com_　　　　　D. int

答案：C。

分析：标识符的定义是以字母或下画线开头，其后可以接数字、字母、下画线，但不可以用系统的关键字。其中，选项 A 是标准的输入函数；选项 B 中是关键字空的意思；选项 D 也是系统的数据类型，普通整型的关键字；选项 C 是以下画线开头，后面跟字母、数字和下画线，因此正确。

【试题3】以下不合法的数值常量是_____。
A. 011　　　　　　B. 1e1　　　　　C. 8.0E0.5　　　　　D. 0xabcd

答案：C。

分析：浮点型数据的指数表示形式中，E 的两边都要有数字，且 E 后面必须是整数，因此选项 C 错误。

【试题4】以下不合法的字符常量是_____。
A. '\018'　　　　　B. '\"'　　　　　C. '\\'　　　　　D. '\xcc'

答案：A。

分析：字符常量是用单引号括起来的一个字符。字符常量有以下特点：字符常量只能用单引号括起来，不能用双引号或其他符号。字符常量只能是单个字符，不能是字符串。而且 A 选项中的第一个"\"是转义字符，其后跟的 1～3 位数字表示八进制数所对应的字符，由于八进制是逢八进一，不会出现数字 8，因此选项 A 是错误的。

【试题5】以下能定义为用户标识符的是_____。
A. 3com　　　　　B. main　　　　　C. _3c　　　　　D. printf

答案：C。

分析：标识符的定义是以字母或下画线开头，后可以接数字、字母、下画线，但不能是 C 语言的关键字。选项 A 以数字开头，选项 B 是 C 语言主函数的关键字，选项 D 是标准的输出函数，所以选项 C 正确。

任务2　常用的数据类型

一、任务描述

数据类型是按被说明量的性质、表示形式、占据存储空间的多少、构造特点来划分

的。在 C 语言中，数据类型分为基本类型、构造类型、指针类型、空类型 4 大类。其中，基本类型又分为整型、实型和字符型；构造类型又分为数组类型、结构体类型、共用体类型和枚举类型。

二、相关知识

1. 整型

1）表示范围

C 语言中提供了多种整型数据类型以满足不同需要。不同整型数据类型间的差异在于它们可能具有不同的二进制编码位数，因此表示范围可能不同。在 Tubro C 环境中，整型数据所占位数及数值范围可以用表 2.1 来说明。

表 2.1 整型数据所占位数及数值范围

数据类型	类 型 符	占内存（位）	占内存（字节）	数值范围
基本型	int	16	2	−32 768～32 767
无符号整型	unsigned int	16	2	0～655 35
短整型	short [int]	16	2	−32 768～32 767
无符号短整型	unsigned short [int]	16	2	0～65 535
长整型	long [int]	32	4	$-2^{31} \sim 2^{31}-1$
无符号长整型	unsigned long [int]	32	4	$0 \sim 2^{32}-1$

2）表示方式

对于整型常数，有 3 种表示方法，按不同的进制区分。

十进制：280、37、108、−19。

八进制：以数字 0 开头，后面跟具体的数，如 062、0126、023、0521。

十六进制：以 0X 或 0x 开头的数，如 0x86a、0X6d、0xBF。

注意：当在整型常数的后面添加字母"L"或"l"时，表示该数为长整型数，如 325L、0631l。

2. 实型

1）表示范围

实型也称为浮点型，根据数据的表示范围分为单精度、双精度和长双精度 3 种，如表 2.2 所示。

表 2.2 实型数据所占位数及数值范围

数据类型	类 型 符	占内存（位）	占内存（字节）	数 值 范 围	有 效 位 数
单精度	float	32	4	3.4E−38～3.4E+38	7
双精度	double	64	8	1.7E−308～1.7E+308	16
长双精度	long double	80	10	1.2E−493～1.2E+4932	19

浮点数均为有符号浮点数，没有无符号浮点数。

2）表示方式

实型常数的表示方式有十进制和指数形式两种。

十进制：如 6.2、.96、−387.29。

指数形式：如−2.3E3、−7.5e−3。

注意：0.52 可以写为.52，−0.23E2 可以写为−.23E2，即整数 0 可以省略。此外，在用指数形式表示时，可以用 E，也可以用 e，并且要求 E（e）前面必须有数字，E（e）后面的数字（也称阶码）必须是整数。

【例 2-1】判断下面数据的有效性。

    E2   2.16e   168   −3.6e−8

判断结果如下：

合法实数为 168 和−3.6e−8；非法实数为 E2（E 前无数字）和 2.16e（E 后无阶码）。

3. 字符型

1）表示范围

字符型数据包括有符号字符型和无符号字符型两种，如表 2.3 所示。

表 2.3　字符型数据所占位数及数值范围

数据类型	类　型　符	占内存（位）	占内存（字节）	数值范围（ASCII 码值）
有符号字符型	char	8	1	−128～127（有符号字符型）
无符号字符型	unsigned char	8	1	0～255（无符号字符型）

说明：在 Turbo C 环境中，字符型数据在操作时将按整型数据处理，如果某个变量定义成 char，就表明该变量是有符号的，即它将转换成有符号的整型数。

2）表示方式

（1）单个字符是用单引号括起来的一个字符。

（2）转义字符是一种特殊的字符常量。转义字符以反斜线"\"开头，后跟一个或几个字符。转义字符具有特定的含义，不同于字符原有的意义，故称"转义"字符。转义字符主要用来表示那些用一般字符不便于表示的控制代码。

常用的转义字符表如表 2.4 所示。

表 2.4　转义字符表

转义字符	含　　　义	ASCII 码值（十进制）
\a	响铃（BEL）	007
\b	退格（不换行）	008
\f	走纸换页（FF）	012
\n	换行	010
\r	回车（CR）	013
\t	横向跳格（跳到下一个输出区，占 8 列）	009
\v	竖向跳格（垂直制表）	011

（续表）

转义字符	含 义	ASCII 码值（十进制）
\\	反斜杠字符	092
\?	问号字符	063
\'	单引号（撇号）字符	039
\"	双引号字符	034
\0	空字符（NULL）	000
\ddd	1～3 位八进制数所代表的字符	
\xhh	1～2 位十六进制数所代表的字符	

说明：转义字符也就是将反斜杠（\）后面的字符转换成另外的意义。例如，"\n"中的"n"不代表字母 n 而代表"换行"。

【例 2-2】分析程序的运行结果。

```
#include <stdio.h>
main()
{
 char ch1,ch2;
 ch1 = 'a';
 ch2 = 'b';
 ch1 = ch1 - 32;
 ch2 = ch2 - 32;
 printf("%c,%c\t\n\x41,\x42\n%d,%d\n",ch1,ch2,ch1,ch2);
}
```

例 2-2 程序的运行结果如图 2-5 所示。

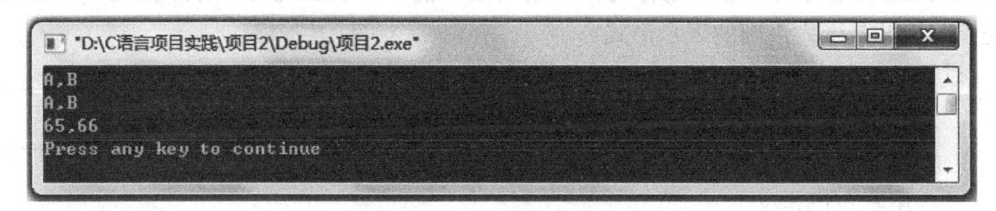

```
A,B
A,B
65,66
Press any key to continue
```

图 2-5 例 2-2 程序的运行结果

4. 构造类型

构造类型是根据已定义的一个或多个数据类型用构造的方法定义的。即一个构造类型的数据可以再分解成若干个类型的数据，每个数据都是一个基本类型或又是一个构造类型。构造类型包括数组类型、结构体类型、共用体类型和枚举类型 4 种，具体内容将在项目 10 中进行介绍。

5. 指针类型

指针是一种特殊的，同时又具有重要作用的数据类型。其值用来表示某个量在内存储中的地址。具体内容将在项目 8 中进行介绍。

6. 空类型

空类型（viod）用来表示无返回值的函数或定义指针变量。空类型不能用来说明其他变量。

三、国考训练课堂 2

【试题 6】C 语言源程序中不能表示的数制是_____。
A. 十六进制　　　　B. 八进制　　　　C. 十进制　　　　D. 二进制
答案：D。
分析：在 C 语言中整型常量可以用十进制、八进制和十六进制等形式表示，但不包括二进制，所以选择 D。

【试题 7】设有定义 int a=2，b=3，c=4，则以下选项中值为 0 的表达式是_____。
A. (!a==1)&&(!b==0)　　　　B. (a<b)&& !c||1
C. a && b　　　　D. a||(b+b)&&(c-a)
答案：A。
分析：由于在逻辑&&运算中，只要其中有一个表达式为假，其值就为假；在逻辑||运算中，只要其中有一个表达式为真，其值就为真，所以选择 A。

【试题 8】以下选项中可以作为 C 语言合法整数的是_____。
A. 10110B　　　　B. 0386　　　　C. 0Xff　　　　D. x2a2
答案：C。
分析：对于整型常数，有 3 种表示方法，按不同的进制区分，有十进制、八进制、十六进制。因此 A 选项二进制的表示形式被排除；B 选项是八进制表示形式，但其中有数字 8，这和八进制本身的含意是违背的；D 选项根本就不是以上说的 3 种形式之一。故选项 C 正确，用的是十六进制的表示形式。

【试题 9】以下关于 long、int 和 short 类型数据占用内存大小的叙述中正确的是_____。
A. 均占 4 字节
B. 根据数据的大小来决定所占内存的字节数
C. 由用户自己定义
D. 由 C 语言编译系统决定
答案：D。
分析：同一种数据类型在不同系统中所占的内存大小是不同的，具体由 C 语言编译系统决定。

【试题 10】下面 4 个选项中，均是不合法的用户标识符的选项是_____。
A. c-b　goto　int　　　　B. A　P_0　do
C. float　la0　A　　　　D. 123　temp　goto
答案：A。
分析：C 语言规定的标识符只能由字母、数字和下画线 3 种字符组成，第一个字符必须为字母或下画线，并且不能使用 C 语言中的关键字作为标识符。选项 A 中 goto 和 int

是关键字，c-b 中"-"不是 C 语言规定的标识符；选项 B 中 do 是关键字；选项 C 中 float 是关键字；选项 D 中 123 是数字开头，goto 是关键字；所以，均是不合法用户标识符的选项是 A。

任务 3 运算符和表达式

一、任务描述

C 语言中包含多种运算符，由运算符连接起来的式子称为表达式。丰富的运算符和表达式使 C 语言的功能更加完善。本任务将对 C 语言中的运算符和表达式分别进行介绍。

二、相关知识

在 C 语言中，根据不同的运算类型，将运算符分为 6 大类：算术运算符、关系运算符、逻辑运算符、条件运算符、赋值运算符和逗号运算符。根据运算符操作数个数的不同又将运算符分为单目运算符、双目运算符和三目运算符 3 种。

1. 算术运算符

最常用的算术运算符如表 2.5 所示。算术运算符中的+（正号）、-（负号）、自增、自减运算符是单目运算符，其余的算术运算符均是双目运算符。

表 2.5 最常用的算术运算符

运算符	作用	运算符	作用
+	加	%	求余数或取模
-	减，单目时表示数据的负号	++	自增 1
*	乘	--	自减 1
/	除		

1）基本的算术运算符

基本的算术运算符有+、-、*、/、%。

其中，%运算符要求参加运算的运算对象（操作数）是整数，结果也是整数。例如，10%3 的结果为 1。

/运算符，当两边的操作数都是整数时，相当于整除。例如，10/3 的结果为 3。

【例 2-3】算术运算符的使用。

```
#include <stdio.h>
void main()
 {
 int a,b;
 float x,y;
 a=20;
 b=6;
```

```
x=10;
y=4;
printf("a+b=%d,a-b=%d,a*b=%d,a/b=%d,a%%b=%d\n",a+b,a-b,a*b,a/b,a%b);
printf("x+y=%f,x-y=%f,x*y=%f,x/y=%f\n",x+y,x-y,x*y,x/y);
}
```

例 2-3 程序的运行结果如图 2-6 所示。

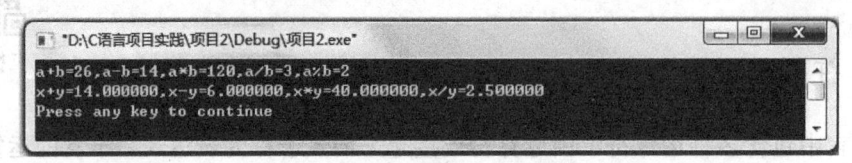

```
a+b=26,a-b=14,a*b=120,a/b=3,a%b=2
x+y=14.000000,x-y=6.000000,x*y=40.000000,x/y=2.500000
Press any key to continue
```

图 2-6 例 2-3 程序的运行结果

2）自增运算符和自减运算符

算术运算符中的++、--分别称为自增运算符、自减运算符，其作用是使变量的值加 1 或减 1。

++a，--a（在使用 a 之前，先使 a 的值加/减 1）。

a++，a--（先使用 a 的值，再使 a 的值加/减 1）。

注意：自增运算符（++）和自减运算符（--）只能用于变量，不能用于常量或表达式，例如，5++或(a+b)++都是不合法的。

【例 2-4】自增运算符和自减运算符的使用。

```
#include <stdio.h>
void main()
 {
 int a,b,c,d;
 a=3;
 b=4;
 c=++a;
 d=b++;
 printf("a=%d,c=%d\n",a,c);
 printf("b=%d,d=%d\n",b,d);
 c=--a;
 d=b--;
 printf("a=%d,c=%d\n",a,c);
 printf("b=%d,d=%d\n",b,d);
}
```

例 2-4 程序的运行结果如图 2-7 所示。

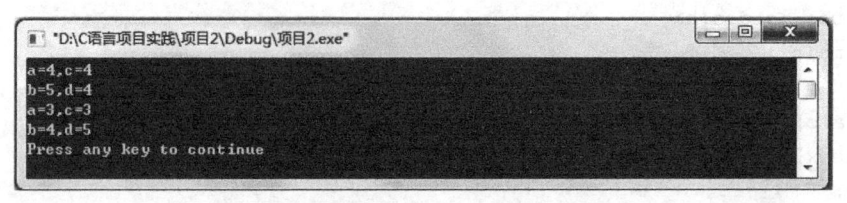

```
a=4,c=4
b=5,d=4
a=3,c=3
b=4,d=5
Press any key to continue
```

图 2-7 例 2-4 程序的运行结果

2. 关系运算符

所谓关系运算，实际上就是比较两个数值的大小。因此，比较两个数值大小的运算符就是关系运算符。关系运算符均是双目运算符。

关系运算符包括大于（>）、大于等于（>=）、小于（<）、小于等于（<=）、等于（==）和不等于（!=）6种。表2.6所示是关系运算符的种类及作用。

表2.6 关系运算符的种类及作用

运算符	作用	运算符	作用
>	大于	<=	小于等于
>=	大于等于	==	等于
<	小于	!=	不等于

关系表达式的运算结果为真和假两种，其中用0代表假，用1代表真。

注意：在选择结构、循环结构程序中，用关系表达式进行条件判断时，关系表达式的结果为0代表假，非0代表真。

【例2-5】关系运算符的使用。

```
#include <stdio.h>
void main()
{
int a,b;
a=3;
b=4;
printf("a 大于 b 比较的结果是%d\n",a>b);
printf("a 小于 b 比较的结果是%d\n",a<b);
printf("a 等于 b 比较的结果是%d\n",a==b);
}
```

例2-5程序的运行结果如图2-8所示。

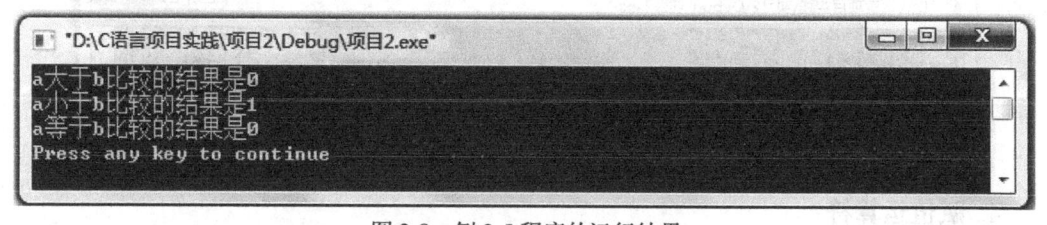

图2-8 例2-5程序的运行结果

3. 逻辑运算符

逻辑运算符用于逻辑运算，即对问题进行逻辑判断。逻辑运算符包括与（&&）、或（||）、非（!）3种，如表2.7所示。逻辑运算符中的与（&&）、或（||）是双目运算符，非（!）是单目运算符。

表 2.7 逻辑运算符

运 算 符	作 用
&&（双目）	逻辑与（相当于 AND 或"同时"）
‖（双目）	逻辑或（相当于 OR 或"或者"）
!（单目）	逻辑非（相当于 NOT 或"否定"）

逻辑运算结果为 0 或 1，0 代表假，非 0 代表真。

逻辑运算的真值表如表 2.8 所示。

表 2.8 逻辑运算的真值表

a	b	!a	a&&b	a‖b
真	真	假	真	真
真	假	假	假	真
假	真	真	假	真
假	假	真	假	假

【例 2-6】逻辑运算符的使用。

```c
#include <stdio.h>
main()
{
    int a = 0;
    int b = 10;
    int c = -6;
    int result_1 = a&&b;
    int result_2 = c||a;
    printf("%d,%d\n",result_1,!c);
    printf("%d,%d\n",result_2,!a);
}
```

例 2-6 程序的运行结果如图 2-9 所示。

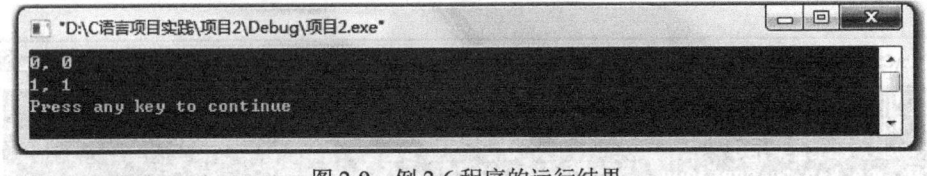

```
0,0
1,1
Press any key to continue
```

图 2-9 例 2-6 程序的运行结果

4. 赋值运算符

赋值运算符用于赋值运算，分为简单赋值（=），复合算术赋值（+=、-=、*=、/=、%=）和复合位运算赋值（&=、|=、^=、>>=、<<=）3 类共 11 种。在此主要介绍简单赋值与复合算术赋值。

1）简单赋值运算符

在 C 语言中，等号（=）即赋值运算符。

例如，a=3 表示将等号后面的 3 赋给等号前面的变量 a。

再如，x=(a=5)+(b=7)表示将 5 赋给 a，将 7 赋给 b，再将 a 和 b 相加的值赋给 x，所以 x 的值为 12。

2）复合算术赋值运算符

在赋值运算符"="之前加上一个双目运算符，就构成了复合算术赋值运算符。

例如：

a+=3 等价于 a=a+3；

b-=2 等价于 b=b-2；

x*=y+6 等价于 x=x*(y+6)；

a%=5 等价于 a=a%5。

【例 2-7】赋值运算符的使用。

```c
#include <stdio.h>
main()
{
    int a=1;
    int b=2;
    b+=a;
    a-=a+=a*=a/=a;
    printf("b 的值是%d\n",b);
    printf("a 的值是%d\n",a);
}
```

例 2-7 程序的运行结果如图 2-10 所示。

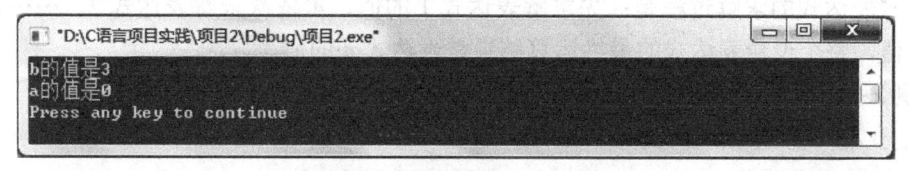

图 2-10　例 2-7 程序的运行结果

5. 条件运算符

条件运算符是一个三目运算符，其一般格式为：

<表达式 1>?<表达式 2>：<表达式 3>

条件运算符的含义是：先求出<表达式 1>的值，若<表达式 1>的结果为真（非 0），则求<表达式 2>的值，并把它作为整个表达式的结果；若<表达式 1>的值为假（0），则求<表达式 3>的值，并把它作为整个表达式的结果。

【例 2-8】求两个数中的最大值。

```c
#include <stdio.h>
main()
{
```

```
    int a,b;
    printf("请输入两个数,中间用空格或回车分割");
    scanf("%d%d",&a,&b);
    printf("两个数中的最大值是%d\n",a>b?a:b);
}
```

运行程序,当从键盘上输入 3 6 时,程序的输出结果如图 2-11 所示。

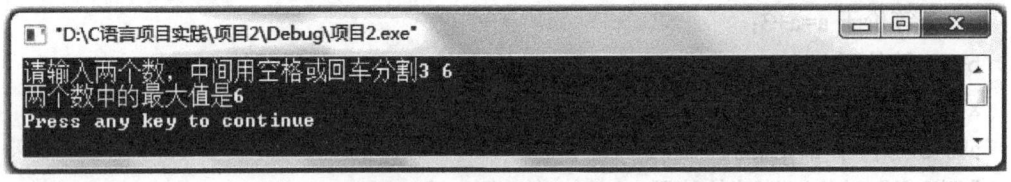

```
"D:\C语言项目实践\项目2\Debug\项目2.exe"
请输入两个数,中间用空格或回车分割3 6
两个数中的最大值是6
Press any key to continue
```

图 2-11　程序的输出结果

注意：若在 VS 2015 中运行该程序，则需要将 scanf()函数修改为 scanf_s()函数；否则系统将报错。

scanf_s()函数是 Microsoft 公司 VS 开发工具提供的一个与 scanf()函数功能相同的标准输入函数。在调用该函数时，必须提供一个数字以表明最多读取多少位字符。

6. 逗号运算符

C 语言中提供了一种特殊的运算符——逗号运算符，逗号运算符用于把若干个表达式组合成一个表达式。例如，8，6 称为逗号表达式。

逗号表达式的一般格式：

表达式1, 表达式2, …, 表达式n

逗号表达式的求解过程是：先求解表达式 1 的值，再依次求解表达式 2、……、表达式 n 的值，整个逗号表达式的最终运算结果是表达式 n 的值。

【例 2-9】逗号运算符的使用。

```
#include <stdio.h>
main()
{
    int a,b,c;
    printf("请输入两个数,中间用空格或回车分割");
    scanf("%d%d%d",&a,&b,&c);
    printf("逗号表达式的结果是%d\n",(a,b,c));
}
```

运行程序,当从键盘上输入 2 6 9 时,程序的输出结果如图 2-12 所示。

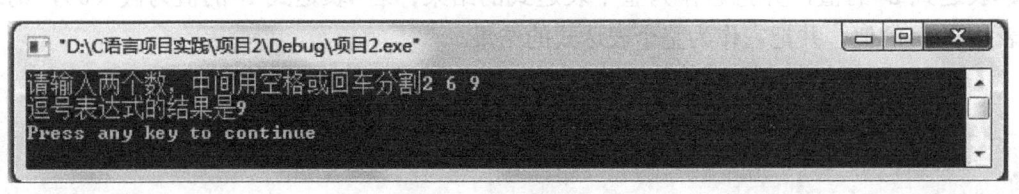

```
"D:\C语言项目实践\项目2\Debug\项目2.exe"
请输入两个数,中间用空格或回车分割2 6 9
逗号表达式的结果是9
Press any key to continue
```

图 2-12　程序的输出结果

7. 运算符的优先级及结合性

运算符的优先级，是指不同的运算符同时出现在一个表达式时，应该先计算哪个运算符，后计算哪个运算符的问题。只有掌握了各种运算符的优先级，才能编辑出合理有效的程序。

C语言中各类运算符存在优先级，分为15级。1级为最高，15级为最低。优先级较高的先于优先级较低的进行运算；若优先级相同，则按运算符结合性所规定的结合方向处理。

C语言中各类运算符都存在优先级，表2.9所示是运算符的优先级及结合性。

表2.9 运算符的优先级及结合性

优先级	运算符	结合规则
1	()[ ] ->	从左至右
2	! ~ ++ — – * & sizeof(type)	从右至左
3	* / %	从左至右
4	+ -	从左至右
5	<< >>	从左至右
6	< <= > >=	从左至右
7	== !=	从左至右
8	&	从左至右
9	^	从左至右
10	|	从左至右
11	&&	从左至右
12	||	从左至右
13	?:	从右至左
14	= += -= *= /= %= &= ^= |= >>= <<=	从右至左
15	,	从左至右

C语言中运算符的优先级分为15级，表2.9中最上边的优先级最高，优先级最低的是表中第15级点（,）运算符。在表达式中，运算顺序是按照运算符的优先级进行的，不同优先级的运算符按照优先级的顺序计算；相同优先级的运算符按照表2.9中给出的结合规则进行计算。

注意：在相同优先级的运算符中，单项运算符、三项条件运算符和赋值运算符从右至左进行结合，其他运算符均从左至右进行结合。

三、国考训练课堂3

【试题11】设有 int x=11，则表达式(x++ * 1/3)的值是_____。
A. 3   B. 4   C. 11   D. 12
答案：A。
分析：由于++在变量x的后面，因此先使用变量原来的值（x=11），又由于变量x的数据类型是普通整型,并且"/"两边是整型,相当于整除,因此该表达式的值相当于 11/3 的值取整,等于 3。

【试题 12】以下关于单目运算符++、--的叙述中正确的是_____。

A. 它们的运算对象可以是任何变量和常量

B. 它们的运算对象可以是 char 型变量和 int 型变量,但不能是 float 型变量

C. 它们的运算对象可以是 int 型变量,但不能是 double 型变量和 float 型变量

D. 它们的运算对象可以是 char 型变量、int 型变量和 float 型变量

答案:B。

分析:自增运算符和自减运算符只能用于整型变量,不能用于常量或表达式。

【试题 13】有以下程序:

```
#include<stdio.h>
main()
{ int i=10,j=1;
printf("%d,%d\n",i--,++j);
}
```

执行后输出的结果是_____。

A. 9,2   B. 10,2   C. 9,1   D. 10,1

答案:B。

分析:自增运算符和自减运算符:符号在前是在使用之前先增(减)1,符号在后是使用之后再增(减)1,从而得出结论。

【试题 14】若以下选项中的变量已正确定义,则正确的赋值语句是_____。

A. x1=26.8%3   B. 1+2=x2
C. x3=0x12   D. x4=1+2=3

答案:C。

分析:选项 A 是求余运算,要求"%"的两边都是整数;选项 B 中的赋值运算符"="要求其左边是变量,右边是常量;选项 D 右边的"="两边都是常量,所以只有选项 C 正确,实现将一个十六进制数赋给变量 x3。

【试题 15】设有以下定义:

```
int a=0;
double b=1.25;
char c='A';
#define d 2
```

则下面语句中错误的是_____。

A. a++;   B. b++;   C. c++;   D. d++;

答案:D。

分析:因为变量 d 是用 define 定义的,表示宏定义了一个符号常量,所以在一个函数中是不能再对其赋值的。因此 D 选项的表达形式是错误的。

任务 4　数据类型间的转换

一、任务描述

前面讨论了不同的运算符及数据的类型，但在计算表达式时，不仅要考虑运算符的优先级和结合性，还要分析运算对象的数据类型。一个运算符对不同数据类型的计算结果有可能不同。整型、单精度型、双精度型数据可以混合运算，字符型数据可以与整型数据通用。因此，整型、实型（包括单、双精度）、字符型数据之间可以进行混合运算。不同类型的数据在一起运算时，需要转换成相同的数据类型，再进行运算。

二、相关知识

转换的方式有两种：自动转换和强制转换。自动转换又称为隐式转换，强制转换又称为显式转换。

程序员在编写程序时，应尽量避免在一个表达式中使用多种数据类型。如果必须在一个表达式中使用多种数据类型，就应使用强制转换将数据转换成相同的数据类型。

1. 自动转换

自动转换就是系统根据规则自动将两个不同数据类型的运算对象转换成同一种数据类型的过程。而且，对于某些数据类型，即使是两个运算对象的数据类型完全相同，也要做转换（如 float）。该过程由编译系统自动完成。

转换的原则：为两个运算对象的计算结果尽可能提供多的存储空间。具体规则如下。

（1）若参与运算量的数据类型不同，则先转换成同一类型，然后进行计算。

（2）转换按数据长度增加的方向进行，用以保证不降低精度。例如，int 型和 long 型数据运算时，要先把 int 型数据转换成 long 型数据，再进行计算。

（3）所有浮点型数据的运算都是以双精度类型进行的，即使仅含有 float 单精度类型，也要转换成 double 双精度类型后再进行运算。

（4）char 型和 short 型数据参与运算时，必须先转换成 int 型。

（5）在赋值运算中，赋值运算符两侧量的数据类型不同时，赋值运算符右侧量的类型将转换成左侧量的类型。如果右侧量的数据类型的长度比左侧长，就会丢失一部分数据，这样会降低精度，丢失的部分按四舍五入向前一位舍入。

数据类型间的自动转换如图 2-13 所示。

横向向右的箭头表示必须转换，也就是说，当遇到 char 型、short 型数据时，系统一律将其转换成 int 型数据参与运算；遇到 float 型数据时，系统一律将其转换成 double 型数据参与运算。

对于其他的数据类型，若两个运算对象的数据类

图 2-13　数据类型间的自动转换

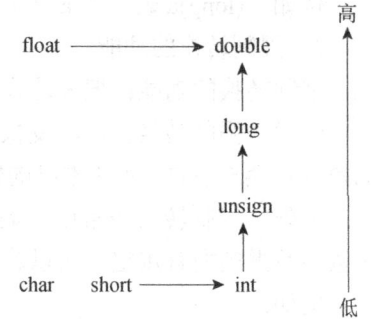

型不同，则按照纵向箭头表示的方向由低到高转换。若两个运算对象的数据类型相同，则不做转换。例如，有两个运算对象分别是 int 型和 long 型，则需要将 int 型的数据转换成 long 型的数据参与运算；而若两个运算对象都是 int 型的数据，则仍以 int 型参与运算。

注意：因为自动转换只能针对两个运算对象，所以不能对表达式中所有的运算符都做一次性的自动转换。

【例 2-10】 数据类型间的转换示例。

```
#include <stdio.h>
main()
{
  float  PI = 3.14159,s;
   int   r =2;
   s = PI *r * r;
   printf("s = %f\n",s);
}
```

例 2-10 程序的运行结果如图 2-14 所示。

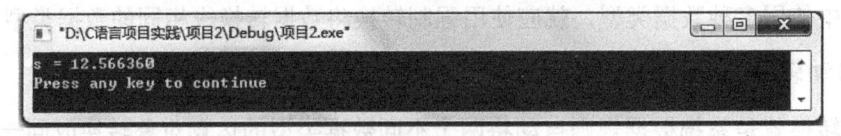

```
"D:\C语言项目实践\项目2\Debug\项目2.exe"
s = 12.566360
Press any key to continue
```

图 2-14 例 2-10 程序的运行结果

分析：本例中的 PI 为实型，s 和 r 为整型，执行语句 "s = PI* r * r" 时，r 和 PI 都自动转换成 double 型，所以结果也是 double 型。

2. 强制转换

强制转换是利用强制转换运算符将一个表达式转换成所需要的类型。在 C 语言中，允许程序员根据需要将一种数据类型强制转换成另一种数据类型。

1）强制转换的格式

强制转换的一般格式：

```
(类型符) (表达式)
```

例如，(long)a 表示将 a 转换成长整型，(int)f 表示将 f 转换成整型。

2）强制转换的功能

强制转换的功能：把表达式的运算结果强制转换成类型符所表示的类型。

注意：强制转换并不改变操作对象的数据类型和数值。例如，(int)f 的确切含义是将 f 的数值转换成整数，而 f 本身的数据类型和数值都没有改变。

另外，强制转换经常用于调用函数的参数（称为实际参数），因为 C 语言的库函数对参数的数据类型有规定，所以若实际参数不符合规定，则函数调用不能正确执行。

例如：

```
int  i =10;
```

```
double  f;
f = sqrt((double)i);
```

sqrt()是实现开平方的库函数，它要求参数是双精度类型。

【例 2-11】 强制类型转换示例。

```
#include <stdio.h>
main()
{
    float  f = 5.78;
    printf("(int)f=%d\n f=%f\n",(int)f,f);
}
```

例 2-11 程序的运行结果如图 2-15 所示。

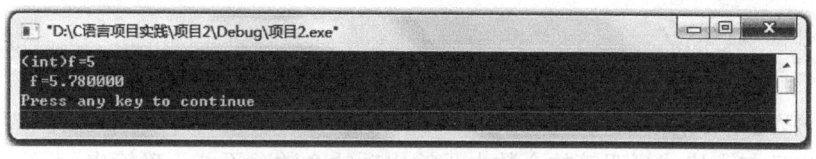

图 2-15　例 2-11 程序的运行结果

分析：本例中将"float f"强制转换成"int f"。从运算结果可以看出，f 虽然被强制转换成 int 型，但只在运算中起作用，并且 f 本身的数据类型并没有变化。因此，(int)f 的值为 5（舍去了小数部分），f 本身的值仍为 5.780000。

三、国考训练课堂 4

【试题 16】 设有定义 int k=1，m=2，float f=7，则以下选项中错误的表达式是_____。

A. k=k>=k　　　　B. -k++　　　　C. k%int(f)　　　　D. k>=f>=m

答案：C。

分析：选项 A 先进行比较运算，再将比较结果的值（真）赋给变量 k，正确；同理选项 D 正确；选项 B 是给-k 的值加 1，正确；而选项 C 错误，正确的格式为 k%(int)f，这才是对数据类型进行强制转换的格式。

【试题 17】 C 语言程序中，运算对象必须是整数的运算符是_____。

A. &&　　　　B. /　　　　C. %　　　　D. *

答案：C。

分析：取余运算符（%）是二目运算符，并且要求运算对象必须为整数，所以选 C。

【试题 18】 若变量已正确定义，则以下选项中非法的表达式是_____。

A. a! =4||'b'　　　　　　　　　B. 'a' = 1/2 *(x = y=20, x*3)
C. ，a/3%4　　　　　　　　　D. '0'+32

答案：B。

分析：由于 B 选项中的'a'是字符常量，因此不能再被赋值，故本题选 B。

【试题 19】有以下程序：

```
#include<stdio.h>
main()
{ int a=666,b=888;
printf("%d\n",(a,b)); }
```

程序运行后的输出结果是 _____。
A. 错误信息　　　　B. 666　　　　　　C. 888　　　　　　D. 666，888
答案：C。
分析：该题目考查的是逗号运算符构成的逗号表达式，由于 printf()函数中，(a, b)是将变量 b 输出，因此结果是 C。

【试题 20】设有如下程序段：

```
int x=2002,y=2003;
printf("%d\n",(x,y));
```

则以下叙述中正确的是_____。
A. 输出语句中格式说明符的个数少于输出项的个数，不能正确输出
B. 运行时产生出错信息
C. 输出值为 2002
D. 输出值为 2003
答案：D。
分析：该题目考查的是逗号运算符，输出函数中的(x, y)是将 y 输出，所以得出 D 正确。

———————| 拓展训练 2 |———————

一、实验目的与要求

1. 了解 C 语言的基本概念，并能区分 32 个关键字的含义。
2. 熟练掌握 C 语言的基本数据类型，熟悉如何定义一个整型、字符型、实型变量，以及对它们赋值的方法，并注意使用规则。
3. 掌握 C 语言程序的常用运算符，并且能够正确描述 C 语言中的各种数学表达式。
4. 熟悉 C 语言数据类型的自动转换和强制转换。
5. 掌握不同数据类型之间赋值的规律。
6. 掌握有关 C 语言的运算符，以及包含这些运算符的表达式，特别是自增（++）和自减（--）运算符的使用及数据类型的自动转换和强制转换。
7. 进一步熟悉 C 语言程序的编辑、编译、连接和运行的过程。

二、实验内容

1. 利用 Visual C++6.0 软件熟练地创建程序的编译环境。
2. 利用 Visual Studio 2015 运行程序。
3. 具体实践以下程序，并分析其运行结果。

（1）自增运算符和自减运算符的使用。

```
#include<stdio.h>
main()
{
int i,j,m,n;
i=8;j=10;
m=++i;n=j++;
printf("%d,%d,%d,%d\n",i,j,m,n);
}
```

程序的运行结果：_____。

（2）强制转换数据类型。

```
#include <stdio.h>
main()
{
int x,y,a;
scanf("%x,%y",&x,&y);
a=(x+y)/(int)2.0;
printf("The average is:",a);
}
```

程序的运行结果：_____。

（3）多种运算符的综合应用。

```
#include<stdio.h>
main()
{
int a,b,c;
a=10;b=20;c=(a%b<1)||(a/b>1);
printf("%d %d %d\n",a,b,c);
}
```

程序的运行结果：_____。

---| 课后习题 2 |---

一、选择题

1. 已有定义 int x=3，y=4，z=5，则值为 0 的表达式是_____。

A. x>y++ B. x<=++y
C. x！=y+z>=y-z D. y%z>=y-z

2. 能正确表达逻辑关系"a≥10 或 a≤0"的表达式是_____。
A. a>=10 or a<=0 B. a>=10||a<=0
C. a>=10&&a<=0 D. a>=10|a<=0

3. 设 x、y、z、k 都是 int 型变量,则执行表达式 x=(y=4, z=16, k=32)后,x 的值是_____。
A. 4 B. 16 C. 32 D. 52

4. 下列常量中不合法的是_____。
A. 2e32.6 B. 0.2e-5 C. "basic" D. 0x4b00

5. 下列标识符错误的是_____。
A. x1y B. _123 C. 2ab D. _ab

6. 语句 X+Y*Z>39 && X*Z||Y*Z 是_____表达式。
A. 算术表达式 B. 逻辑表达式 C. 关系表达式 D. 字符表达式

二、填空题

1. C 语言源程序文件的扩展名是_____,经过编译后,生成文件的扩展名是_____,经过连接后,生成文件的扩展名是_____。

2. 把 a、b 定义成长整型变量的定义语句是_____。

3. 设 x 和 y 均为整型变量,且 x=3,y=2,则 1.0*x/y 表达式的值为_____。

4. 已有定义 float x=5.5,则表达式 x=(int)x+2 的值为_____。

三、综合题

1. 求下面算术表达式的值。

(1) 设 x=2.5,y=4.7z=7,则 x+z%3*(x+y)%2/4=_____。

(2) 设 a=2,b=3,x=3.5,y=2.5,则(float)(a+b)/2+(int)x%(int)y=_____

2. 假设 a=3,b=4,c=5,写出下面各逻辑表达式的值。

(1) a+b>c&&b= =c; (2) a||b+c&&b-c;
(3) !(a>b)&&!c||1; (4) !(x=a)&&(y=b)&&0;
(5) !(a+b)+c-1&&b+c/2。

四、程序填空

1. 从键盘输入一个小写字母,要求用大、小写字母形式输出该字母及对应的 ASCII 码值。

```
#include"stdio.h"
main()
  {char c1,c2;
printf("请输入小写字母:");
scanf("%c",&c1);
_____;
printf(_____);}
```

2. 输入两个整数，实现输出两数的乘积。

```
#include"stdio.h"
main()
{
int c1,c2,s;
printf("请输入两个数:");
_____
s=c1*c2;
printf("c1+c2=%d",_____);
}
```

3. 利用条件运算符，实现输入 3 个实数，求出这 3 个数中的最大值。

```
#include<stdio.h>
void main()
{
   float x,y,z,max;
   _____
scanf("%d,%d,%d",_____);
max=x>y?x:y;
 max=_____
 printf("这3个数中最大值是%f\n",_____);
}
```

五、程序改错题

1. 改正下列程序中不正确的语句。

```
main()
{
    int  a,b,c;
    a = 9;
    b = a*3;
    float  f;
    f =(t+b)*3.1415;
    printf("f = %f\n",f);
}
```

2. 改正下列程序中不正确的语句。

```
#include"stdio.h"
 main()
{long  a;
double  f;
……
printf("a = %d,f = %f\n",a,f);
}
```

3. 改正下列程序中不正确的语句。

```
#include"stdio.h"
main()
{
char  a;
a = getchar()
int  b = 5;
printf("a =%C\n,b = %D",a,b);
}
```

六、编程题

1. 华氏温度和摄氏温度转换，C=(F−32)*5/9。
2. 将输入的 0～128 之间的任意整数按字母形式输出。
3. 通过键盘分别输入"1、2、3"，并在屏幕上显示输入的内容。
4. 输入长方形的长和宽，求其周长和面积。
5. 从键盘输入一个字符，输出其对应的 ASCII 码值。

项目 3　开启编程之路
——顺序结构程序设计

项目导读

学习了 C 语言的基本语法规则、基本数据类型、运算符和相关表达式，就可以读懂并编写简单的程序了。为了能更好地解决生活中的实际问题，编写出复杂的程序，首先需要系统地学习结构化程序设计的基本思想和简单程序的编写。

项目目标

1. 学习结构化程序设计的基本思想，增强学生解决问题的能力，并学会将复杂问题逐步简单化。

2. 理解和熟悉 C 语言程序中各种不同的语句，鼓励学生勤学多练，养成善于总结的好习惯。

3. 学习输入输出函数，使学生懂得做事情需要遵循一定的规则，没有规矩不成方圆。

4. 熟悉并掌握顺序结构程序设计，逐步培养学生的编程思维，从而提升其解决生活中实际问题的能力。

任务 1　程序控制的基本结构

一、任务描述

编写 C 语言程序首先要了解结构化程序设计的基本思想，逐步领会和掌握结构化程序设计的特点，并结合 C 语言语句功能实现简单程序的编写。

二、相关知识

1. 结构化程序设计

结构化程序设计（Structured Programming）的思想是荷兰学者 E.W.Dijkstra 等人在研究人的智力局限性随着程序规模的增大而表现出不适应之后，于 1969 年提出的。程序结构规范化的主张要求对复杂问题的求解过程应按大脑容易理解的方式进行组织。结构化程序设计采用了"自顶向下、逐步细化"的实施方法，只有一个入口、一个出口；结构中无死循环，程序中3种基本结构之间形成顺序执行关系。近年来，广泛使用的结构化程序设计方法，使程序结构清晰、易读性强，可以提高程序设计的质量和效率。

2. 程序设计的概念及特点

1）程序设计与源程序

程序设计是用某种程序设计语言表达程序设计人员解决某些问题的过程和具体实现的方法，写出的这个程序叫作源程序。

2）源程序的特点

（1）以文件的形式存储在计算机的软盘或硬盘中。

（2）通常是一种文本文件，即以 ASCII 码存储的文件。

（3）可以用任何编辑软件编写。

（4）用 C 语言编写的程序称为 C 语言源程序，其文件扩展名通常为".c"。

3. 语句概述

在 C 语言中，程序的执行部分是由语句组成的。程序主要包含控制语句、表达式语句、函数调用语句、复合语句和空语句 5 种。

1）控制语句

控制语句用于完成一定的控制功能。在 C 语言中，共有 9 种控制语句，分别是条件语句、循环语句、多分支选择语句等，具体如表 3.1 所示。

表 3.1 C 语言的 9 种控制语句

关键字	语句类型
if()…else…	条件语句
switch	多分支选择语句
while()…	循环语句
do…while()	循环语句
for()…	循环语句
continue	结束本次循环语句
break	中止执行 switch 或循环语句
return	函数返回语句
goto	程序转向语句

2）表达式语句

表达式语句由一个表达式加一个分号构成。任何表达式加上分号都可以成为语句。例如，a=10;是一个赋值语句，如果写成 a=10 就是一个赋值表达式。

再如，i++;是一个语句，作用是使 i 值加 1。

3）函数调用语句

函数调用语句由一个函数调用和一个分号构成。

例如：

```
printf("这是输出函数");
```

其中，printf("这是输出函数")是一个函数调用，加一个分号成为一条语句。

4）复合语句

可以用"{}"把一些语句和声明括起来成为复合语句。换句话说，复合语句就是将多条语句组合成一个整体实现一个特定的功能。

例如，实现两个数交换的一个复合语句：

```
{
int x,y,t;
t=x;
x=y;
y=t;
}
```

5）空语句

空语句就是只有一个分号，而没有其他任何内容的语句，格式如下：

```
;
```

此语句只有一个分号，它的作用是什么也不做。空语句通常用来作为流程的转向点（流程从程序其他地方转到此语句处），也可以用来作为循环语句中的循环体（循环体是空语句，表示循环体什么也不做），或者作为for()循环结构中的空表达式语句。

三、国考训练课堂 1

【试题 1】以下合法的赋值语句是_____。

A. x=y=100　　　　B. d--;　　　　C. x+y;　　　　D. c=int(a+b)

答案：B。

分析：该题目考查的是赋值语句，首先语句的结束标志是";"。所以在选项中直接排除了 A 和 D；而 C 尽管是表达式语句，但是由于没对任何变量赋值，因此没有意义。B 表示对变量 d 进行自减操作，即直接对变量 d 赋予原值减 1 的值。

【试题 2】设有定义 long x=-123456L，则以下能够正确输出变量 x 值的语句是_____。

A. printf("x=%d\n", x);　　　　B. printf("x=%ld\n", x);
C. printf("x=%L\n", x);　　　　D. printf("x=%LD\n", x);

答案：B。

分析：因为变量 x 是长整型，所以输出应该用 ld 形式，但该字母应该小写，不应该大写，因此 C、D 错误，B 正确。而 A 中由于"%d"只能输出普通整型数据，因此输出结果会出现错误。

【试题 3】以下能正确定义且赋初值的语句是_____。

A. int n1=n2=10;　　　　B. char c=32;
C. float f=f+1.1;　　　　D. double x=12.3E2.5;

答案：B。

分析：A 中的变量 n2 未定义；C 中的变量 f 应该先定义，后使用；D 中定义了变量 x 并且赋值，但科学计数法中 E 的后面应该是整数，所以只有 B 正确。B 定义了变量 c 为字符型，并且赋值，因为字符型和整型可以通用，所以正确。

【**试题 4**】以下定义语句中正确的是_____。

A. int a=b=0; B. char A=65+1，b='b';
C. float a=1，"b=&a "，c=&b; D. double a=0.0；b=1.1;

答案：B。

分析：该题考查的是定义变量的格式和语句的结束标志等知识点。A 中定义了变量 a，但并未定义 b，直接赋值会出现变量未定义而被使用的错误；C 中变量 b 没有被定义而被直接使用，而且"b=&a"中引号部分是字符型常量，也不应该在定义变量中出现；而 D 中 a=0.0；，分号结束了，后面的变量 b 也没有被定义。所以只有 B 正确，表示定义了两个变量并且分别赋予初值。

【**试题 5**】若有 C 语言表达式 2+3 *4+7/3，则以下选项中叙述正确的是_____。

A. 先执行 3*4 得 12，再执行 2+12 得 14，再执行 7/3 得 2，最后执行 14+2 得 16
B. 先执行 3*4 得 12，再执行 7/3 得 2.5，最后执行 2+12+2.5 得 16.5
C. 先执行 7/3 得 2，再执行 3*4 得 12，再执行 12+2 得 14，最后执行 2+14 得 16
D. 先执行 2+3 得 5，再执行 5 *4 得 20，再执行 20+7 得 27，最后执行 27/3 得 9

答案：A。

分析：首先，在 C 语言中，乘除法的优先级高于加减法，其次，除法运算符"/"两边参加运算的对象都是整数，运算结果要取整，故排除 B 和 D；在 C 语言中，因为 3*4 和 7/3 都满足从左到右的运算规则，故应先计算 3*4=12，因此 C 排除，答案为 A。

任务 2　数据的输入输出

微课视频

一、任务描述

程序在运行时，有时候需要从外部设备（如键盘）上得到一些原始数据；而程序运行结束后，通常要把计算结果发送到外部设备（如显示器）上以便人们对结果进行分析。从外部设备上获得数据的操作称为输入，把数据发送到外部设备的操作称为输出。C 语言中的输入、输出是通过调用 C 语言的库函数来实现的。

二、相关知识

在 C 语言中，输入输出通常使用 printf()函数、scanf()函数、putchar()函数和 getchar() 函数，并且在程序开头一定要使用预编译命令"#include <stdio.h>"。

"stdio.h"是 standard input &output 的缩写，称为标准输入/输出函数库；".h"是头文件的扩展名，它包含与 I/O 库有关的变量定义和宏定义。

1. printf()函数

printf()函数是一个标准库函数,称为标准的格式输出函数,它的函数原型在 stdio.h 中。

在 C 语言中,如果要向终端或指定的输出设备输出任意数据并有一定的格式时,就需要使用 printf()函数。其作用是按照指定的格式向终端设备输出一个或多个任意类型的数据。

printf()函数的一般调用格式为:

```
printf("格式控制字符串",输出项表列);
```

功能:在"格式控制字符串"的控制下,将各参数转换成指定格式,并在标准输出设备上显示或打印。其中,格式控制部分是由一对双引号括起来的字符串,用来确定输出项的格式和需要输出的字符串。

格式控制字符串包含两类内容:普通字符和格式说明。

(1) 普通字符。

普通字符只被简单地输出在屏幕上,所有字符(包括空格)一律按照自左至右的顺序原样输出,在显示中起提示作用,其中"\n"的作用是回车换行。

(2) 格式说明——将数据转换成指定的格式输出。

格式说明的一般形式为:

```
% +/- 0 m . n l 格式字符
```

● 其中,+、-、0、m、n、l 通常称为附加格式说明符,用于说明输出数据的精度、左右对齐的方式和前置 0 等,除%、格式字符外,其余可根据需要选择。+、-、0、m、n、l 的功能如表 3.2 所示。

表 3.2 printf()函数中的附加格式说明符

附加格式字符	说 明
(字母) l	输出长整型数,可加在 d, o, x, u 之前
(字母) h	输出短整型
(正整数) m	输出数据的域宽(列数),也即最小宽度
(正整数) .n	输出实数的n位小数;或输出n个字符的字符串;或输出整数至少占n位,不足用前置 0 占位
(数字) 0	数据左边补 0
+	数据右对齐
-	数据左对齐

● 格式字符规定了对应输出项的输出格式,对于不同类型的数据有不同的格式字符。printf()函数的格式字符及其说明如表 3.3 所示。

表 3.3 printf()函数的格式字符及其说明

格式字符	说 明
c	输出单个字符
s	输出字符串

格式字符	说 明
g 或 G	以%f 或%e 中较短的输出宽度输出单、双精度实数，不输出无意义的 0，用 G 时指数用 E 表示
d	以十进制形式输出带符号整数（按实际长度输出，正数不输出符号）
o	以八进制形式输出无符号整数（不输出前导符 0）
x 或 X	以十六进制形式输出无符号整数（不输出前导符 0x）
u	以十进制形式输出无符号整数
f	以小数形式输出单、双精度实数，隐含输出 6 位小数
e 或 E	以指数形式输出单、双精度实数，数字部分小数位数为 6

输出项表列是指可以一次输出多个输出项，每个输出项可以是合法的常量、变量及表达式。输出项表列中的各项之间要用逗号隔开。

【例 3-1】运行程序，分析结果。

```
#include <stdio.h>
main()
{
 int a = 20;
 float b = 123.123;
 double c = 123.45678;
 char d = 'a';
 printf("a=%d\n",a);
 printf("a(%%d)=%d,a(%%5d)=%5d,a(%%-5d)=%-5d,a(%%o)=%o,a(%%x)=%x\n",a,a,a,a,a);
 printf("\nb=%f\n",b);
 printf("b(%%f)=%f,b(%%f)=%lf,b(%%10.4f)=%10.4f\nb(%%-10.4f)=%-10.4f,b(%%e)=%e\n",b,b,b,b,b);
 printf("\nc=%f\n",c);
 printf("c(%%f)=%f,c(%%f)=%f,c(%%10.4f)=%10.4f\nc(%%-10.4f)=%-10.4f\n",c,c,c,c);
 printf("\nd=%c\n",d);
 printf("d(%%c)=%c,d(%%5c)=%5c,d(%%-5c)=%-5c\n",d,d,d);
}
```

例 3-1 程序的运行结果如图 3-1 所示。

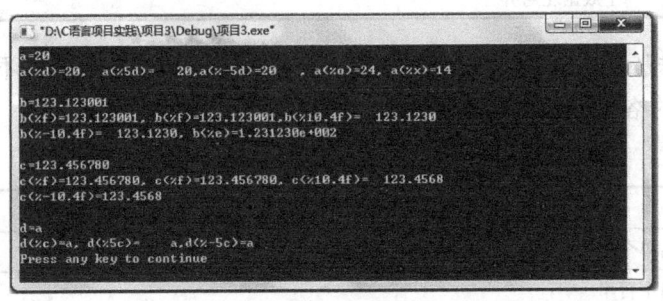

图 3-1　例 3-1 程序的运行结果

2. scanf()函数

C语言的数据输入同数据输出一样，全部通过函数来实现。数据输入是指把来自键盘输入的数据存入内存的变量中。

scanf()函数的一般调用格式为：

```
scanf("格式控制字符串",输入项地址表列);
```

功能：读入各种类型的数据，接收从输入设备按输入格式输入的数据并存入指定的变量地址中。

● 格式控制字符串可以包含3种类型的字符：格式指示符、空白字符（空格键、跳格键、回车键）和非空白字符（又称普通字符）。格式指示符用来指定数据的输入格式；空白字符是相邻两个输入数据的默认分隔符；非空白字符在输入有效数据时，必须按原样一起输入。

● 输入项地址表列由若干个输入项地址组成。相邻两个输入项地址之间用","分开。输入项地址表列中的地址可以是变量的地址，也可以是字符数组名或指针变量。变量地址的表示方法为"&变量名"，其中"&"是地址运算符。

scanf()函数与printf()函数类似，其格式说明的一般形式为：

```
% * m l(h)格式字符
```

对每个输入项都应进行格式说明，并且数据类型必须从左至右一一对应，scanf()函数常用的格式字符及其说明如表3.4所示。

表3.4　scanf()函数常用的格式字符及其说明

格式字符	说　　明
d	用以输入带符号的十进制形式整数
o	用以输入无符号的八进制形式整数
x	用以输入无符号的十六进制形式整数
c	用以输入单个字符
s	用以输入字符串。以非空格字符开始，以第一个空白字符结束，"/0"为字符串结束标志
f	用以输入实数，可以用小数形式或指数形式输入
e	与f作用相同，e与f可以相互替换

scanf()函数允许在"%"与格式字符之间插入附加格式说明符，以使输入格式更为丰富。scanf()函数的附加格式说明符及其说明如表3.5所示。

表3.5　scanf()函数的附加格式说明符及其说明

字符	说　　明
l	用于输入长整型或双精度数据（可加在d、o、x、f、e前）
h	用于输入短整型数据（可加在d、o、x前）
m（正整数）	指定输入数据所占最小宽度（列数）
*	表示本输入项在读入后不赋给相应的变量

注意：

（1）标准 C 在 scanf()函数中不使用"%u"，对于 unsigned 型数据，以"%d""%o" "%x"格式输入。

（2）可以指定输入数据所占列数，系统自动截取所需宽度。

【例 3-2】 运行程序，分析结果。

```
#include <stdio.h>
main()
{
 int a,b,c,d;
 char ch;
 printf("请输入变量a、b、ch、c和d的值");
 scanf("%2d%5d",&a,&b);
 scanf("%3c",&ch);
 scanf("%2d%*3d%2d",&c,&d);
 printf("a=%d,b=%d\n",a,b);
 printf("ch=%c,ch=%d\n",ch,ch);
 printf("c=%d,d=%d\n",c,d);
}
```

运行程序，当输入 1234567891234567890 后，程序的输出结果如图 3-2 所示。

```
请输入变量a、b、ch、c和d的值1234567891234567890
a=12,b=34567
ch=8,ch=56
c=23,d=78
Press any key to continue
```

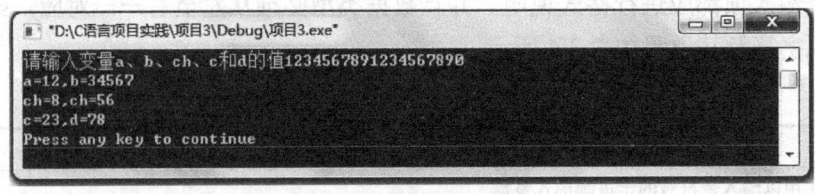

图 3-2　程序的输出结果

分析：输入 1234567891234567890 并按回车键后，系统自动将两位数字 12 赋给 a，将 5 位数字 34567 赋给 b，将 3 位数字 891 的第一位数字 8 赋给变量 ch，后两位数字 23 赋给变量 c，然后跳过 3 位数字 456，最后将两位数字 78 赋给变量 d。

（3）输入数据时不能规定精度，如下表达式是错误的：

```
scanf("%7.2f",&a);
```

（4）scanf()函数中除格式字符外的其他字符，在输入时应按照原样输入。例如：

```
scanf("%d,%d",&a,&b);
```

当输入数据时，如果输入 6 和 9，那么正确的输入格式为：

```
6,9 <回车>
```

此处一定注意在 6 的后面应输入","，而不是其他符号。又如：

```
scanf("a=%d,b=%d",&a,&b);
```

正确的输入方法是：

```
a=6, b=9 <回车>
```

也就是说,输入数据的格式一定要与 scanf()函数中的"格式控制字符串"对应。

(5)用"%c"格式输入字符时,空格字符和转义字符都作为有效字符输入。

(6)在输入数值型数据(常量),遇到下列情况时认为该数据输入结束。

- 遇"空格""回车"或"跳格(Tab)"键。
- 遇宽度。例如:

```
scanf("%3d",&a);  /*只取 3 列*/
```

- 遇非法输入。例如:

```
scanf("%d%c%d",&m,&n,&p);
```

输入 123c69o7<回车>,系统遇到字母 c 后认为第一个数据的输入到此结束,就把 123 赋给变量 m;因为 n 只需一个字符,所以字符 c 赋给变量 n;n 后面的数值会赋给变量 p。但如果误将 6907 输成 69o7,系统就认为数值到字母 o 处结束,即 p 的值是 69。

【例 3-3】scanf()函数应用举例。

```
#include <stdio.h>
void main()
{
 int a,b;
 int c,d;
 int e,f;
 printf("请输入两个数,中间用空格或回车分隔\n");
 scanf("%d%d",&a,&b);
 getchar();
 printf("请输入两个数,注意分隔标识\n");
 scanf("c=%d,d=%d",&c,&d);
 getchar();
 printf("请输入两个数,中间用:分隔\n");
 scanf("%d:%d",&e,&f);
 printf("a=%d,b=%d\n",a,b);
 printf("c=%d,d=%d\n",c,d);
 printf("e=%d,f=%d\n",e,f);
}
```

运行程序,分别输入不同形式的两位数,程序的输出结果如图 3-3 所示。

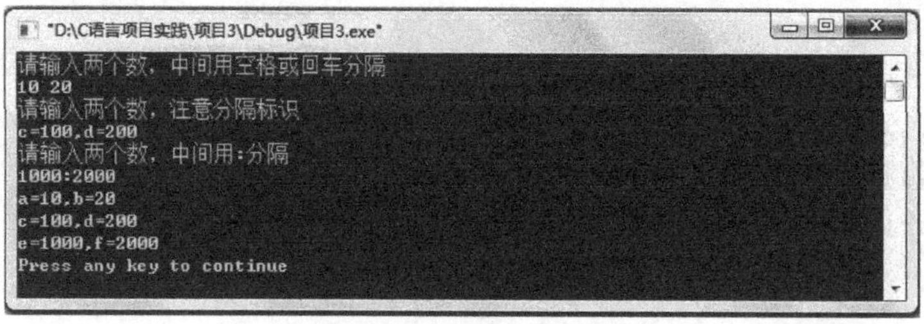

图 3-3 程序的输出结果

分析：程序中，每个 scanf() 函数的下一行都有一个 getchar() 函数，是为了在 scanf() 函数输入信息后按回车键结束时，回车键可以作为一个字符赋给 getchar() 函数，而不是结束标志。

3. 字符输出 putchar() 函数

putchar() 函数的功能是向标准输出设备（通常指显示器或打印机）输出一个字符，其一般调用格式为：

```
putchar(char);
```

其中，putchar 是函数名，char 是函数的参数，该参数必须是一个字符型数据或是一个整型数据。char 也可以代表一个整型常量或字符常量（包括转义字符常量）。

功能：向输出设备输出一个字符。

putchar() 函数的功能相当于 printf() 函数中的"%c"格式，实现每次输出一个字符。

【例 3-4】 putchar() 函数的应用举例。

```c
#include <stdio.h>
main()
{   char  a,b,c;
    a='H';
    b='I';
    c='!';
    putchar(a);
    putchar(b);
    putchar(c);
    putchar('\n');
}
```

例 3-4 程序的运行结果如图 3-4 所示。

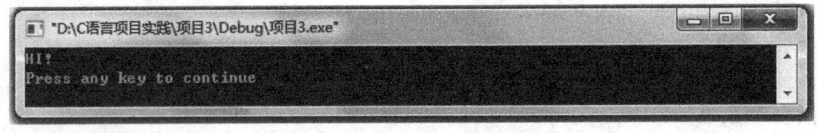

图 3-4 例 3-4 程序的运行结果

【例 3-5】 使用 putchar() 函数输出字符 D 和 d（变量为数值型）。

```c
#include <stdio.h>
main()
{   char  a;
    a=68;
    putchar(a);
    putchar(100);
    putchar('\n');
}
```

例 3-5 程序的运行结果如图 3-5 所示。

图 3-5　例 3-5 程序的运行结果

4. 字符输入 getchar()函数

getchar()函数的功能是从标准输入设备（通常指键盘）输入一个字符，getchar()函数的一般调用格式为：

```
getchar();
```

功能：从标准输入设备（如键盘）接收一个字符。

注意：

（1）getchar()函数只能接收单个字符，输入的数字也按字符处理；输入多于一个字符时，也只接收第一个字符。

（2）函数本身没有参数，其函数值就是从输入设备输入的一个字符，注意 getchar()函数后的括号不能省略。

（3）程序在运行时需要输入一个字符，按回车键确认后，程序才能执行下一条语句。

【例 3-6】输入一个小写字母，转换成大写字母输出。

```
#include <stdio.h>
main()
{ char  a;
   a=getchar();
putchar(a-32);
putchar('\n');
 }
```

运行程序，输入 a<回车>后，程序的输出结果如图 3-6 所示。

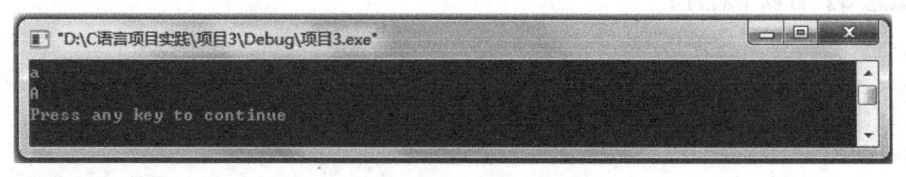

图 3-6　程序的输出结果

若要求该程序将输入的一个大写字母转换成小写字母输出，则只需要将"putchar(a-32);"改写为"putchar(a+32);"即可，请读者自行验证。

三、国考训练课堂 2

【试题 6】以下程序段的输出结果是_____。

```
int a=1234;
   printf("%d\n",a);
```

A. 12 B. 34
C. 1234 D. 提示出错，无结果

答案：C。

分析：该题目考查的是变量的输出，由于变量 a 在普通整型数据范围内，因此正常输出。

【试题 7】已知 i、j、k 为 int 型变量，若从键盘输入 1　2　3<回车>，则要使 i 的值为 1，j 的值为 2，k 的值为 3，以下选项中正确的输入语句是_____。

A. scanf（"---", &i, &j, &k）;
B. scanf（"%d %d %d", &i, &j, &k）;
C. scanf（"%d, %d, %d", &i, &j, &k）;
D. scanf（"i=%d, j=%d, k=%d", &i, &j, &k）;

答案：C。

分析：该题目考查的是 scanf() 函数的输入，A 的输入格式不正确，B 的输入数据未用逗号分隔，D 的输入应该是 i=1, j=2, k=3，所以只有 C 正确。

【试题 8】有以下程序段：

```
int m=0,n=0;char c='a';
scanf("%d%c%d",&m,&c,&n);
printf("%d,%c,%d\n",m,c,n);
```

若从键盘上输入 10A10<回车>，则输出结果是：_____。

A. 10，A，10 B. 10，a，10
C. 10，a，0 D. 10，A，0

答案：A。

分析：该题目考查的是 printf() 函数和 scanf() 函数，输入 10A10 表明 m=10，c=A，n=10，输出应根据格式要求输出，所以 A 正确。

【试题 9】有以下程序：

```
main()
{ int a;char c=10;
float f=100.0;double x;
a=f/=c*=(int)(x=6.5);
printf("%d %d %3.1f %3.1f\n",a,c,f,x);
}
```

程序运行后的输出结果是_____。

A. 1 65 1 6.5 B. 1 65 1.5 6.5
C. 1 65 1.0 6.5 D. 2 65 1.5 6.5

答案：B。

分析：该题目主要考查的是复合的赋值运算和 printf() 函数，表达式 a=f/=c*=(int)(x=6.5) 的执行过程为：先执行 x=6.5，再执行 c=c*6.5 得出 c=65，然后继续执行 f=f/c 得出 f=1.5，又由于 a 是整型，因此 a=1。而在输出时，a=1，c=65，%3.1f 表示将 f 以总位数为

3 位、小数位为 1 位的格式输出，所以是 1.5，x 同理。

【试题 10】若要求从键盘读入含有空格字符的字符串，则应使用函数_____。
A. getc()　　　　B. gets()　　　　C. getchar()　　　　D. scanf()
答案：B。
分析：该题目主要考查各个输入函数的功能。B、C、D 中只有 gets() 函数可以读入含有空格字符的字符串。

任务 3　顺序结构的程序设计

一、任务描述

顺序结构的程序设计顾名思义就是按照书写的先后顺序执行程序，那么为了编写出顺序结构的程序，就需要考虑程序语句书写的先后顺序，并思考为什么要这样写，逐步养成良好的编程思维。

二、相关知识

1. 程序结构

程序的基本结构包括顺序结构、选择结构和循环结构 3 种。其中，顺序结构的程序就是按照程序书写的先后顺序执行的程序。在一个程序中如果没有条件判断语句或重复执行的循环语句，就可以称之为顺序结构，也是最简单的程序结构。

2. 常用函数库

在程序设计实现的过程中，经常需要借助一些函数库来实现一些特殊功能。
1）数学函数
使用数学函数的时候，需要在程序的开头引用头文件 math.h。常用的数学函数如下。
（1）double sqrt(double x)。
sqrt(x) 函数用于返回 x 开平方的值，其中的参数 x 必须大于或等于 0。
（2）double abs(double x)。
abs(x) 函数用于返回参数 x 的绝对值。
（3）double pow(double x, double y)。
pow(x, y) 函数用于返回 x 的 y 次幂的值。
（4）double ceil(double x)。
ceil(x) 函数用于返回最小的且不小于 x 的整数值。
（5）double floor(double x)。
floor(x) 函数用于返回最大的且不大于 x 的整数值。
2）字符判断与大小写转换函数
使用字符判断与大小写转换函数时，需要引入头文件 stdlib.h，常用的函数如下。

（1）int isalpha(int ch)。

isalpha(ch)函数用于判断参数 ch 是否为字母，返回 1（是）或 0（不是）。

（2）int islower(int ch)。

islower(ch)函数用于判断参数 ch 是否为小写字母，若是小写字母则返回 1（是），否则返回 0（不是）。

（3）int isupper(int ch)。

isupper(ch)函数用于判断参数 ch 是否为大写字母，若是大写字母则返回 1（是），否则返回 0（不是）。

（4）int tolower(int ch)。

tolower(ch)函数用于判断参数 ch 是否是字母，若是字母，则返回 ch 的小写字母。

（5）int toupper(int ch)。

toupper(ch)函数用于判断参数 ch 是否是字母，若是字母，则返回 ch 的大写字母。

3. 顺序结构程序设计实例

【例 3-7】输入一个摄氏温度，要求输出对应的华氏温度。公式为 F=5/9*C+32，其中 C 代表摄氏温度，F 代表华氏温度。

编写的程序如下：

```c
#include"stdio.h"
main()
{
float  C,F;
printf("please input C value");
scanf("%f",&C);/*从键盘上随机输入摄氏温度的值*/
F=5.0/9*C+32;
printf("输入的摄氏温度%5.2f\n",C);
printf("对应的华氏温度 F=%5.2f\n",F);
}
```

运行程序，当从键盘上输入 40 时，例 3-7 程序的输出结果如图 3-7 所示。

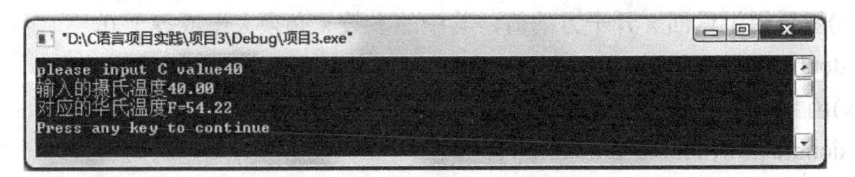

图 3-7　例 3-7 程序的输出结果

【例 3-8】编写程序实现交换两个变量的值。

编写的程序如下：

```c
#include"stdio.h"
main()
{
int  x,y,t;
```

```
    printf("请输入 x and y 的值");
    scanf("%d,%d",&x,&y);      /*输入两个变量的值*/
    printf("交换前 x and y 的值分别是:");
    printf("x=%d,y=%d\n",x,y);
    t = x;
    x = y;
    y = t;
    printf("交换后的 x and y 的值分别是:");
    printf("x=%d,y=%d \n ",x,y);
}
```

运行程序，当从键盘上输入 20, 30 时，例 3-8 程序的输出结果如图 3-8 所示。

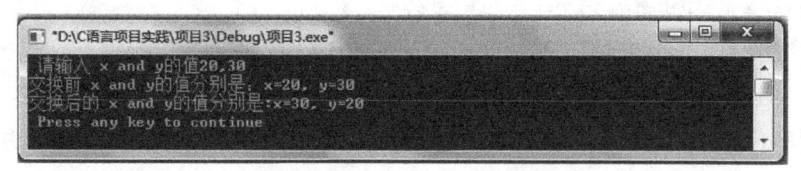

图 3-8 例 3-8 程序的输出结果

【例 3-9】求一元二次方程 $x^2+x-2=0$ 的根。

编写的程序如下：

```
#include"stdio.h"
#include "math.h"
main()
{
float a,b,c,x1,x2,q;
printf("please input a,b,c\n");
scanf("%f,%f,%f",&a,&b,&c);
q = sqrt(b*b - 4 * a*c);
/*数学公式要写成 C 语言表达式形式*/
x1 =(-b + q)/(2 * a);
x2 =(-b - q)/(2 * a);
printf("二元一次方程的根是");
printf("x1=%.0f,x2=%.0f\n ",x1,x2);
}
```

运行程序，当从键盘上输入 1, 2, −2 时，例 3-9 程序的输出结果如图 3-9 所示。

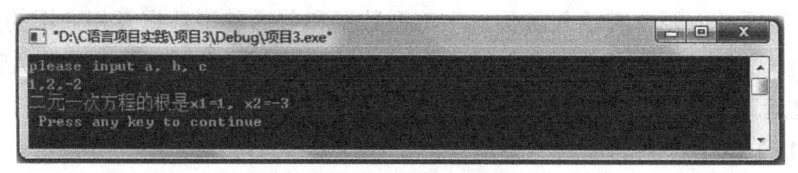

图 3-9 例 3-9 程序的输出结果

【例 3-10】输入三角形的三边长，求三角形的面积和周长。

已知三角形的三边长为 a、b、c，求面积的公式为 area=$\sqrt{s*(s-a)*(s-b)*(s-c)}$，其中

$s=(a+b+c)/2$。

编写的程序如下：

```c
#include "math.h"
#include"stdio.h"
main()
{ float a,b,c,s,area,m;
printf("input a,b,c\n");
scanf("%f,%f,%f",&a,&b,&c);
s=1.0/2*(a+b+c);
area=sqrt(s*(s-a)*(s-b)*(s-c));
m=a+b+c;
printf("三角形三边长分别是%.2f,%.2f,%.2f",a,b,c);
printf("对应的面积area=%f  周长m=%f\n",area,m);
}
```

运行程序，当从键盘上输入 3, 5, 7 时，例 3-10 程序的输出结果如图 3-10 所示。

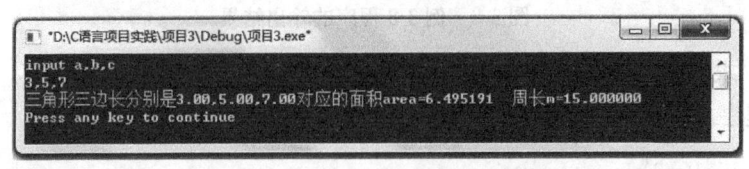

图 3-10 例 3-10 程序的输出结果

三、国考训练课堂 3

【试题 11】已知字符 A 的 ASCII 码的值为 65，以下程序运行时，若从键盘输入 B33<回车>，则输出结果是_____。

```c
#include <stdio.h>
main()
{ char a,b;
  a=getchar();scanf("%d",&b);
  a=a-'A'+'0';b=b*2;
  printf("%c %c\n",a,b);
}
```

答案：1B。

分析：该题目主要考查输入函数、字符型数据和普通整型数据互相通用的知识点。其中 getchar() 函数表示从键盘上接收一个字符，因此 a='B', b=33。字母 B 的 ASCII 码的值为 66，经过运算后 a=66-65+0=1，b=33*2=66，66 对应的字符为 'B'。

【试题 12】以下程序的输出结果是_____。

```c
#include <stdio.h>
main()
{
printf("%d\n",strlen("IBM\n012\1\\"));
```

}
```

**答案**：7。

**分析**：该题目考查的是 strlen() 函数，该函数实现求解字符串的长度，其中 "\n" 是特殊字符，表示回车；"012" 表示的是八进制数对应的一个字符；"\\" 实现输入一个字符 "\"，所以该字符串的长度为 7。

【试题 13】以下程序的输出结果是_____。

```c
#include <stdio.h>
main()
{ int a=177;
printf("%o\n",a);
}
```

答案：261。

分析：该题目考查的是标准输出函数 printf()，"%o" 表示按八进制数输出，所以应将数据 177 转换成对应的八进制数。

【试题 14】有如下程序：

```c
#include <stdio.h>
main()
{ int i,j;
  scanf("i=%d,j=%d",&i,&j);
  printf("i=%d,j=%d\n",i,j);}
```

若要求让 i 为 10，让 j 为 20，则应该从键盘输入_____。

答案：i=10, j=20。

分析：该题目考查的是标准输入函数 scanf()。由于输入函数的格式为 i=%d, j=%d, 因此输入应该为 i=10, j=20。

【试题 15】有如下程序段：

```c
 int n1=10,n2=20;
printf("_____",n1,n2);
```

要求输出 n1 和 n2 的值，每个输出行从第一列开始，请填空。

答案：n1=%d\n n2=%d。

分析：该题目主要考查的是标准输出函数 printf()。由于要求每个输出行从第一列开始，因此应该用 "\n" 分隔。

———————┤ 拓展训练 3 ├———————

一、实验目的与要求

1. 理解结构化程序设计的基本思想，并逐步培养编程思维。
```

2. 学习 C 语言中输入函数、输出函数的使用方法和格式。
3. 熟悉 C 语言程序的顺序结构。
4. 熟练使用 C 语言程序的顺序结构解决生活中的问题。

二、实验内容

1. 培养借助常用函数库解决实际问题的能力。
2. 利用 Visual C++6.0 运行以下程序，并分析运行结果。
（1）printf()函数的应用。

```
#include<stdio.h>
main()
{
int a=12345;
char b,c;
b='\x41',c='\101';
float e=3.141592f;
double f=0.123456;
printf("a=%d\n",a);
printf("a=%6d\n",a);
printf("a=%06d\n",a);
printf("a=%2d\n",a);
printf("c=%c\n",c);
printf("c=%x\n",c);
printf("e=%f\n",e);
printf("%f,%07.3f,%-7.3f,%10f,%.3f,",f,f,f,f,f);
printf("%3s,%-6s,%-5.2s,%4.3s,%.3s,","hello","hello","hello","hello","hello");
}
```

程序的运行结果：_____。
（2）scanf()函数的应用。

```
#include<stdio.h>
main()
{
    int i,j;
    scanf("%3d%3d",&i,&j);// 输入:1234567↙
    printf("\n%d,%o,%x,%u\n",i,i,i,i);
    printf("\n%d,%o,%x,%u\n",j,j,j,j);
}
```

当输入 123456 时，程序的运行结果：_____。
（3）分析运行过程中应该如何输入数据，并输出其对应的结果。

```
#include<stdio.h>
main(){
    int i,j;
```

```
    printf("第一次输入i和j的值");
    scanf("%d,%d",&i,&j);
    printf("%d,%d\n",i,j);
    printf("第二次输入i和j的值");
    scanf("%d %*d %d",&i,&j);
    printf("%d,%d\n",i,j);
    printf("第三次输入小数f的值");
    float f;
    scanf("%f",&f);
    printf("%7.2lf\n",f);
    double db;
    printf("第四次输入双精度db的值");
    scanf("%lf",&db);
    printf("%7.2lf\n",db);
}
```

当分别输入对应变量的数值时，需要注意 scanf()函数的格式字符及其含义，如图 3-11 所示。

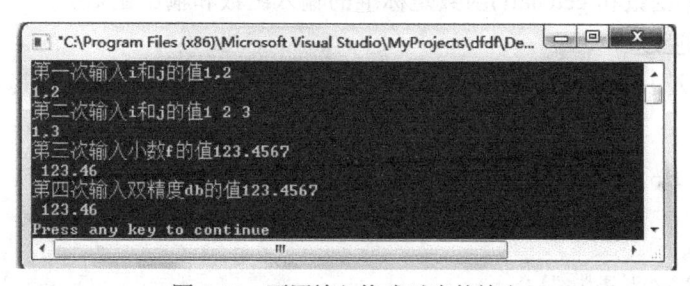

图 3-11　不同输入格式对应的输出

课后习题 3

一、选择题

1. 在 C 语言中，字符串 "abc\101" 的长度是_____。
   A. 5　　　　　　　B. 7　　　　　　　C. 4　　　　　　　D. 3
2. 设 float x，从键盘输入 12.45，能正确读入数据的输入语句是_____。
   A. scanf("%5f", &x)　　　　　　B. scanf("%5d", &x);
   C. scanf("%f", x);　　　　　　　D. scanf("%s", &x);
3. 表达式的值为 0 的是_____。
   A. 5/5%5　　　　　B. 5>2　　　　　C. !4　　　　　　D. 0x7&&7
4. scanf()函数输入时，遇到*表示_____。
   A. 没有意义　　　　　　　　　　B. 本输入项在读入后不赋给相应的变量
   C. 输入数据的符号　　　　　　　D. 换行

5. 下列说法正确的是_____。
A. getchar()函数一次可以接收多个字符
B. getchar()函数一次只能接收一个字符
C. getchar()函数是有参函数
D. putchar()函数可以输出字符串

二、判断题

1. C 语言中定义的一个变量代表内存中的一个地址。   （   ）
2. printf()函数是一个标准的库函数，它的函数原型在头文件"string.h"中。（   ）
3. 在 C 语言中，要求参加运算的数必须是整数的运算符是"%"。   （   ）
4. getchar()函数的功能是接收从键盘输入的一串字符。   （   ）
5. 在变量说明中给变量赋初值的方法是：int a=b=c=10;   （   ）
6. 字符变量用于存放字符常量，并且只能存放 2 个字符。   （   ）
7. 逻辑运算符的优先级高于算术运算符。   （   ）
8. 如果 i 的原值为 4，且 j = ++i，那么 j 的值为 4。   （   ）
9. 输入语句 scanf("%d, %d, %d", a, b, c); 是正确的。   （   ）
10. putchar()函数和 getchar()函数是标准的输入函数和输出函数。   （   ）

三、程序填空题

1. 从键盘输入一个小写字母，要求用大写字母的形式输出该字母及其对应的 ASCII 码的值。

```
#include"stdio.h"
main()
  {char c1,c2;
printf("请输入小写字母:");
scanf("%c",&c1);
_____;
printf(_____);}
```

2. 输入两个整数，输出两数的乘积。

```
#include"stdio.h"
main()
{
int c1,c2,s;
printf("请输入两个数:");
_____
s=c1*c2;
printf("c1+c2=%d",_____);
}
```

3. 利用条件运算符，实现输入 3 个实数，求出这 3 个实数中的最大值。

```
#include<stdio.h>
void main()
```

```
{
    float x,y,z,max;
    _____
    scanf("%d,%d,%d",_____);
    max=x>y?x:y;
    max=
    printf("这3个数中的最大值是%f\n",_____);
}
```

四、程序改错题

1. 改正下列程序中不正确的语句。

```
main()
{
int a=8;b=1;
a=a++b;
b=a*b;
printf("%d,%d",a,b)
}
```

2. 改正下列程序中不正确的语句。

```
main()
{
int n;
float s=1.0;
scanf("%f",n);
s=s+1/n;
printf("%d\n",s);
}
```

3. 已知有两个人 A、B，编写程序实现输入两个人的代号和成绩，并将其分别输出。

```
#include "stdio.h"
main()
{
char c1,c2;
int x,y;
printf("请输入A的成绩及代号:");
scanf("%d:%c",&x,&c1);
printf("请输入B的成绩及代号:");
scanf("%d:%c",&y,&c2);
printf("输出A的代号及成绩:");
printf("%c:%d\n",c1,x);
printf("输出B的代号及成绩:");
printf("%c:%d\n",c2,y);
}
```

五、程序编程题

1. 实现输入一个字符,并将其按照字母和对应的 ASCII 码值的格式输出。
2. 求任意数的绝对值。
3. 利用字符判断与大小写转换函数,实现将一个大写字母转换成小写字母输出。
4. 利用 getchar()函数实现一次接收一个字符,并将其输出。
5. 从键盘输入一串字符,分别输出对应字母的 ASCII 码值。
6. 输入长方形的长和宽,求长方形的周长及面积。

项目 4　进阶程序设计
——选择结构程序设计

项目导读

学习了顺序结构程序设计，掌握了顺序结构程序设计方法，就能够编写简单的 C 语言程序。但由于生活中经常需要根据不同的情况进行不同的选择，因此需要使用选择结构。C 语言中的选择结构可以细分为单分支、双分支和多分支 3 种。

项目目标

1. 学习多分支结构程序设计，深刻领悟多个条件多个结论的选择结构程序设计的思想，使学生懂得有付出有可能有收获，但不付出必然没有收获的道理。

2. 学习 C 语言中选择结构语句的搭配用法，培养学生养成严谨的学习态度和良好的编程习惯。

3. 学习和使用 break 语句，培养学生做事情要根据实际情况当机立断，不能优柔寡断。

任务 1　if 语句

微课视频

一、任务描述

结构化程序设计中的选择结构又称为分支结构，分支结构中最常见的就是 if 语句，用于解决需要根据条件判断程序走向的问题。

二、相关知识

1. 单分支 if 语句

单分支 if 语句也称为简单分支 if 语句，即只有一个 if 语句，其一般形式为：

```
if(表达式)
   语句1;
```

功能：计算表达式的值，若为真，则执行语句 1；否则，跳过语句 1 执行 if 语句的下一条语句,也即一个条件一个结论。单分支 if 语句流程图如图 4-1 所示。

【例 4-1】 求给定整数的绝对值。

分析:求 x 绝对值的算法简述如下,若 x≥0,则 x 即为所求;若 x<0,则-x 为 x 的绝对值。程序中首先定义整型变量 x 和 y,其中用变量 y 存放 x 的绝对值。输入 x 的值之后,先执行 y=x 语句,即先假设 x≥0,然后判断 x 是否小于 0,若 x<0,则 x 的绝对值为-x,并将-x 赋给 y 后输出结果(y 中原来的 x 值被覆盖掉了)。若 x≥0,则跳过 y=-x 语句,直接输出结果。此时 y 中的值仍然是原 x 的值。

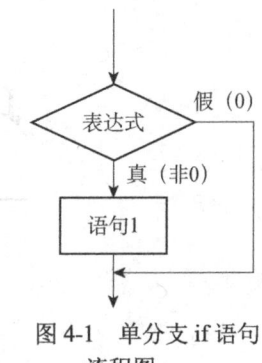

图 4-1 单分支 if 语句流程图

编写的程序如下:

```
#include "stdio.h"
main()
{
 int x,y;
 printf("输入 x 的值");
 scanf("%d",&x);
 y=x;
 if(x<0)
     y=-x;
 printf("x 的绝对值是%d\n",y);
}
```

运行程序,当从键盘上输入-10 时,例 4-1 程序的输出结果如图 4-2 所示。

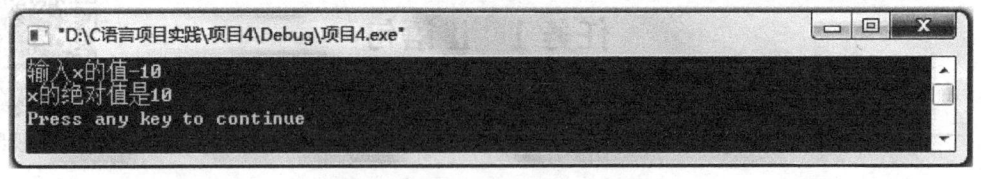

```
输入x的值-10
x的绝对值是10
Press any key to continue
```

图 4-2 例 4-1 程序的输出结果

2. 双分支 if 语句

单分支 if 语句只能指出条件为真(成立)时的结论。在生活中经常也需要指出条件为假(不成立)时的结论,这就需要用到双分支 if 语句,即 if…else 语句。

if…else 语句能够明确指出作为控制条件的表达式为真时做什么,为假时做什么。

if…else 语句的形式为:

```
if(表达式)
语句 A;
else
语句 B;
```

功能：计算表达式的值，若表达式的值为真，则执行语句 A，跳过语句 B，并继续执行 if…else 语句的下一条语句；若表达式的值为假，则跳过语句 A，执行语句 B，然后继续执行 if…else 语句的下一条语句。if…else 语句的流程图如图 4-3 所示。

图 4-3　if…else 语句的流程图

【例 4-2】求两个数中的最小值。

分析：假设有两个数 a 和 b，那么最小值要么是 a，要么是 b。所以用 if…else 语句可以实现。

编写的程序如下：

```c
#include"stdio.h"
main()
{ float x,y;
printf("随机输入 x 和 y 两个数的值");
scanf("%f,%f",&x,&y);
if(x>y)
printf("最小值是%.2f\n",y);
else
printf("最小值是%.2f\n",x);
}
```

运行程序，当从键盘上输入 4.5，-2 时，例 4-2 程序的输出结果如图 4-4 所示。

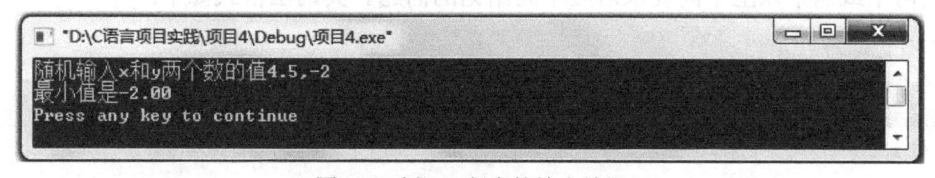

```
"D:\C语言项目实践\项目4\Debug\项目4.exe"
随机输入x和y两个数的值4.5,-2
最小值是-2.00
Press any key to continue
```

图 4-4　例 4-2 程序的输出结果

【例 4-3】实现如果第一个数比第二个数大，就交换两个数。

分析：假设有两个数 a 和 b，那么需要利用 if 语句判断第一个数是否大于第二个数，并且当第一个数比第二个数大时，可以借助第三个变量将两个数进行交换。用 if…else 语句时，当执行语句多于一条时，需要将多条语句放到一对大括号内形成复合语句。

编写的程序如下：

```c
#include <stdio.h>
main()
{
    int a,b,t;
    printf("Please input a,b:\n");
    scanf("%d,%d",&a,&b);
    if(a>b)
    {
        t = a;
        a = b;
```

```
        b = t;
        printf("输入的第一个数%d大于第二个数%d\n",b,a);
        printf("将两个数交换 a=%d,b=%d\n",a,b);
    }
else
{
    printf("输入的第一个数%d不大于第二个数%d\n",a,b);
    printf("两个数保持不变 a=%d,b=%d\n",a,b);
}
}
```

运行程序，当从键盘上输入 5,2 时，例 4-3 程序的输出结果如图 4-5 所示。

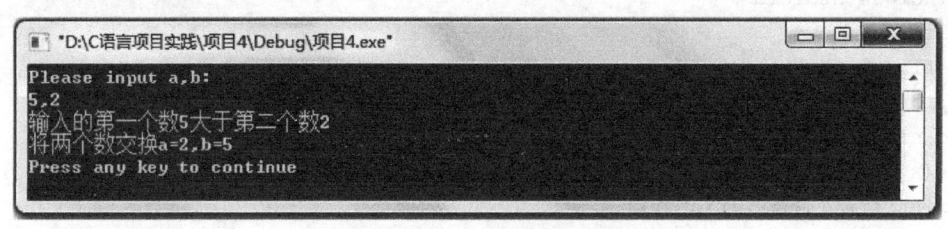

```
"D:\C语言项目实践\项目4\Debug\项目4.exe"
Please input a,b:
5,2
输入的第一个数5大于第二个数2
将两个数交换a=2,b=5
Press any key to continue
```

图 4-5 例 4-3 程序的输出结果

3. 多分支 if 语句

多分支 if 语句即 if…else…if 语句，可以根据要求实现多个条件多个结论的问题。用于解决两个或两个以上不同要求对应不同结论的问题。其语法格式如下：

```
if(表达式 1)
语句 1;
else if(表达式 2)
语句 2;
else if(表达式 3)
语句 3;
……
else if(表达式 n)
语句 m;
else
语句 n;
```

功能：先计算表达式 1，若表达式 1 的值为真，则执行语句 1；若表达式 1 的值为假，则判断表达式 2，若表达式 2 的值为真，则执行语句 2；若表达式 2 的值为假，则判断表达式 3，……依次类推，执行相应的语句部分。if…else…if 语句的流程图如图 4-6 所示。

注意：

（1）if 后面的表达式，必须用"("和")"括起来，并且除常见的关系表达式和逻辑表达式外，也可以是其他类型的数据，如整型、实型、字符型等。

（2）语句 1 和语句 2 可以是简单语句，也可以是复合语句，同时需要注意的是，无论是简单语句还是复合语句，每个语句后面的分号都必不可少。

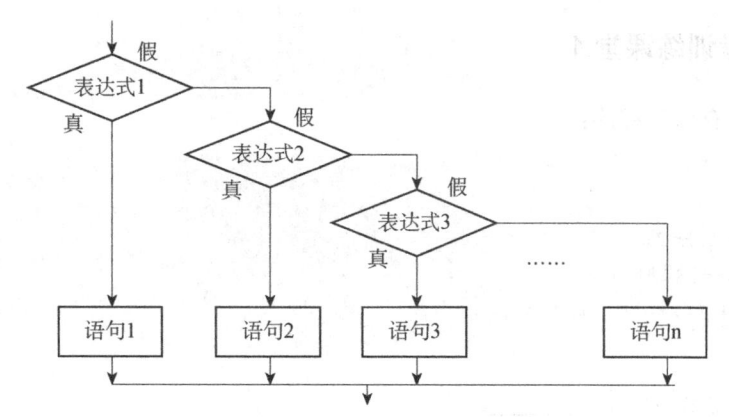

图 4-6 if…else…if 语句的流程图

【例 4-4】输入学生的成绩，输出相应的成绩和等级。（90～100 分属于 A 级、80～89 分属于 B 级、70～79 分属于 C 级、60～69 分属于 D 级、0～59 分属于 E 级）。

分析：首先提示用户输入成绩，当输入成绩不在合理范围（0≤x≤100）时，提示输入错误，程序结束。否则满足 x≥90 就是满足 100≥x≥90，属于 A 级；若不满足 x≥90，则 x<90 自然满足，只要 x≥80 就是满足 90>x≥80，属于 B 级；……；x<60 且 x≥0（前面已判定，属于 D 级）。本例实际上用嵌套 if 语句处理了 6 种不同分支的情况。

编写的程序如下：

```c
#include "stdio.h"
main()
{ float x;
printf("please input x(0<=x<=100)\n");
scanf("%f",&x);
if(x>100||x<0)
printf("x=%.1f data error!",x);
else if(x>=90)
printf("x=%.1f 成绩对应等级 is  A\n",x);
else if(x>=80)
printf("x=%.1f 成绩对应等级 is  B\n",x);
else if(x>=70)
printf("x=%.1f 成绩对应等级 is  C\n",x);
else if(x>=60)
printf("x=%.1f 成绩对应等级 is  D\n",x);
else
printf("x=%.1f 成绩对应等级 is  E\n",x);
}
```

运行程序，当从键盘上输入 89 时，例 4-4 程序的输出结果如图 4-7 所示。

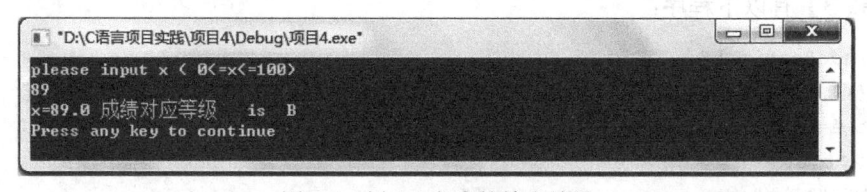

图 4-7 例 4-4 程序的输出结果

三、国考训练课堂 1

【试题 1】 有以下程序：

```
main()
{
int i=1,j=1,k=2;
if((j++||k++)&&i++)
printf("%d,%d,%d\n",i,j,k);
}
```

执行后的输出结果是_____。
A. 1，1，2　　　　　B. 2，2，1　　　　　C. 2，2，2　　　　　D. 2，2，3
答案：C。
分析：该题目考查的是单分支 if 语句。由于"++"在变量的后面，因此先使用变量的值，后增加 1。因为表达式((j++||k++)&&i++)中的 j++ 为真，所以 k++ 不参与运算，故变量 k 保持原来的值不变，即相当于 1||1&&1 的结果为真，然后 i 和 j 的值都增加 1，因此输出结果为 C。

【试题 2】 有以下程序：

```
main()
{ int a=3,b=4,c=5,d=2;
if(a>b)
if(b>c)
printf("%d",d++ +1);
else
printf("%d",++d +1);
printf("%d\n",d);
}
```

程序运行后的输出结果是_____。
A. 2　　　　　　　　B. 3　　　　　　　　C. 43　　　　　　　　D. 44
答案：A。
分析：该题目考查的是 if 语句和 if…else 语句的综合应用。其中 else 是和与它最近的没有和 else 配对的第二个 if 结合。首先判断第一个 if 语句，如果条件成立，那么继续判断第二个条件，如果第一个 if 语句的条件不成立，那么不执行后面的 if…else 语句而直接执行最后一条 printf("%d\n", d)语句。由于第一个 if 语句中的条件 a>b 不成立，因此系统直接执行 printf("%d\n", d)语句。

【试题 3】 有以下程序：

```
#include"stdio.h"
main()
{ int a=5,b=4,c=3,d=2;
  if(a>b>c)
printf("%d\n",d);
```

```
  else if((c-1>=d==1))
printf("%d\n",d+1);
  else
printf("%d\n",d+2);
}
```

程序运行后的输出结果是_____。

A. 2   B. 3

C. 4   D. 编译时有错，无结果

答案：B。

分析：该题目考查的是 if…else…if 语句的综合应用。首先判断 a>b>c 条件，由于关系运算符的左结合性，相当于判断(a>b)>c 是否成立。a>b 成立，即结果为 1，继而判断 1>c 是否成立，结论不成立，不执行 printf("%d\n", d)语句。接着继续判断第二个条件，由于表达式 c-1>=d==1 相当于表达式(c-1)>=(d==1)，即 2>0 成立，因此执行 printf("%d\n", d+1)，从而得出结论。

【试题 4】在使用 if 的嵌套语句时，C 语言规定 else 总是_____。

A. 和与其具有相同缩进位置的 if 配对

B. 和与其最近的 if 配对

C. 和与其最近的且不带 else 的 if 配对

D. 和的第一个 if 配对

答案：C。

分析：该题目考查的是 else 与哪个 if 相匹配的知识点。C 语言规定，else 不能单独使用，总是要和它前面的且没有和 else 相匹配的 if 匹配。

任务 2　switch 语句

一、任务描述

使用 if…else…if 语句实现多分支结构程序设计时，分支较多会显得很烦琐，可读性较差。在 C 语言中，switch 语句专用于多分支结构的程序，其特点是各分支清晰且直观，可读性好。

二、相关知识

1. 开关语句

开关语句即 switch 语句。switch 语句的一般格式为：

```
switch(表达式)
{
case<常量表达式 1>:[语句 1;][break;]
```

```
case<常量表达式 2>:[语句 2;][break;]
……
case<常量表达式 n-1>:[语句 n-1;][break;]
[default:语句 n;]
}
```

其中，switch 后面括号内的表达式可以是整型表达式、字符表达式或枚举表达式。

case 常量表达式 1～(n-1)表示一个 case 就是一个选择，有多少个 case 就有多少个选择，常量表达式应与 switch 后表达式的类型相同，且各常量表达式的值不允许相同。

default 是关键字，可以省略，表示当前面所有的 case 都没有和 switch 后面的表达式匹配时，执行 default 后面的语句 n；也可以放在 switch 语句体内的任何位置，但程序依旧按照 switch 语句体的顺序执行。

switch 语句的 N-S 框图如图 4-8 所示。

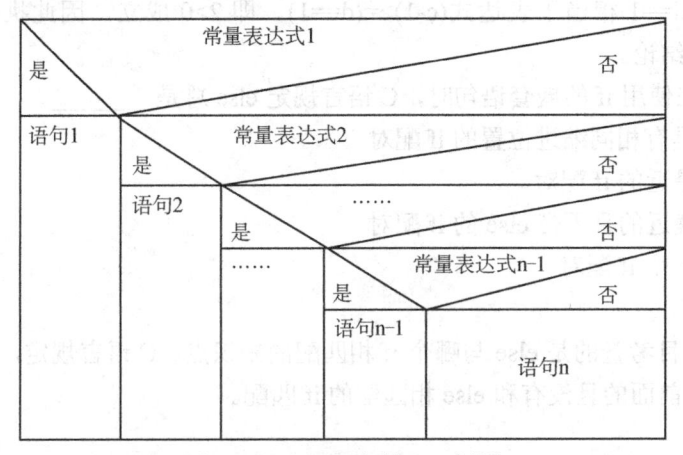

图 4-8 switch 语句的 N-S 框图

【例 4-5】 利用 switch 语句实现例 4-4。

分析：为了区分各分数段，将[0, 100]每隔 10 个数分为一段，而且 x 可能是实数，利用强制类型转换成整数后，x/10 的值取整分别为 10、9、…、1、0，共 11 段。其中 0～9 分为第 0 段，10～19 分为第一段，……，90～99 分为第九段，100 分为第十段，并用 case 后的常量表示段号。例如，若 x=76，则 x/10 的取整值为 7，因此 x 在第七段，即 70≤x<79，属于 C 级。若 x/10 取整的结果不在[0, 100]，则表明 x 是非法成绩，利用 default 语句处理。

编写的程序如下：

```
#include "stdio.h"
void main()
{
 float  x;
 int b;
printf("请输入 x 的值");
scanf("%f",&x);
```

```
b=(int)(x)/10;
switch(b)
{
case 10:
case 9:printf("x=%.2f 成绩对应等级 is  A\n",x);
case 8:printf("x=%.2f 成绩对应等级 is  B\n",x);
case 7:printf("x=%.2f 成绩对应等级 is  C\n",x);
case 6:printf("x=%.2f 成绩对应等级 is  D\n",x);
case 5:case 4:case 3:
case 2:case 1:case 0:
    printf("x=%.2f 成绩对应等级 is  E\n",x);
default:
    printf("输入的数据不合法\n");
}
}
```

运行程序，当从键盘上输入 95 时，例 4-5 程序的输出结果如图 4-9 所示。

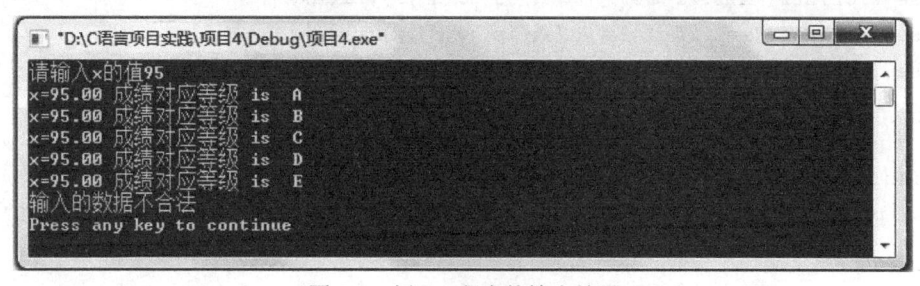

图 4-9 例 4-5 程序的输出结果

从输出结果来看，当输入成绩 95 时，输出的成绩对应等级应该是 A，但出现了 A、B、C、D、E 和输入的数据不合法，显然是不正确的。如何修改程序，得到正确的输出结果，需要借助 break 语句来实现。

2. break 语句

break 语句的调用形式：

```
break;
```

功能：终止它所在的 switch 语句或循环语句的执行。

说明：break 语句只能出现在 switch 语句或循环语句中。当 break 用在 switch 语句中时，用于强制结束当前入口点的条件，使程序不再继续往下执行；当 break 语句用于 do…while、for、while 循环语句中时，可使程序终止循环并执行循环后面的语句，通常 break 语句总是与 if 语句连在一起使用，即满足条件时跳出循环。

【例 4-6】利用 switch 语句实现输出成绩等级。

分析：当输入 x 的值在 90～100 之间时，程序应在 case 9 处找到入口点，执行 printf("x=%.2f 成绩对应等级 is A\n", x)语句后就结束程序，而不是继续往下执行；同理，当输入 x 的值在 80～90（不包括 90）之间时，执行 printf("x=%.2f 成绩对应等级 is B\n", x)语句后就应该让程序结束,也不应该继续往下执行;以此类推。

编写的程序如下:

```c
#include "stdio.h"
void main()
{
 float  x;
 int b;
printf("请输入x的值");
scanf("%f",&x);
b=(int)(x)/10;
switch(b)
{
case 10:
case 9:printf("x=%.2f 成绩对应等级 is  A\n",x);break;
case 8:printf("x=%.2f 成绩对应等级 is  B\n",x);break;
case 7:printf("x=%.2f 成绩对应等级 is  C\n",x);break;
case 6:printf("x=%.2f 成绩对应等级 is  D\n",x);break;
case 5:case 4:case 3:
case 2:case 1:case 0:
     printf("x=%.2f 成绩对应等级 is  E\n",x);break;
default:
     printf("输入的数据不合法\n");
}
}
```

运行程序,当从键盘上输入 88 时,例 4-6 程序的输出结果如图 4-10 所示。

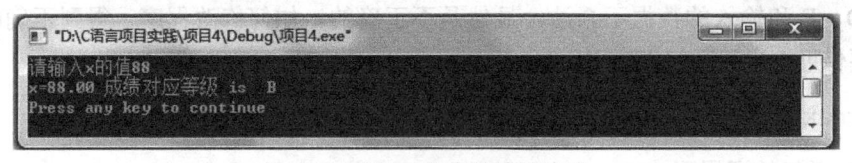

```
请输入x的值88
x=88.00 成绩对应等级 is  B
Press any key to continue
```

图 4-10 例 4-6 程序的输出结果

三、国考训练课堂 2

【试题 6】若有定义 float x=1.5;int a=1,b=3,c=2;则正确的 switch 语句是_____。

A.
```c
switch(x)
{case 1.0:printf("*\n");
case 2.0:printf("**\n");}
```

B.
```c
switch((int)x);
{case 1 printf("*\n");
```

```
case 2 printf("**\n");}
```

C.
```
switch(a+b)
{case 1:printf("*\n");
case 2+1:printf("**\n");}
```

D.
```
switch(a+b);
{case 1:printf("*\n");
case c:printf("**\n");}
```

答案：C。

分析：该题目考查的是 switch 语句的综合应用。A 中 case 语句后出现了实数，错误；B 中 case 语句后面缺少冒号；D 中 switch（a+b）后面出现了"；"，错误。

【试题 7】有以下程序：

```
#include <stdio.h>
main()
{int x=1,y=0,a=0,b=0;
 switch(x)
{case 1:
case 2: a++;b++;break;
case 3: a++;b++;
}
printf("a=%d,b=%d",a,b);
}
```

正确的运行结果是_____。

A. a=2，b=2
B. a=2，b=1
C. a=1，b=1
D. a=1，b=0

答案：C。

分析：该题目考查的是 switch 语句，若 x 的值为 1，则从 case 1 进入，然后顺序往下执行，因为 a++，b++，所以变量 a 和 b 的值由原来的 0 都增加为 1。

【试题 8】若有定义：

```
float x=1.5;
int  a=1,b=3,c=2;
```

则正确的 switch 语句是_____。

A.
```
switch(a+b)
{ case 1:   printf("*\n");
  case 2+1: printf("**\n");}
```

B.
```
switch((int)x);
```

```
{ case 1: printf("*\n");
  case 2: printf("**\n");}
```

C.

```
switch(expr1)
{ case 1.0: printf("*\n");
  case 2.0: printf("**\n");}
```

D.

```
switch(a+b)
{ case 1: printf("*\n");
  case c: printf("**\n");}
```

答案：A。

分析：B 中 switch 语句后不应该有分号。switch（expr1）中的 expr1 不能用浮点型或 long 型，也不能是一个字符串，所以 C 错误。case 后面常量表达式的类型必须与 switch 后面表达式的类型一致，所以 D 错误。

【试题 9】下列叙述中正确的是_____。

　　A. 在 switch 语句中，不一定使用 break 语句
　　B. 在 switch 语句中必须使用 default
　　C. break 语句必须与 switch 语句中的 case 配对使用
　　D. break 语句只能用于 switch 语句

答案：A。

分析：default 语句在 switch 语句中可以省略，所以 B 错误；switch 语句中并非每个 case 后都需要使用 break 语句，所以 C 错误；break 语句还可以用于 for 循环等结构中，所以 D 错误。

【试题 10】运行下面程序时，从键盘输入字母 H，输出结果是_____。

```
#include "stdio.h"
void main(){
char ch;
ch=getchar();
switch('a')
{
case 'a':printf("Hello!\n");
case 'b':printf("Good morning!\n");
default:printf("Bye Bye!\n");
}
}
```

　　A. Hello！
　　B. Hello！
　　　Good Morning！
　　C. Hello！
　　　Good morning！

Bye　　Bye！
D. Hello！
Bye　　Bye！
答案：C。

【解析】本题主要对 switch 语句进行了考查。switch 语句的执行过程为：进入 switch 结构后，对条件表达式进行运算，然后从上至下去找与条件表达式的值相匹配的 case，以此作为入口，执行 case 后面的语句，直到遇到 break 语句时跳出 switch 语句。如果条件表达式的值与各 case 都不匹配，就执行 default 后面的语句。本题中由于没有 break 语句，因此 case 后的语句都会执行，因为同样缺少 break 语句，所以 default 后的语句也会被执行。

任务 3　多种选择结构的典型应用

微课视频

一、任务描述

前面学习了选择结构程序设计的 if 语句、switch 语句和条件运算符，熟悉了根据条件判断程序的走向。选择结构中，可以根据题干选择适合的语句解决问题，当然也可以一题多解。生活中经常会遇到需要一一判断多种条件的情况，此时可能会用到选择结构的相互嵌套。

二、相关知识

1. if 嵌套语句

在简单 if 语句和 if…else 语句中，语句 1 或语句 2 可以是任意一条语句或一组复合语句。若它们也是 if 语句，则构成 if 语句的嵌套。

if 语句的嵌套格式是：

```
if(表达式 1)
    if(表达式 2)
    语句 1;
    else
    语句 2;
else
    if(表达式 3)
    语句 3;
    else
    语句 4;
```

功能：先判断表达式 1，若表达式 1 为真，则继续判断表达式 2，若表达式 2 为真，则执行语句 1；若表达式 2 为假，则执行语句 2；若表达式 1 为假，则继续判断表达式 3，若表达式 3 为真，则执行语句 3，而若表达式 3 为假，则执行语句 4。if 嵌套语句流程图如图 4-11 所示。

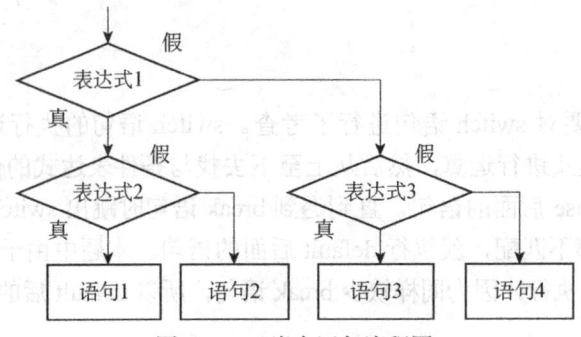

图 4-11　if 嵌套语句流程图

注意：

（1）if 嵌套语句可以实现多个条件的选择。但嵌套的层数不宜太多，因为层数越多，程序的可读性就越差。所以在实际编程时，嵌套的层数在 2～3 层最佳。

（2）else 子句（可选）是 if 语句的一部分，不能单独使用，必须与 if 结合使用。如果有多个 else，那么每个 else 总是与它前面最近的同一个复合语句内的不带 else 的 if 相结合。

【例 4-7】 求一元二次方程 $ax^2+bx+c=0$ 的解。

分析： 一元二次方程根据系数 a、b、c 的不同，解的情况会不同。若系数 a 等于 0，则只有一个解 $-c/b$；若系数 a 不等于 0，则需要判断 $b^2-4*a*c$ 是否大于 0，若大于 0，则有两个实数解，否则没有实数解。

编写的程序如下：

```
#include <stdio.h>
#include <math.h>
int main()
{
    float a,b,c,d,pr,pi,x1,x2;
    printf("请输入一元二次方程的3个系数");
    scanf("%f,%f,%f",&a,&b,&c);
    if(a==0)
    {
        if(b!=0)
            printf("方程只有一个解,x=%.2f\n",-c/b);
        else if(c!=0)
            printf("该方程没有解\n");

    }
    else
    {
        d=b*b-4*a*c;
        if(d>=0)
```

```
        {
            x1=(-b+sqrt(d))/(2*a);
            x2=(-b-sqrt(d))/(2*a);
            printf("该方程有两个解,分别是 x1=%.2f,x2=%.2f\n",x1,x2);
        }
        else
        {
            printf("该方程没有实数解\n");
        }
    }
}
```

运行程序，当从键盘上分别输入 2、6 和 1 时，例 4-7 程序的输出结果如图 4-12 所示。

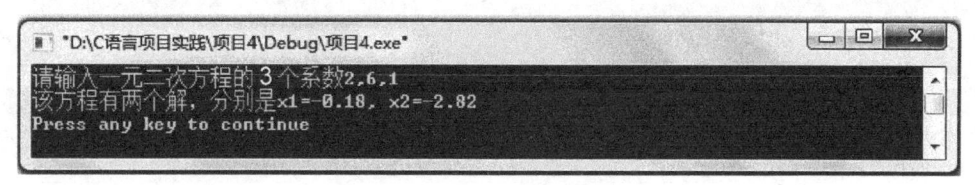

图 4-12 例 4-7 程序的输出结果

2. switch 嵌套语句

switch 嵌套语句就是把一个 switch 语句作为一个外部 switch 语句序列的一部分，即可以在一个 switch 语句内使用另一个 switch 语句。

【例 4-8】 输入星期的首字母，判断其对应星期的英文（monday～sunday）。若第一个字母相同（例如，tuesday 和 thursday），则再次输入第二个字母，根据第二个字母判断其对应星期的英文。

分析：该程序根据输入的字母来判断是星期几。若是 m，则为 monday。若是 t，由于星期二和星期四的第一个字母都是 t，则需要输入第二个字母来判断是星期几。

编写的程序如下：

```
#include<stdio.h>
main()
{   char c;
    printf("please enter first char:");
    scanf("%c",&c);
    switch(c)
    {
        case 'm':printf("today is monday\n");break;
        case 'w':printf("today is wednesday\n");break;
        case 'f':printf("today is friday\n");break;
        case 't':
            {
                printf("please enter second char:");
```

```
            getchar();
            scanf("%c",&c);
            switch(c)
            { case 'u':printf("today is tuesday\n");break;
              case 'h':printf("today is thursday\n");break;
                }
            break;
            case 's':
                {printf("please enter second char:");
            getchar();
            scanf("%c",&c);
            switch(c)
            { case 'a':printf("today is saturday\n");break;
              case 'u':printf("today is sunday\n");break;
                }
                break;
                }
            }
        }
    }
```

运行程序，当从键盘上分别输入 t 和 u 时，例 4-8 程序的输出结果如图 4-13 所示。

```
"D:\C语言项目实践\项目4\Debug\项目4.exe"
please enter first char:t
please enter second char:u
today is tuesday
Press any key to continue
```

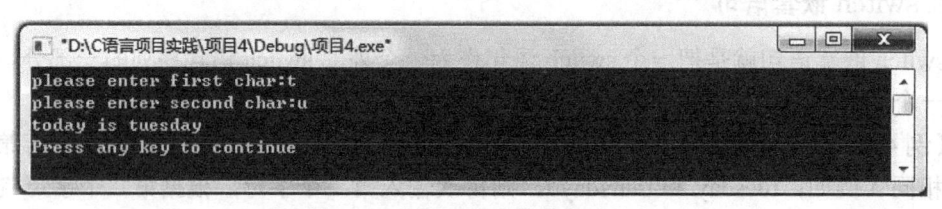

图 4-13 例 4-8 程序的输出结果

3. switch 和 if 嵌套语句

switch 语句嵌套 if 语句或 if 语句嵌套 switch 语句也是经常使用的。

【例 4-9】 判断随机输入的年份和月份对应的天数。例如，2020 年 2 月，因为是闰年，所以共有 29 天。

分析：该程序需要根据输入的年份和月份，并根据年份是否是闰年来判断 2 月是 28 天还是 29 天。因此利用在 switch 语句中嵌套 if 条件判断语句的形式来实现更加方便。

编写的程序如下：

```
#include <stdio.h>
#include <stdlib.h>
void main(){
    int year,month,days;
    printf("输入需要判断的年份:");
    scanf("%d",&year);
    printf("输入 1~12 的月份:");
    scanf("%d",&month);
```

```
        switch(month){
            case 1:
            case 3:
            case 5:
            case 7:
            case 8:
            case 10:
            case 12:
                days=31;
                break;
            case 4:
            case 6:
            case 9:
            case 11:
                days=30;
                break;
            case 2:
                {if(year%4==0 && year%100!=0 || year%400==0)
                    days=29;
                else
                    days=28;}
                break;
            default:
                printf("月份输入错误!\n");
                //exit(1);
                break;
        }
        printf("%d 年%d 月共有%d 天数\n",year,month,days);
    }
```

运行程序，当从键盘上依次输入 2022 和 2 时，例 4-9 程序的输出结果如图 4-14 所示。

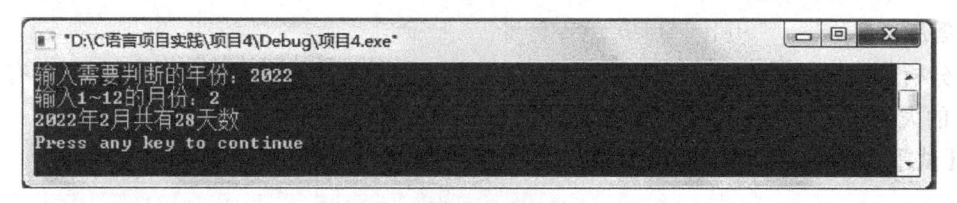

图 4-14 例 4-9 程序的输出结果

三、国考训练课堂 3

【试题 11】有以下程序：

```
#include <stdio.h>
main()
{int  x=1,y=0;
if(!x)y++;
```

```
    else if(x==0)
    if(x) y+=2;
    else   y+=3;
    printf("%d\n",y);
    }
```

程序运行后的输出结果是_____。

A. 3   B. 2   C. 1   D. 0

答案：D。

分析：在 if…else 语句中，else 总是与它前面的、没有和 else 相匹配的 if 匹配。本题中 x 的初始值为 1，所以!x 的结果为 0，系统将执行 else if 语句中的内容，即判断 x==0 是否成立，因为 x 为 1 所以条件不成立，因此 else if 内部的 if…else 语句不再执行。

【试题 12】有如下嵌套的 if 语句：

```
if(a<b)
if(a<c)
k=a;
else
k=c;
else
if(b<c)
k=b;
else
k=c;
```

以下选项中与上述 if 语句等价的语句是_____。

A. k=(a<b)?a:b;k=(b<c)?b:c;

B. k=(a<b)?((b<c)?a:b):((b>c)?b:c);

C. k=(a<b)?((a<c)?a:c):((b<c)?b:c);

D. k=(a<b)?a:b;k=(a<c)?a:c;

答案：C。

分析：本题是利用嵌套的 if 语句实现将 a、b、c 中的最小值赋给 k。A 中没有比较 a、c 的大小；B 中的语句混乱；D 中没有比较 b、c 的大小。

【试题 13】有以下程序：

```
#include <stdio.h>
main()
{int   x=1,y=0,a=0,b=0;
switch(x)
{case 1:
switch(y)
{case 0:a++;break;
case 1:b++;break;
}
case 2:a++;b++;break;
```

```
   case 3:a++;b++;
}
printf("a=%d,b=%d",a,b);
}
```

则正确的运行结果是_____。

A. a=2，b=2　　　　　　　　B. a=2，b=1
C. a=1，b=1　　　　　　　　D. a=1，b=0

答案：B。

分析：该题目考查的是 switch 嵌套语句的综合应用。首先执行外层的 switch(x)，由于 x 的值是 1 表示真，因此从 case 1 开始执行；然后判断第二个 switch 语句，由于 switch(y) 中 y 的值为 0，因此执行"case 0: a++; break;"，变量 a 由原来的 0 增加到 1 并退出内层的 switch 语句，继续执行外层的 switch 语句中的"case 2: a++; b++; break;"，变量 a 由 1 又增加到 2，b 增加到 1，从而得出结论，因此 B 正确。

【试题 14】以下程序的运行结果是_____。

```
#include<stdio.h>
main()
{int a=2,b=7,c=5;
switch(a>0)
{case 1:switch(b<0)
{case 1:printf("@");break;
case 2:printf("!");break;
case 0:switch(c==5)
{ case 0:printf("*");break;
case 1:printf("#");break;
case 2:printf("$");break;
    }
default:printf("&");}
}
printf("\n");
}
```

答案：#&。

分析：该题目考查的是 switch 嵌套语句的综合应用。首先判断 a>0 成立，则从 case 1 开始执行；由于第二个 switch 语句的条件 b<0 不成立，结论为假（0），因此从第二个 switch 语句的 case 0 开始执行；又由于第三个 switch 语句中的 c==5 成立，因此执行"case 1: printf("#"); break;"，随后退出第三个 switch 语句直接返回到第一个 switch 语句中的 default 部分继续执行，进而得出结论。

【试题 15】有以下程序：

```
#include<stdio.h>
main()
{ int x=1,y=0;
switch(x)
```

```
{case 1:if(y>0)break;
case 2:if(y==0)y=y+10;
case 3:if(y<0)y=y-10;
}
printf("x=%d,y=%d\n",x,y);
}
```

则正确的运行结果是_____。

A. x=1，y=0　　　　　B. x=1，y=10　　　　　C. x=1，y=–10　　　　　D. x=1，y=0

答案：B。

分析：由于 switch(x)中 x 的值是 1，因此从 case 1 开始执行，然后判断 if(y>0)，由于 if 条件不成立，因此不执行后面的 break 而继续执行后面的 case 2，又由于 y==0 成立，因此执行 y=y+10，故 y 的值为 10。

拓展训练 4

一、实验目的与要求

1. 熟练应用 C 语言中的选择结构。
2. 熟练掌握 if 语句中 else 与 if 的匹配问题。
3. 掌握 C 语言中 if 嵌套语句的使用。
4. 熟悉 C 语言中开关语句 switch 的语法结构及实践应用。
5. 掌握 break 语句的作用及含义。

二、实验内容

1. 利用多种语句实现选择结构程序设计。
2. 具体实践以下程序，并分析其运行结果。

（1）有以下程序：

```
#include<stdio.h>
void main()
{ int a;
scanf("%d",&a);
if(a>50)printf("%d",a);
if(a>40)printf("%d",a);
if(a>30)printf("%d",a);
}
```

若从键盘上输入 58，则程序的运行结果：_____。

（2）有以下程序：

```
#include<stdio.h>
```

```
main()
{ int x=10,y=20,t=0;
if(x==y)t=x;x=y;y=t;
printf("%d,%d \n",x,y);
}
```

程序的运行结果：_____。

（3）有以下程序：

```
#include<stdio.h>
main()
{ int a=4,b=3,c=5,t=0;
 if(a<b)t=a;a=b;b=t;
if(a<c)t=a;a=c;c=t;
printf("%d%d%d\n",a,b,c);
}
```

程序的运行结果：_____。

（4）有以下程序：

```
#include<stdio.h>
void main()
{ int p=1,a=5;
if(p=a!=0)
printf("%d\n",p);
else
printf("%d\n",p+2);
}
```

程序的运行结果：_____。

（5）有以下程序：

```
#include<stdio.h>
main()
{int a=3,b=4,c=5,d=2;
if(a>b)
if(b>c)
printf("%d",d++ +1);
else
printf("%d",++d +1);
printf("%d\n",d);
}
```

程序的运行结果：_____。

（6）有以下程序：

```
#include<stdio.h>
void main()
{int a=5,b=4,c=3,d=2;
```

```
if(a>b>c)
printf("%d\n",d);
else if((c-1>=d==1))
printf("%d\n",d+1);
else
printf("%d\n",d+2);
}
```

程序的运行结果：_____。

（7）有以下程序：

```
#include<stdio.h>
main()
{ int x=1,y=0,a=0,b=0;
switch(x)
{case 1:switch(y)
{ case 0:a++;break;
 case 1:b++;break;
}
 case 2:a++;b++;break;
}
printf("%d %d\n",a,b);
}
```

程序的运行结果：_____。

课后习题 4

一、选择题

1. _____程序段的功能是将变量 u、s 中的最大值赋给变量 t。
   A. if(u>s)t=u; t=s;　　　　　　B. t=u; if(t)t=s;
   C. if(u>s)t= u; else t=s;　　　　D.t=s; if(u)t=u;

2. 下面几种说法中_____是正确的。
   A. else 语句需要与它前面的 if 语句配对使用
   B. else 语句需要与前面最接近它的 if 语句配对使用
   C. else 语句需要与前面最接近它的，且没有和其他 else 语句配对的 if 语句配对使用
   D. 以上都正确

3. break 语句的作用是_____。
   A. 强制结束当前的 switch 语句或循环语句
   B. 强制结束所有的 switch 语句或循环语句
   C. 结束当前本次的 switch 语句或循环语句，继续进行下一次的判断
   D. 结束当前所有的 switch 语句或循环语句，继续进行下一次的判断

4. if 语句的条件可以是_____。
A. 条件运算符构成的表达式
B. 逻辑运算符构成的表达式
C. 条件运算符或逻辑运算符构成的表达式
D. 可以是任意表达式

5. !x 等价于_____。
A. x==1　　　　　B. x==0　　　　　C. x!=0　　　　　D. x!=1

二、程序填空

1. 求一个数的绝对值。例如，输入-5，输出 5。

```
#include"stdio.h"
 main()
  {int x;
scanf("%d",x);
if(x<0)
    _____
   printf(_____);
}
```

2. 输入任意 3 个整数 a、b、c，输出其中最小的数。

```
#include"stdio.h"
main()
{
int a,b,c,t;
printf("请输入 3 个数");
scanf("%d,%d,%d",&a,&b,&c);
if(a>b)
 {_____}
if(_____)
{t=a;a=c;c=t;}
printf("%d,%d,%d 中最小的数为%d",a,b,c);
}
```

3. 实现由小到大输出变量 a、b、c 的值。

```
#include"stdio.h"
main()
{
float a,b,c,m;
printf("请输入 3 个实数:");
scanf("%f%f%f",&a,&b,&c);
if(a<b)
  _____
if(_____)

if(_____)
```

_____
}
```

4. 将下面的程序补充完整，输入员工的工资，若工资在 1 万元以上（包括 1 万元），则输出"金领"；若工资在 7 千元以上，1 万元以下，则输出"技术骨干"；若工资在 4 千元以上，7 千元以下，则输出"技术能手"；若工资在 4 千元以下，则输出"普通员工"。

```
#include"stdio.h"
main()
{
float x;
scanf("%f",&x);
if(x>=10000)
printf("金领\n",x);
else if(_____)
printf("技术骨干\n");
else if(_____)
printf("_____ \n");
else
printf("_____ \n");
}
}
```

三、程序改错题

1. 判断某一年是闰年的条件是：能被 4 整除并且不能被 100 整除，或者能被 400 整除。

```
#include "stdio.h"
main()
{ int year,t;
printf("请输入年份");
scanf("%d ",year)
if(year%4==0||year%100!=0)
    printf("%d 年是闰年\n",&year);
else
    printf("%d 年不是闰年\n",&year);
}
```

2. 输入一个学生的成绩，若是合法成绩，则输出相应的等级，否则输出不合法的提示信息。

```
#include "stdio.h"
main()
{ float x;
 char y;
printf("请输入 1~100 的一个成绩");
scanf("%f",&x);
if(x>=100&&x< 0)
{if(x>=90)y='A';
```
```

```
        else if(x>=80)y='B';
        if(x>=70)y='C';
        else if(x>=60)y='D';
        else y='E';
        printf("该学生的等级为%c\n",y);}
        else
        printf("输入的学生成绩不合法\n");
        }
```

3. 输入一个字符，判断它是小写、大写、数字还是其他字符。

```
#include "stdio.h"
main()
{
 char a;
printf("请输入一个字符\n");
scanf("%c",&a);
if(a>='a'&&a<='z')
    printf("输入的是小写字符");
else if(a>='A'||a<='Z')
      printf("输入的是大写字符");
 else if(a>='0'||a<='9')
         printf("输入的字符是数字");
   else
      printf("输入的字符是其他字符");
}
```

四、程序编程题

1. 利用 switch 语句实现对季度的判断。
2. 某商场举行购物消费优惠活动，活动规则是消费越高，折扣越高。

s<250	没有折扣
250<=s<500	2%折扣
500<=s<1000	5%折扣
1000<=s<2000	8%折扣
2000<=s<3000	10%折扣
s>=3000	15%折扣

试着求解，当顾客消费 5000 元时，实际需要花费多少钱？

3. 输入某年某月某日，判断这一天是这一年的第几天。
4. 输入一个数，若是 5 的倍数，则输出这个数的立方；否则，输出这个数的平方。
5. 输入方程 $ax^2+bx+c=0$ 的系数值（设 $a \neq 0$），输出方程的实根或输出没有实根的提示信息。

项目 5　高阶程序设计
——循环结构程序设计

项目导读

将前面学习的顺序结构、选择结构的程序重复执行多次就是循环结构的程序。重复做某件事情的现象称为"循环"。C 语言程序的循环结构就是在满足给定的循环条件时，反复执行某程序段，直到循环条件不满足时为止，其中给定的条件称为循环条件，反复执行的程序段称为循环体。

项目目标

1. 学习和使用 while 语句、do…while 语句、for 语句，区别和领会使用不同语句编写程序时的注意事项，并训练学生的编程思维，拓展编程方法，做到一题多解。

2. 掌握 continue 语句和 break 语句的区别，让学生深刻领会使用不同语句的结果可能会相差甚远，培养学生严谨的求学态度。

3. 借助 C 语言的国考训练练习，培养学生借助理性思维解决生活中实际问题的能力。

4. 借助循环的嵌套解决复杂问题，营造学生间互帮互助、团结协作的氛围，鼓励学生学会迎难而上。

任务 1　while 语句

微课视频

一、任务描述

C 语言中的循环语句有 while、do…while、for 及 if 和 goto 构成的循环语句 4 种。其中 while 语句又称当型循环。

二、相关知识

1. 当型循环

当型循环先判断条件，条件成立时再执行循环体。其一般形式为：

```
while(表达式)
   循环体语句;
```

功能：首先计算表达式的值，若为真，则执行循环体语句；再计算表达式的值，若仍为真，则重复执行循环体语句。直到表达式的值为假时，结束 while 语句的执行，从而继续执行 while 语句后面的语句。

while 语句的特点是：先做条件判断，再执行循环体。若循环条件表达式一开始判断就为假，则循环体一次也不执行。while 语句构成的循环称为当型循环，while 循环的 N-S 框图如图 5-1 所示。

【例 5-1】计算 1+2+3+…+100 的和。

分析：计算求解 1+2+3+…+100 的和，可以理解为先计算前两个数 1 和 2 的和，再将计算结果和 3 相加，以此类推，直到加到 100 为止，这个过程就是一个循环相加的过程。可以设置一个变量用来记录循环变量从 1 到 100 每次加 1 的变化情况，变量每发生一次变化都需要累加求和 1 次，这样就可以实现本题的计算求和。

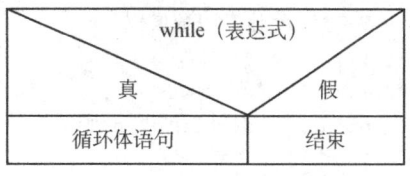

图 5-1 while 循环的 N-S 框图

编写的程序如下：

```
#include <stdio.h>
main()
{
int i=0,sum=0;
while(i<=100)
{
sum=sum+i;
i=i+1;
}
printf("利用 while 求解");
printf("1+2+3+…+100 的和是%d\n",sum);
}
```

运行程序，例 5-1 程序的输出结果如图 5-2 所示。

```
利用while求解1+2+3+…+100的和是5050
Press any key to continue
```

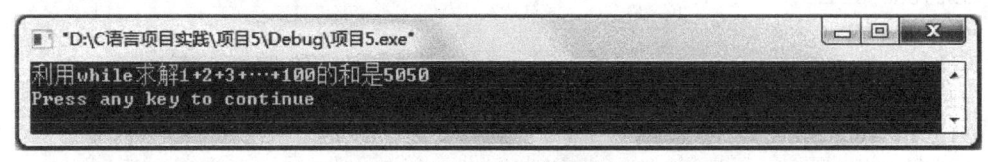

图 5-2 例 5-1 程序的输出结果

【例 5-2】计算 n!。

分析：n!实际上就是 1*2*3*…*n，重复实现乘积的问题，所以利用循环实现非常方便。

编写的程序如下：

```
#include"stdio.h"
```

```
main()
{ int i=1,n;
long T=1;/*用长整型变量T存储n!*/
printf("please input a integer number:");
scanf("%d",&n);/*从键盘上随机输入变量n的值*/
while(i<=n)
{
T=T*i;/*计算n!的值*/
i++;
}
printf("%d!=%ld\n",n,T);
}
```

运行程序，当输入 n 的值为 10 时，例 5-2 程序的输出结果如图 5-3 所示。

```
"D:\C语言项目实践\项目5\Debug\项目5.exe"
please input a integer number: 10
10!=3628800
Press any key to continue
```

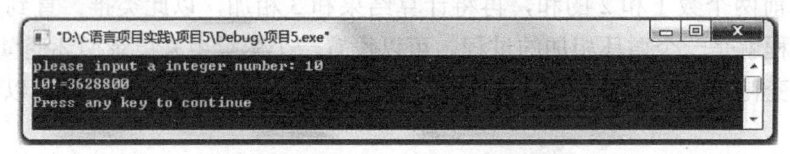

图 5-3 例 5-2 程序的输出结果

2. continue 语句

continue 语句用来跳过本次循环，直接进入下一次循环条件的判断。通常用于在不满足结束条件的情况下提前结束本次循环，其语法格式如下：

```
continue;
```

功能：结束本次循环（不是终止整个循环），即跳过循环体中 continue 语句后面的语句，开始下一次循环条件的判断。

【例 5-3】输出 100～200 之间所有能同时被 3 和 5 整除的数。

分析：100～200 之间能被 3 和 5 同时整除的数 n 满足的条件可以描述为：n%3==0&&n%5==0。

编写的程序如下：

```
#include"stdio.h"
void main()
{
int n=100;
printf("100~200之间所有能同时被3和5整除的数分别有\n");
while(n<=200)
{
 if(n%3==0&&n%5==0)
 {
  printf("%d",n);
  n=n+1;
 }
 else
```

```
{ n=n+1;
 continue;
 }
}
printf("\n");
}
```

运行程序,例 5-3 程序的输出结果如图 5-4 所示。

图 5-4　例 5-3 程序的输出结果

【例 5-4】将输入的字符串中除 9 外的字符全部正常输出。

分析:本题中为了实现获得输入的一串任意长度的字符串,可以借助循环实现按回车键前都有效的方式,即 c!= '\n'。在对输入的字符进行判断的时候,可以与数字 9 逐一判断,当遇到数字 9 时,需要强制循环进入新的循环周期。

编写的程序如下:

```
#include<stdio.h>
main(){
    char c = 0;
    printf("请输入一行任意的字符串\n");
    while(c!='\n')//回车键结束循环
     {
      c=getchar();
      if(c=='9')
      {
      continue;//跳过当次循环,进入下次循环
      }
     putchar(c);
    }
}
```

运行程序,当从键盘上输入 1239abc9cde9!时,例 5-4 程序的输出结果如图 5-5 所示。

图 5-5　例 5-4 程序的输出结果

三、国考训练课堂 1

【试题 1】 有以下程序：

```
main()
{int x=0,y=5,z=3;
while(z--&&++x<5)
y=y-1;
printf("%d,%d,%d\n",x,y,z);
}
```

程序的运行结果：_____。
A. 3，2，0　　B. 3，2，-1　　C. 4，3，-1　　D. 5，-2，-5
答案：B。

分析：第一次执行 while 循环时，由于 z--，z 的值由初始值 3 减为 2，而 x 因为执行++x 后，x 的值由 0 变为 1。由于 1<5 条件成立，因此执行 y=y-1，即 y=4；第二次执行 while 循环时，z 的值由初始值 2 减为 1，而 x 因为执行++x 后，x 的值由 1 变为 2；第三次执行 while 循环时，z 的值由初始值 1 减为 0，而 x 因为执行++x 后，x 的值由 2 变为 3；第四次执行 while 循环时，由于 z=0，因此循环条件不成立，并且会得出 z=-1，因此执行后得出 x=3、y=2、z=-1。

【试题 2】 要求通过 while 循环不断读入字符，当读入字母 N 时结束循环。若变量已正确定义，则以下正确的程序段是_____。

A. while((ch=getchar())!='N')printf("%c",ch);

B. while(ch=getchar()!='N')printf("%c",ch);

C. while(ch=getchar()=='N')printf("%c",ch);

D. while((ch=getchar())=='N')printf("%c",ch);

答案：A。

分析：该题目考查的是 while 语句中利用 getchar()函数实现不断读入字符直到遇到的字符是字母 N 为止。选项中只有 A 满足要求，实现了先不断读入字符并赋值给变量 ch，当 ch 不等于'N'时输出，一旦 ch 等于'N'，就停止读入字符。

【试题 3】 有如下程序段：

```
#include <stdio.h>
main()
{
int n=12345,d;
while(n!=0)
{
d=n%10;
printf("%d",d);
n/=10;
}
}
```

程序的运行结果：＿＿＿＿＿＿＿＿。
A. 54321   B. 12345
C. 521   D. 125
答案：A。

分析：该题目考查的是循环语句 while。循环条件是 n 不等于 0，循环体执行一次 d=n%10 后，得到 n 除以 10 的余数，接着执行 n=n/10 实现 n 除以 10 的结果取整。经过分析可以判断，该循环是实现将 n 逆序输出的功能。

【试题 4】有以下程序：

```
#include"stdio.h"
main()
{
int y=10;
while(y--);
printf("y=%d\n",y);
}
```

程序的运行结果：＿＿＿＿＿＿＿＿。
A. y=0   B. y=-1
C. y=1   D. while 构成无限循环
答案：B。

分析：该程序由于 while 语句的循环体是一条空语句";"，因此执行所有循环语句后对应的变量 y=-1，故最后输出 y 的值就为-1。

【试题 5】有以下程序：

```
#include<stdio.h>
main()
{int k=5;
while(--k)
printf("%d",k-=3);
printf("\n");
}
```

程序的运行结果：＿＿＿＿＿＿＿＿。
A. 1   B. 2
C. 4   D. 死循环
答案：A。

分析：该程序考查的是循环语句 while 和自减运算符（--）的综合应用。该程序的循环条件是--k，即先将 k 变量的值减 1 再判断循环条件是否成立。第一次循环，当 k 由 5 经过--k 变为 4，经过 k-=3 后，k 的值又由 4 变为 1 并输出；第二次循环，当 k 由 1 经过--k 变为 0 时循环条件为假，结束循环，因此 A 正确。

任务2 do…while 语句

一、任务描述

在 C 语言中，do…while 语句也是循环语句中的一种，也称直到型循环。所谓直到型循环是先执行一次循环体，再做条件判断，当条件满足时继续执行循环体，不满足时停止循环。

二、相关知识

1. 直到型循环

do…while 语句是先执行一次循环体，再做条件判断，其一般形式为：

```
do
循环体语句;
while(循环条件表达式);
```

功能：首先执行一次循环体语句，然后检测循环条件表达式的值，若为真，则重复执行循环体语句，否则结束循环，do…while 语句的 N-S 框图如图 5-6 所示。

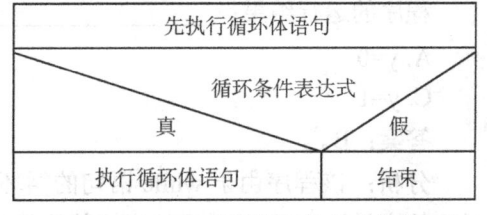

【例 5-5】利用 do…while 语句实现求解 1+2+3+…+100 的和。

图 5-6 do…while 语句的 N-S 框图

分析：利用 do…while 语句实现求解 1+2+3+…+100 的和，执行的原理和 while 语句相似，区别是先执行一次循环体，再做条件判断，并且循环条件后面要有一个结束标志（分号）。

编写的程序如下：

```c
#include <stdio.h>
main()
{ int i=0,sum=0;
do
{sum=sum+i;
i=i+1;
}
while(i<=100);
printf("do_while语句实现求解1+2+3+…+100的和是%d\n",sum);
}
```

运行程序，例 5-5 程序的输出结果如图 5-7 所示。

图 5-7　例 5-5 程序的输出结果

【例 5-6】计算 π 的近似值。

计算 π 的数学公式为：π/4≈1-1/3+1/5-1/7+…直到累加项的绝对值小于 10^{-4} 为止（求和的各项的绝对值均大于或等于 10^{-4}）。

分析：本例仍可以看作是若干项累加求和的问题，只是符号由正号变为正号和负号交替出现。为了描述各项的正负号，可以用 k*1.0/i 表示要累加的项，其中 k 是 1 或-1，正负号交替出现，每累加一项就执行一次 k=-k。当 i=1 时，累加项是 1.0/1；当 i=3 时，累加项是-1.0/3，以此类推。

编写的程序如下：

```c
#include"stdio.h"
#include<math.h>
main()
{
int i,k;
float s;
s=0,k=1,i=1;
do
{
s=s+k*1.0/i;
i+=2;
k=-k;
}
while(fabs(1.0/i)>=1e-4);
s=4*s;
printf("π的近似值为%f\n",s);
}
```

运行程序，例 5-6 程序的输出结果如图 5-8 所示。

图 5-8　例 5-6 程序的输出结果

2. while 语句和 do…while 语句的比较

在 C 语言中实现循环的 while 语句和 do…while 语句经常用在循环次数不确定的情况下，两者的区别如下。

（1）while 语句是先判断循环条件，而 do…while 语句是先执行一次循环体，再做条件判断。

（2）while 语句中的循环体可能一次都不会执行，而 do…while 语句至少执行一次循环体。

（3）while 语句后面通常不能添加分号，而 do…while 语句后面要添加一个分号表示语句的结束。

【例 5-7】while 语句和 do…while 语句的比较。

分析：以求 1+2+3+…+100 为例，设定变量的初始值为 101，对两种语句的输出结果进行分析。

编写的程序如下：

```
//利用 while 实现
#include <stdio.h>
main()
{
int i=101,sum=0;
while(i<=100)
{
sum=sum+i;
i=i+1;
}
printf("当循环变量的初始值 i=%d 时\n",i);
printf("利用 while 语句实现求解 1+2+3+…+100 的和是%d\n",sum);
}


//利用 do…while 实现
#include <stdio.h>
main()
{
int i=101,sum=0;
do
{
sum=sum+i;
i=i+1;
}
while(i<=100);
printf("当循环变量的初始值为 i=%d",i);
printf("利用 do…while 语句实现求解的结果是%d\n",sum);
}
```

运行程序，例 5-7 程序的输出结果分别如图 5-9（a）和图 5-9（b）所示。

图 5-9（a） while 语句的输出结果

图 5-9（b）　do…while 语句的输出结果

三、国考训练课堂 2

【试题 6】 有以下程序段：

```
int n=0,p;
do{scanf("%d",&p);n++;}while(p!=12345&&n<3);
```

此处 do…while 循环的结束条件是_____。
A. p 的值不等于 12345 并且 n 的值小于 3
B. p 的值等于 12345 并且 n 的值大于或等于 3
C. p 的值不等于 12345 或 n 的值小于 3
D. p 的值等于 12345 或 n 的值大于或等于 3
答案：D。
分析：该程序考查的是 do…while 循环语句的综合应用。其中循环条件 p!=12345&&n<3 表示的含义是 p 的值等于 12345 或 n 的值大于或等于 3 时结束循环，否则继续执行循环体，因此，只有 D 正确。

【试题 7】 有以下程序：

```
#include <stdio.h>
main()
{ int s=0,a=1,n;
scanf("%d",&n);
do
{ s+=1;a=a-2;}
while(a!=n);
printf("%d\n",s);
}
```

若要使程序的输出值为 2，则从键盘输入的值是_____。
A. -1   B. -3   C. -5   D. 0
答案：B。
分析：该程序考查的是 do…while 循环语句的综合应用。由于 do…while 循环语句是先执行一次循环体再判断循环条件，因此直接进入循环体，变量 s 经过 s=s+1 由 0 变为 1，变量 a 经过 a=a-2 由 1 变为-1；由于 s 不等于 2，因此需要继续执行循环体，此时变量 s 经过 s=s+1 由 1 变为 2，变量 a 经过 a=a-2 由-1 变为-3，循环结束。

【试题 8】 有以下程序段：

```
int n,t=1,s=0;
scanf("%d\n",&n);
```

```
do
 {s=s-t;
t=t-2;}
while(t!=n);
```

为使程序不陷入死循环,从键盘输入的数据应该是_____。

A. 任意正实数　　　B. 任意负实数　　　C. 任意正偶数　　　D. 任意负奇数

答案：B。

分析：do…while 循环是先执行循环体再进行循环条件的判断。该程序的含义是:每执行一次循环体,都要执行 s=s-t 和 t=t-2 两条语句;每次执行后 t 都减少 2,又由于循环结束的条件是 t 和 n 相等时结束,因此只有当 n 为负奇数时才不会陷入死循环。

【试题 9】以下不构成无限循环的语句或语句组是_____。

A.
```
n=0;
do
{++n;
}
while(n<=0);
```

B.
```
n=0;
while(1)
{ n++;}
```

C.
```
n=10;
while(n);
{n--;}
```

D.
```
for(n=0,i=1;;i++)
n+=i;
```

答案：A。

分析：B 中条件 while(1)永远成立,所以是死循环;C 中 n 的值为 10,而循环体为空语句,所以 while(n)永远成立,进入死循环;D 中 for 语句的第二个表达式为空,所以没有判别条件,进入死循环。

【试题 10】有以下程序段:

```
#include"stdio.h"
main()
{
int k=10000,a=0;
do
```

```
{k++
;a++;
}
while(k<10000);
printf("%d\n",a);
}
```

程序的运行结果是_____。
A. 死循环　　　　B. 1　　　　　C. 100　　　　D. 10
答案：B。
分析：由于 do…while 循环先执行循环体后进行条件判断，因此先执行一次 k++，使得 k 的值变为 10001，a 的值变为 1。当判断 while 条件时，发现不成立，则循环结束，因此 a 的值为 1。

任务 3　for 循环语句

一、任务描述

C 语言的循环语句中最灵活、功能最强大的实际上是 for 循环。for 循环通常用在循环次数可以确定的情况下，其编程方式方便、简洁。

二、相关知识

1. for 语句

for 语句的一般形式：

```
for(表达式 1;表达式 2;表达式 3)
循环体语句;
```

功能：首先计算表达式 1 的值；再计算表达式 2 的值，若其值为真，则执行循环体语句，并计算表达式 3 的值。重新计算表达式 2 的值，若为真，则继续执行循环体语句，并计算表达式 3 的值，如此循环，直到表达式 2 的值为假时终止循环。

说明：表达式 1 通常是为循环变量赋初值的表达式，也允许在 for 语句外给循环变量赋初值，此时可以省略表达式 1；表达式 2 是控制循环的表达式，通常为关系表达式或逻辑表达式；表达式 3 通常是改变循环变量值的表达式，一般是赋值语句。3 个表达式都可以是逗号表达式，即每个表达式都可由多个表达式组成。3 个表达式都可以是任选项，也都可以省略，但如果省略了，那么 3 个表达式之间的两个分号都不能省略。for 语句的 N-S 框图如图 5-10 所示。

【例 5-8】 一个球从 1000 米的高度自由落下，每次落地后反跳回原高度的一半，再落下，求它在第 10 次落地时，共经过多少米？第 10 次反弹多高？

分析：球从高处自由落下后反弹到原来高度的一半，再次落下……这就是重复落下和反弹问题，利用 for 语句实现时，注意球经过的米数实际上就是原来经过的所有米数再加上反弹米数的 2 倍。

首先计算表达式1的值	
表达式2的值	
真	假
执行循环体语句，并计算表达式3的值	结束

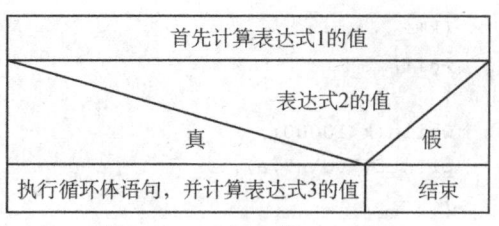

图 5-10 for 语句的 N-S 框图

编写的程序如下：

```c
#include "stdio.h"
main()
 { float sn=1000.0,hn=sn/2;
int n;
for(n=2;n<=10;n++)
{ sn=sn+2*hn;/*第 n 次落地时共经过的米数*/
hn=hn/2;/*第 n 次反弹高度*/
}
printf("the total of road is %f\n",sn);
printf("the lenth is %f meter\n",hn);
}
```

运行程序，例 5-8 程序的输出结果如图 5-11 所示。

```
the total of road is 2996.093750
the lenth is 0.976563 meter
Press any key to continue
```

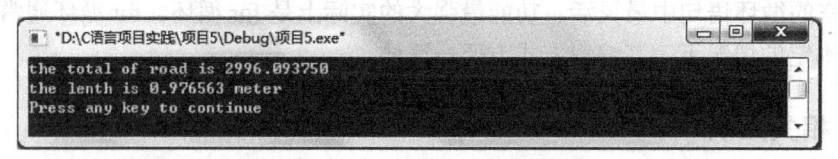

图 5-11 例 5-8 程序的输出结果

2. for 语句的特点

1）省略表达式 1

当省略 for 语句中的表达式 1 时，需要在 for 语句前面设置变量的初始值。
例如：

```c
int n;
for(n=2;n<=10;n++)
```

可以修改为：

```c
int n=2;
for(;n<=10;n++)
```

2）省略表达式 2

当省略 for 语句中的表达式 2 时，需要在 for 语句的循环体中对循环变量的结束标志进行设置，否则将造成死循环。
例如：

```c
int n;
for(n=2;n<=10;n++)
```

```
{
sn=sn+2*hn;/*第n次落地时共经过的米数*/
hn=hn/2;   /*第n次反弹高度*/
}
```

可以修改为：

```
int n;
for(n=2;;n++)
{
if(n>10)break;
sn=sn+2*hn;/*第n次落地时共经过的米数*/
hn=hn/2;   /*第n次反弹高度*/
}
```

3）省略表达式3

当省略 for 语句中的表达式3时，需要在 for 语句的循环体中对循环变量的变化情况进行判断，否则将造成死循环。

例如：

```
int n;
for(n=2;n<=10;n++)
{
sn=sn+2*hn;/*第n次落地时共经过的米数*/
hn=hn/2;   /*第n次反弹高度*/
}
```

可以修改为：

```
int n;
for(n=2;n<=10;)
{
sn=sn+2*hn;/*第n次落地时共经过的米数*/
hn=hn/2;   /*第n次反弹高度*/
n=n+1;
}
```

4）表达式1、2、3都省略

当 for 语句中的3个表达式都省略时，需要在 for 语句的前面或循环体中设置循环变量的结束标志和循环变量的变化情况，否则将造成死循环。

例如：

```
int n;
for(n=2;n<=10;n++)
{
sn=sn+2*hn;/*第n次落地时共经过的米数*/
hn=hn/2;   /*第n次反弹高度*/
}
```

可以修改为：

```
int n=2;
for(;;)
{
if(n>10)break;
sn=sn+2*hn;/*第 n 次落地时共经过的米数*/
hn=hn/2;   /*第 n 次反弹高度*/
n=n+1;
}
```

注意：当省略 for 循环的表达式时，表达式中的两个分号不能省略。

【例 5-9】 判断一个数是否是素数。

分析：所谓素数是只能被 1 和它本身整除的数，如 2、3、5、7、11 等。由于所有的整数都可以被 1 和它本身整除，因此为了求解这里可以采取逆推的方式实现，即不能被 2～n-1 之间的数整除的数就是素数。

编写的程序如下：

```c
#include <stdio.h>
main(){
    int i;
    int num=0;//输入的整数
    printf("输入一个整数:");
    scanf("%d",&num);
    for(i=2;i<num;i++){
        if(num%i==0){
            break;//素数个数加 1
        }
    }
    if(i==num)
        printf("%d 是素数。\n",num);
    else
        printf("%d 不是素数。\n",num);
}
```

运行程序，当从键盘输入 17 时，例 5-9 程序的输出结果如图 5-12 所示。

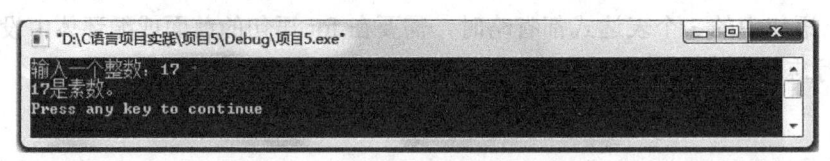

图 5-12 例 5-9 程序的输出结果

三、国考训练课堂 3

【试题 11】 若有如下程序段，其中 s、a、b、c 均已定义为整型变量，且 a、c 均已赋值（c 大于 0)，s=a。

```
for(b=1;b<=c;b++)s=s+1;
```

则与上述程序段功能等价的赋值语句是_____。

A. s=a+b;　　　　B. s=a+c;　　　　C. s=s+c;　　　　D. s=b+c;

答案：B。

分析：该程序考查的是 for 循环语句。变量 s 的初始值为 a，循环从 b=1 开始，到 b<=c 结束，每循环一次变量 b 的值加 1，循环体每执行一次变量 s 的值都加 1。实质上就是 s=a+c，分析该原理后得出正确结论。

【试题 12】有以下程序：

```
main()
{
int i,s=0;
for(i=1;i<10;i+=2)
s+=i+1;
printf("%d\n ",s);
}
```

程序执行后的输出结果是_____。

A. 自然数 1～9 的累加和　　　　B. 自然数 1～10 的累加和
C. 自然数 1～9 中的奇数之和　　D. 自然数 1～10 中的偶数之和

答案：D。

分析：该程序考查的是 for 循环语句。尽管 for 循环是从 i=1 开始，到 i<10 结束，每次 i 增加 2，但由于循环体中的 i 又增加 1，因此是自然数 1～10 中的偶数之和。

【试题 13】以下程序运行后的输出结果是_____。

```
main()
{
char c1,c2;
for(c1='0',c2='9';c1<c2;c1++,c2--)
printf("%c%c\n",c1,c2);
}
```

答案：

```
09
18
27
36
45
```

分析：for 循环体实现按照字母形式输出 c1、c2，并且 c1 自增、c2 自减，直到 c1>c2 时结束。需要注意的是，由于循环体的输出函数中有"\n"，因此每输出一行系统就会自动换行。

【试题 14】以下程序的功能是计算 s=1+12+123+1234+12345，请填空。

```
main()
```

```
{
int t=0,s=0,i;
for(i=1;i<=5;i++)
{
t=i+____;s=s+t;
}
printf("s=%d\n",s);
}
```

答案：t*10。

分析：在求解 s 时，观察 s 的变化规律，找出循环语句的规律性，得出结论。

【试题 15】 以下程序的输出结果是_____。

```
#include <stido.h>
main()
{
int i;
for(i='a';i<'f';i++,i++)
 printf("%c",i-'a'+'A');
 printf("\n");
}
```

答案：ACE。

分析：该程序考查的是 for 循环语句。分析循环的条件就可以得出结论。

任务 4　if 和 goto 构成的循环语句

一、任务描述

C 语言的循环语句除可以使用前面介绍的 while、do…while、for 语句外，还可以使用 if 和 goto 构成的循环语句。

二、相关知识

1. goto 语句

goto 语句用于实现程序转向，也称无条件程序转移语句。其一般形式为：

```
goto 语句标号；
标号：语句
```

注意：

（1）语句标号通常需要符合标识符的定义，不能以数字开头。
（2）标号需要与 goto 出现在同一个函数内，并且具有唯一性。
（3）标号必须放在可执行语句的前面，并且要用冒号和其他语句分隔。

【例 5-10】利用 if 与 goto 构成的循环语句实现求 s=1+2+3+…+100。

分析：goto 可以实现无条件转移，结合 if 语句的条件判断就可以构成循环，并且该循环属于"当型"循环。在利用 goto 语句转向 loop 语句标号处时，根据 if 语句判断程序走向。当条件满足时，执行求和计算，当条件不满足时，结束 if 和 goto 构成的循环语句。

编写的程序如下：

```
#include <stdio.h>
main()
{ int i=1;
long int sum=0;
loop:if(i<=100)/*loop 是语句标号,符合标识符的定义即可*/
      { sum=sum+i;
        i++;
        goto loop;}     /*程序通过 goto 语句转向 loop 语句标号处*/
      printf("利用 if 和 goto 求解 1+2+3+…+100 的和 sum is %ld\n",sum);
}
```

运行程序，例 5-10 程序的输出结果如图 5-13 所示。

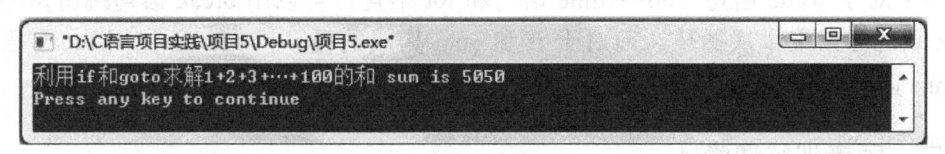

图 5-13　例 5-10 程序的输出结果

【例 5-11】统计随机输入的字符的个数。

分析：使用 if 和 goto 构成的循环语句时需要设置语句标号，并且语句标号需要符合标识符的定义。

编写的程序如下：

```
#include "stdio.h"
void main()
{
 int count=0;
char ch;
 LA:ch=getchar();
count++;
if(ch!='\n')
 goto LA;
count=count-1;//去掉字符串的结束标志'\0'
 printf("输入的字符串共有字符%d 个\n",count);
}
```

运行程序，当从键盘上依次输入 123abc@！456 时，例 5-11 程序的输出结果如图 5-14 所示。

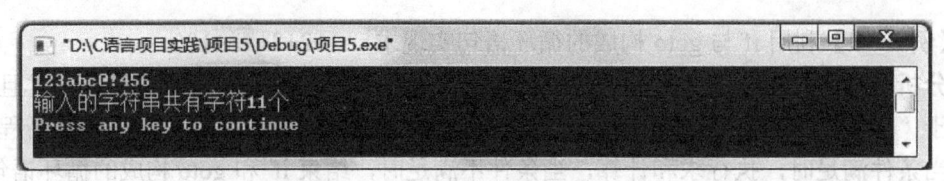

图 5-14 例 5-11 程序的输出结果

2. 几种循环语句的比较

以上 4 种语句都可以实现循环，但各有其特点。

（1）4 种循环都可以用来处理同一个问题，一般情况下它们可以互相代替。但 goto 语句的无条件转向使得程序的结构没有规律、可读性差，因此不符合结构化程序设计的原则，所以一般不提倡用 if 和 goto 语句实现循环。

（2）for 语句和 while 语句的工作原理是先判断循环条件，再执行循环体；而 do…while 语句是先执行一次循环体，再进行循环条件的判断。for 语句和 while 语句可能一次也不执行循环体；而 do…while 语句至少执行一次循环体。

（3）do…while 语句和 while 语句多用于循环次数不确定的情况，对于循环次数确定的情况，使用 for 语句更方便。

（4）对于 while 语句、do…while 语句和 for 语句，可以用 break 语句跳出循环，用 continue 语句结束本次循环。而对于 if 和 goto 构成的循环语句，不能用 break 语句或 continue 语句进行控制。

三、国考训练课堂 4

【试题 16】结构化程序中的基本结构不包括_____。
A. 顺序结构　　　　B. goto 跳转　　　　C. 选择结构　　　　D. 循环结构
答案：B。
分析：1966 年，Boehm 和 Jacopini 证明了程序设计语言仅仅使用顺序、选择和循环 3 种结构就足以表达出各种其他形式的结构。

【试题 17】以下选项中对 goto 语句标号说法正确的是_____。
A. 必须符合标识符的定义
B. 可以以数字开头
C. 必须以字母开头
D. 语句标号和变量一样，需要在使用前声明
答案：A。
分析：语句标号需要符合标识符的定义，即以字母或下画线开头，后面跟字母、数字、下画线，而且不需要提前声明就可以直接使用。

【试题 18】以下选项中说法正确的是_____。
A. goto 语句是结构化程序设计的一种语句
B. goto 语句是有条件转向语句
C. goto 语句必须和 if 语句构成循环

D. goto 语句可以单独实现程序转向，但通常会造成系统的死循环

答案：D。

分析：goto 语句不属于结构化程序设计的一种，可以在 goto 语句后面增加语句标号，但通常会造成系统的死循环。

【试题 19】下列关于 for 循环和 while 循环的说法中_____是正确的。

A. while 循环能实现的操作，for 循环也能实现

B. while 循环的判断条件一般是程序结果，for 循环的判断条件一般不是程序结果

C. 两种循环在任何时候都可以互换

D. 两种循环结构中都必须有循环体，循环体不能为空

答案：B。

分析：在 C 语言中，while 循环通常用于循环次数不确定的情况。所有的 for 循环都可以用 while 循环实现，但不是所有的 while 循环都可以用 for 循环实现。

【试题 20】在 C 语言中，有关 4 种循环语句的说法错误的是_____。

A. 当循环次数在执行循环体之前就已确定，一般用 for 语句

B. 当循环次数是由循环体的执行情况确定的，一般用 while 语句或 do…while 语句

C. 4 种循环都不可以出现空语句

D. 当循环体至少执行一次时，用 do…while 语句；反之，若循环体可能一次也不执行，则用 while 语句

答案：C。

分析：for 循环语句中可以出现空语句，因此 C 错误。

任务 5　循环的嵌套

一、任务描述

前面学习了 4 种形式的循环语句。在 C 语言中，常常需要在一个循环里面套用另一个循环，即循环的嵌套。

二、相关知识

1. 循环的嵌套

一个循环体内又包含另一个完整的循环结构，称为循环的嵌套，并且内嵌的循环中还可以再嵌套循环，这就是多层循环。

while 循环、do…while 循环和 for 循环可以互相嵌套，如表 5-1 所示。

表 5-1 循环的嵌套形式

(1) while() { ⋮ while() {…} }	(2) do { ⋮ do {…} while(); } while();	(3) for(;;) { ⋮ for(;;) {…} }
(4) while() { ⋮ do {…} while(); ⋮ }	(5) for(;;) { ⋮ while() {…} }	(6) do { ⋮ for(;;) {…} } while();

【例 5-12】 世界数学史上著名的"百鸡问题":鸡翁一,值钱五,鸡母一,值钱三,鸡雏三,值钱一。百钱买百鸡,问鸡翁、鸡母、鸡雏各几何?(使用枚举法。)

设鸡翁、鸡母、鸡雏分别为 cock、hen、child,根据题意可得:

child/3+hen*3+cock*5=100　　(对应的钱数相等)

child+hen+cock=100　　(对应的鸡数相等)

由于两个方程无法解出 3 个变量,因此只能将各种可能的取值代入,其中能满足两个方程的就是解,这就是枚举法。

编写的程序如下:

```c
#include <stdio.h>
main(){
    int cock,hen,child;
    for(cock=0;cock<=20;cock++)
    for(hen=0;hen<=33;hen++)
    for(child=0;child<=99;child++)
    if(cock+hen+child==100&&cock*5+hen*3+child/3.0==100)
    printf("cock=%d,hen=%d,child=%d\n",cock,hen,child);}
```

运行程序,例 5-12 程序的输出结果如图 5-15 所示。

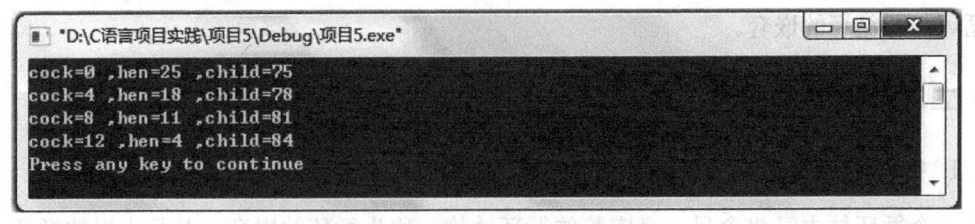

```
cock=0 ,hen=25 ,child=75
cock=4 ,hen=18 ,child=78
cock=8 ,hen=11 ,child=81
cock=12 ,hen=4 ,child=84
Press any key to continue
```

图 5-15　例 5-12 程序的输出结果

【例 5-13】 打印如下图形。

分析:利用循环结构实现类似图形的输出更方便,而且可以举一反三,实现其他类似图形的打印。

这里假设变量 i、j、k 分别代表行、列和每行中*的个数，并且假设最后一行的第一个*的位置为第一列。因此，i、j、k 的关系可以列表如下。

```
i   1   2   3   4   5
j   5   4   3   2   1
k   1   3   5   7   9
```

```
      *
     ***
    *****
   *******
  *********
```

总结 3 个变量的关系，以 i 为自变量，可以得出 i、j、k 的关系为 j=6-i, k=2*i-1。

编写的程序如下：

```c
#include<stdio.h>
main()
{int i,j,k;
for(i=1;i<=5;i++)//i 表示共 5 行
{ for(j=1;j<=6-i;j++)//j 表示每行输出前需要几个空格
  printf(" ");
  for(k=1;k<=2*i-1;k++)//k 表示每行输出几个*符号
   printf("*");
  printf("\n");
}
}
```

运行程序，例 5-13 程序的输出结果如图 5-16 所示。

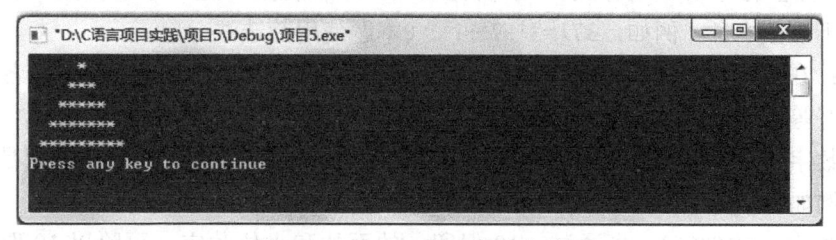

图 5-16 例 5-13 程序的输出结果

【例 5-14】计算 1!+2!+3!+…+10!。

分析：该程序是求 1 的阶乘到 10 的阶乘的累加和，可以通过分步求解实现。首先应求每个数的阶乘，然后求和。这里借助 for 循环的嵌套实现。

编写的程序如下：

```c
#include<stdio.h>
main()
{
long int s=0;
int t,i,j;
for(i=1;i<=10;i++)
{
/*外层的 for 循环的循环体语句的开始*/
 t=1;         /*变量 t 用来表示阶乘,任何数的阶乘都是从 1 开始乘积的*/
   for(j=1;j<=i;j++)
    t=t*j;    /*内层的 for 循环的循环体只有这一条语句*/
```

```
        s=s+t;
    }               /*外层的 for 循环的循环体语句的结束*/
    printf("1!+2!+3!+…+10!的和是%ld\n",s);
}
```

运行程序,例 5-14 程序的输出结果如图 5-17 所示。

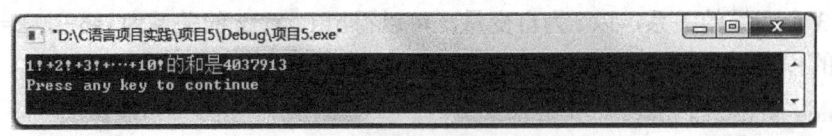

图 5-17 例 5-14 程序的输出结果

2. return 语句

如果在主函数中调用了其他函数,那么在其他函数中需要有一个专门的语句来描述该函数结束,实现返回到主函数继续执行,该语句就是 return 语句。具体的功能及用法将在函数中讲解。

3. 循环中带条件

C 语言在应用中,通常需要多种结构混合使用。如循环中有条件,条件中有强制结束或暂时结束本次条件等。

【例 5-15】打印 1000 以内的"水仙花数"。"水仙花数"是一个 3 位数,其各位数的立方和等于该数本身。例如,$371=3^3+7^3+1^3$。(本题使用筛选法。)

分析:在 1000 以内的 3 位数中筛选出一个满足下列要求的正整数 n。其各位数字的立方和恰好等于它本身。要判断 n 是否满足要求,必须将它的各位数字拆分。

百位数字:n/100。因为 n 是整数,所以若 n/100 不保留小数位,去掉的则是十位和个位数字。例如,371/100 的结果不保留小数位是 3,即百位数字。

十位数字:n/10%10。先通过 n/10 保留 n 的百位和十位数字,再除以 10 取余数,求得 n 的十位数字。例如,371/10 的结果是 37,37%10 的结果是 7,即十位数字是 7。

个位数字:n%10。通过 n 除以 10 取余数得到 n 的个位数字。例如,371%10 的结果是 1,即 n 的个位数字是 1。

编写的程序如下:

```c
#include <stdio.h>
main()
{
int i,j,k,n;
printf("1000 以内的水仙花数有");
for(n=100;n<1000;n++)/* 对 1000 以内的 3 位数进行循环 */
{
i=n/100;              /* i 的百位数字 */
j=n/10%10;            /* i 的十位数字,也可以改写为 j=n/10-i*10 */
k=n%10;               /* i 的个位数字 */
if(n==i*i*i+j*j*j+k*k*k)
```

```
    printf("%d ",n);
}
printf("\n");
}
```

运行程序，例 5-15 程序的输出结果如图 5-18 所示。

```
1000以内的水仙花数有153   370   371   407
Press any key to continue
```

图 5-18　例 5-15 程序的输出结果

【例 5-16】求 100~300 之间的全部素数，并且以每行 10 个数的格式输出。

分析：结合本任务中的例 5-9 的素数求解思想可以求解本题。简单判断一个数是否为素数可以用一个循环语句实现，但判断一定范围内的数是否为素数则需要借助循环的嵌套来实现。并且为了节省循环的判断次数，可以利用数学函数库中的 sqrt()函数得到开根号后的整数。

编写的程序如下：

```
#include <stdio.h>
#include<math.h>
main()
{
  int a,b,m,n=0;
printf("100~300之间所有的素数有");
for(a=100;a<=300;a=a+1)
{
//    if(n%10==0)printf("\n");
b=(int)sqrt(a);
for(m=2;m<=b;m++)
if(a%m==0)
 break;
if(m>=b+1)
printf("%d ",a);
}
}
```

运行程序，例 5-16 程序的输出结果如图 5-19 所示。

```
100~300之间所有的素数有101 103 107 109 113 127 131 137 139 149 151 157 163 167 1
73 179 181 191 193 197 199 211 223 227 229 233 239 241 251 257 263 269 271 277 2
81 283 293 Press any key to continue
```

图 5-19　例 5-16 程序的输出结果

【例5-17】求任意两个正整数的最大公约数和最小公倍数。

分析：如果有一个自然数 m 能被自然数 n 整除，那么称 m 为 n 的倍数，n 为 m 的约数。几个自然数公有的约数，叫作这几个自然数的公约数。公约数中最大的一个公约数，称为这几个自然数的最大公约数，可以整除这几个自然数的最小整数称为最小公倍数。

编写的程序如下：

```c
#include<stdio.h>
  main()
  {
      int m,n,temp,i,k;
      printf("请输入求解最大公约数的两个整数:");
      scanf("%d%d",&m,&n);
      if(m<n)/*比较大小,使m中存储大数,n中存储小数*/
      {
          temp=m;
          m=n;
          n=temp;
      }
      k=m*n;
      for(i=n;i>0;i--)
          if(m%i==0 && n%i==0)
          {/*输出满足条件的自然数并结束循环*/
              printf("%d 和 %d 的最大公约数是:%d\n",m,n,i);
              break;
          }
      printf("%d 和 %d 的最小公倍数是:%d\n",m,n,k/i);
  }
```

运行程序，当从键盘上分别输入 24 和 36 时，例 5-17 程序的输出结果如图 5-20 所示。

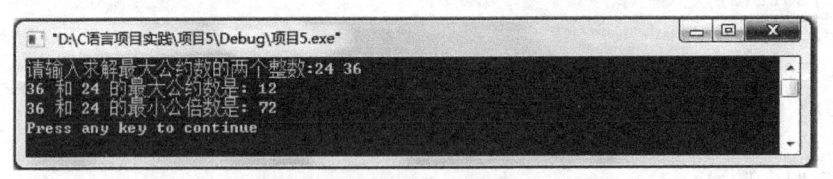

图 5-20　例 5-17 程序的输出结果

【例5-18】借助循环重复实现例 4-8 中根据输入的字母来判断是星期几。

分析：在例 4-8 中，对星期的判断是借助 switch 的嵌套实现的。在此通过 while 语句和 switch 语句相结合的方式可以做到一题多解，并且可以实现重复判断。

编写的程序如下：

```c
#include <stdio.h>
void main()
{
char letter;
printf("请输入第一个需要判断的星期首字母,并且以大写字母形式输入\n");
```

```c
while((letter=getchar())!='Y')
{
    switch(letter)
    {
    case 'S':printf("需要输入星期的第二个字母\n");
        {getchar();
        if((letter=getchar())=='a')
        printf("saturday\n");
        else if((letter=getchar())=='u')
        printf("sunday\n");
        else printf("数据输入错误,准备开始新的一轮的判断\n");
        }
break;
case 'F':printf("friday\n");break;
case 'M':printf("monday\n");break;
case 'T':printf("需要输入星期的第二个字母\n");
        {getchar();
        if((letter=getchar())=='u')
        printf("tuesday\n");
        else if((letter=getchar())=='h')
        printf("thursday\n");
        else printf("数据输入错误,准备开始新的一轮的判断\n");
        }
break;
case 'W':printf("wednesday\n");break;
    }
}
}
```

运行程序，当从键盘根据提示依次输入星期的字母时，例 5-18 程序的输出结果如图 5-21 所示。

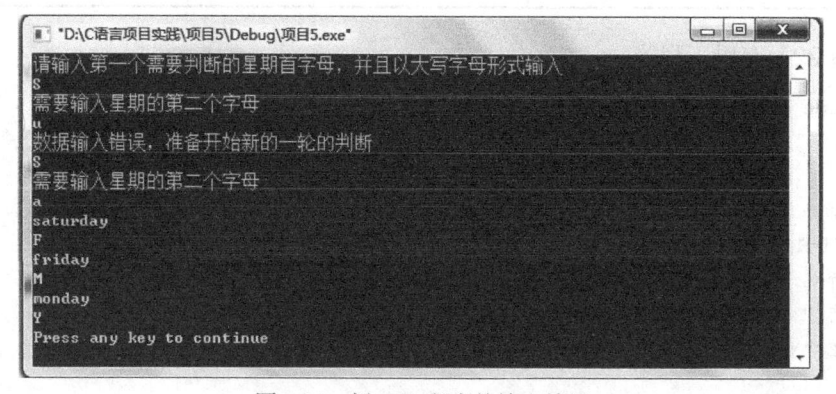

图 5-21　例 5-18 程序的输出结果

三、国考训练课堂 5

【试题 21】 有以下程序：

```c
#include <stdio.h>
main()
{int i,j,x=0;
for(i=0;i<2;i++)
{x++;
for(j=0;j<=3;j++)
{if(j%2)continue;
x++;}
x++;}
printf("x=%d\n",x);}
```

程序执行后的输出结果是_____。

A. x=4　　　　　　B. x=8　　　　　　C. x=6　　　　　　D. x=12

答案：B。

分析：该题目考查的是 for 语句的嵌套，以及 if 语句和 continue 语句在 for 语句中的使用。解决本题需要掌握 for 语句、if 语句、continue 语句的原理和在本题中的含义。该题目执行的过程如下：在第一个 for 语句中，当 i=0 时，执行循环体，得到 x=1；然后执行第二个 for 语句，当 j=0 时，由于 j%2=0，if 条件为假，因此不执行 continue 语句，而执行 x++，得到 x=2；以此类推，得出最后的结论。具体推导过程如下所示。

i=0	x++	j=0	x++	x++
		j=1	continue	
		j=2	x++	
		j=3	continue	
i=1	x++	j=0	x++	x++
		j=1	continue	
		j=2	x++	
		j=3	continue	

【试题 22】 有以下程序：

```c
#include <stdio.h>
main()
{
int i,j;
  for(i=1;i<4;i++)
{for(j=i;j<4;j++)
printf("%d*%d=%d",i,j,i*j);
printf("\n");}
}
```

程序运行后的输出结果是_____。

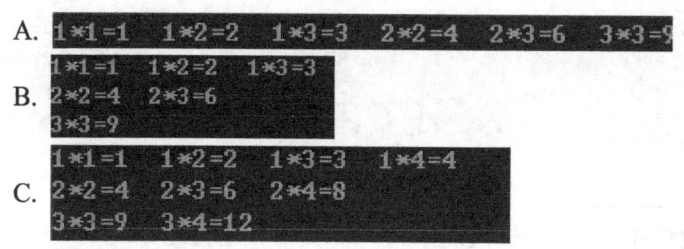

A. 1*1=1   1*2=2   1*3=3   2*2=4   2*3=6   3*3=9

B. 1*1=1   1*2=2   1*3=3
   2*2=4   2*3=6
   3*3=9

C. 1*1=1   1*2=2   1*3=3   1*4=4
   2*2=4   2*3=6   2*4=8
   3*3=9   3*4=12

D. 语法有误

答案：B。

分析：该题目考查的是 for 语句的嵌套，分析整理循环变量 i、j 的变化情况即可得出结论，推导过程如下所示。

	j=0	1*1=1
i=0	j=1	1*2=2
	j=2	1*3=3
i=1	j=1	2*2=4
	j=1	2*3=6
i=2	j=2	3*3=9

【试题 23】有以下程序：

```
#include<stdio.h>
main()
{int i,j,m=55;
for(i=1;i<=3;i++)
for(j=3;j<=i;j++)m=m%j;
printf("%d\n",m);
}
```

程序的运行结果是_____。

A. 0   B. 1   C. 2   D. 3

答案：B。

分析：该题目考查的是 for 语句的嵌套，利用前两题的解题思想，即可得出结论。

【试题 24】下面程序的功能是输出如下形式的图案：

```
      *
     ***
    *****
   *******
```

```
#include<stdio.h>
main()
{ int i,j;
for(i=1;i<=4;i++)
{ for(j=1;j<=8-2*i;j++)printf(" ");
```

```
for(j=1;j<=_____;j++)printf("*");
printf("\n");
}
}
```

在下画线处应填入的是_____。

A. i   B. 2*i-1   C. 2*i+1   D. i+2

答案：B。

分析：该题目考查的是利用 for 语句的嵌套实现图形的输出。可以借助例 5-13 的编程思路，得出正确结论。

【试题 25】以下程序的功能是输出如下形式的方阵：

13　14　15　16
 9　10　11　12
 5　 6　 7　 8
 1　 2　 3　 4

请在_____处填写正确的内容。

```
#include<stdio.h>
main()
{ int i,j,x;
for(j=4;j_____;j--)
{ for(i=1;i<=4;i++)
{ x=(j-1)*4 +_____;
printf("%d",x);
}
printf("\n");
}
}
```

答案：>0 i。

分析：该题目考查的是利用 for 语句的嵌套实现图形的输出。为了理解和掌握题目的含义，必须知道 3 个变量 i、j、x 的含义。其中，在输出的方阵中发现，总共是 4 行，根据例 5-13 可以得出：如果变量 j 表示行，那么循环条件就应该从 4 变化到 1，即可以在第一个空中填写 j>0 或 j>=1；题目中要将 x 输出，通过分析 x 的计算规律，即可得出第二个空的内容。

———┤ 拓展训练 5 ├———

一、实验目的与要求

1. 灵活应用 C 语言的 4 种循环语句编写循环结构的程序。

2. 理解并区分 while 语句、do…while 语句和 for 语句的异同点。

3. 熟练使用 C 语言中的循环嵌套解决生活中的实际问题。

二、实验内容

1. 理解并实践项目 5 中的例题。
2. 练习项目 5 中的国考训练。
3. 编写以下程序，并分析运行结果。
（1）求解 s=1!+2!+3!+4!+5!。

```
#include<stdio.h>
main()
{int n,s=0,t=1;
for(n=1;n<=5;n++)
{
t=t*n;
s=s+t;
}
printf("%d",s);
}
```

程序的运行结果：_____。

（2）求解 s= 3+33+333+3333。

```
#include<stdio.h>
main()
{int s=0,t=3,i;
for(i=1;i<=4;i++)
{s=s+t;
t=10*t+3;
}
printf("%d",s);
}
```

程序的运行结果：_____。

（3）打印下列图案：

```
   *
  ***
 *****
*******
```

```
#include<stdio.h>
main()
{ int i,j;
for(i=1;i<=4;i++)
{for(j=1;j<=4-i;j++)
printf("");
```

```
        for(j=1;j<=2*i-1;j++)
            printf("*");
        printf("\n");
        }
    }
```

程序的运行结果：_____。

（4）打印九九乘法表。

```
#include <stdio.h>
void main()
 {
    int i,j;// i,j 控制行或列
    for(i=1;i<=9;i++){
        for(j=1;j<=i;j++)
            printf("%d*%d=%2d\t",i,j,i*j);
        printf("\n");
        }
 }
```

程序的运行结果：_____。

课后习题 5

一、选择题

1. C 语言中的当型循环是_____。
A. while   B. do…while   C. for   D.if 和 goto 构成的循环

2. C 语言中的直到型循环是_____。
A. while   B. do…while   C. for   D. if 和 goto 构成的循环

3. _____循环的循环体至少执行一次。
A. while   B. do…while   C. for   D.if 和 goto 构成的循环

4. C 语言中可以实现强制结束循环的语句是_____。
A. break   B. continue   C. return   D. switch

5. 设 int i, j;
```
for(i=0;i<5;i++)
 for(j=0;j<4;j++)
  {…}
```

则循环体的执行次数是_____。
A. 5   B. 4   C. 20   D. 无限次

6. for 语句中的 3 个表达式可以是_____。
A. 3 个表达式都可以是任选项，也都可以省略

B. 3 个表达式都可以是任选项, 也都可以省略, 但如果省略了, 那么 3 个表达式之间的两个分号都不能省略

C. 3 个表达式都是必选项

D. 以上都不对

7. 下列程序段实现的功能是_____。

```c
#include<stdio.h>
int main()
{
 int N,i,a;
int  m=0,n=0;
  scanf("%d\n",&N);
 for(i=0;i<N;i++)
 {
  scanf("%d",&a);
    if(a%2)m+=1;
  else n+=1;
 }
 printf("%d %d",m,n);
}
```

A. 统计输入的自然数中奇数和偶数分别有多少个

B. 统计输入的自然数中奇数有多少个

C. 统计输入的自然数中偶数有多少个

D. 以上都不对

8. 下列程序段的输出结果是_____。

```c
#include<stdio.h>

void main()
{ int k;
for(k=1;k<5;k++)
{ if(k%2!=0)
printf("#");
else
printf("*");
}
}
```

A. #*#*   B. *#*#   C. ##   D. 以上都不对

9. 设 int a=11, b=2, 执行下述程序段后, 变量 a 和 b 的值分别是_____。

```c
do
   { a/=b++;
}
while(a>b);
```

A. 1, 3　　　　　　B. 1, 4　　　　　　C. 2, 3　　　　　　D. 2, 4

10. 下列程序段的输出结果是_____。

```
#include    <stdio.h>
main()
{int    y=9;
for(;y>0;y--)
 if(y%3==0)
printf("%d",--y);
}
```

A. 825　　　　　　B. 852　　　　　　C. 258　　　　　　D. 以上都不对

二、编程题

1. 编程计算下列表达式：s=2!+4!+…+10!。

2. 从键盘上输入 a 与 n 的值，计算 sum=a+aa+aaa+aaaa+…（共 n 项）。例如，a=2，n=4，sum=2+22+222+2222。

3. 一个球从 200 米的高度自由落下，每次落地后反弹回原高度的四分之一再落下。编程求它第 10 次落地时共经过的路程及第 10 次落地后反弹的高度。

4. 一个数如果恰好等于它的因子之和，那么这个数就称为完数。求 100 之内的所有完数。

5. 有一个数列：2/1，3/2，5/3，8/5，…，求出这个数列的前 10 项之和。

6. 将一个正整数分解质因数。例如，输入 90，打印出 90=2*3*3*5。

7. 给出一个不多于 5 位的正整数，要求：求它是几位数并逆序打印出各位数字。

8. 打印楼梯，同时在楼梯上方打印两个笑脸。

9. 计算 s=2^0+2^1+2^2+2^n，当 S 超过 10 时，输出 n 的最小值和 S 的值。

10. 计算 1-1/2+1/4-1/16+1/32-…，直到加项小于 10^{-6} 为止。

11. 输入一个数，判断其是否是完数，若是则输出这个数，否则输出提示。完数是一个整数，它恰好等于它的因子之和。例如，6 的因子是 1、2、3，并且 6=1+2+3。

12. 输出如下图形。

```
*******
 *****
  ***
   *
  ***
 *****
*******
```

项目6　玩转N维编程——数组

项目导读

当需要处理的数据量很多的时候我们应该如何编程？如从多个整数中找出最大的元素、对N个数排序等。数组是解决这一类问题的工具，在C语言中，数组属于构造数据类型。一个数组可以分解为多个数组元素，这些数组元素可以是基本数据类型也可以是构造数据类型。因此按照数组元素的类型，数组又可以分为数值数组、字符数组、指针数组、结构数组等。本项目着重介绍一维数组、二维数组和字符数组。

项目目标

1. 启发学生在程序中体会数组的优势，学会借助集体的力量解决个人难以解决的问题，培养学生团结合作的意识。

2. 通过数组在内存中顺序排列的例子，教导学生应遵守秩序和法律法规，应做到懂规矩、守纪律。

任务1　一维数组

一、任务描述

一维数组常常用来连续存储一组类型相同的数据。当定义一个数组a[n]的时候，系统会自动分配一串大小为n的连续存储单元序列给数组a[n]。例如，int a[n]整型数组，系统会自动分配n个连续存储整型变量的存储单元给数组a[n]。

二、相关知识

1. 一维数组的定义

在C语言中，一维数组的定义形式为：

类型说明符　数组名[常量表达式]

其中：

类型说明符是任意一种基本数据类型或构造数据类型。

数组名是用户定义的数组标识符。

方括号中的常量表达式表示数组中元素的个数，也称数组的长度。

例如：

int a[10]表示定义了一个整型数组，数组名为 a，包含 10 个元素。

float b[10]，c[20]表示定义了两个实型数组，数组名分别为 b 和 c，且两个数组分别包含 10 个和 20 个元素。

char ch[20]表示定义了一个字符数组，数组名为 ch，包含 20 个元素。

注意：

（1）数组类型实际上是数组元素值的类型。对于同一个数组，其所有元素的数据类型都是相同的。

例如，float h[40]定义了一个数组名为 h、包含 40 个元素的实型数组，其中每个元素都是 float 型，均占用 4 字节。

（2）对数组名的命名应遵循标识符的命名规则。

（3）数组名后是用方括号括起来的常量表达式，而不是用圆括号。

例如，int a(10)是错误的，应改写为 int a[10]。

（4）在定义数组时，方括号中的常量表达式用来表示数组元素的个数，即数组长度。例如，int b[5]表示数组 b 包含 5 个元素。

（5）数组元素的下标是从 0 开始的。例如，数组 b[5]的 5 个元素分别是 b[0]、b[1]、b[2]、b[3]、b[4]。

（6）常量表达式中可以包含数值常量和符号常量，不能包含变量。因为 C 语言中不允许对数组的大小做动态定义，即数组的大小不依赖程序运行过程中变量的值。例如，int a[n]是错误的。

（7）数组名不能与其他变量名相同。例如，int array, array[10]是错误的，因为数组名和变量名重复。

2. 一维数组的引用

一维数组和变量一样，也必须先定义，再使用。C 语言规定只能逐个引用数组的元素，不能一次性引用整个数组。

引用数组元素的表示形式为：

数组名[下标]

下标可以是整型常量或整型表达式。例如，s[0]= s[5/2]+s[9]−s[2*4]。

注意：

定义数组时，数组名后面的"常量表达式"与引用数组元素时数组名后面的"下标"是不同的。例如，"int s [10];"定义了一个长度为 10 的数组，而"m = s[3];"则是引用数组中下标为 3 的元素，这里的 3 不代表数组长度。

【例 6-1】实现数组元素的逆序输出。

分析：数组是一组数据的集合，为了能方便描述和读取数组中的各个元素，需要借助循环实现。顺序输出是按照数组下标从小到大的顺序输出，而逆序输出是按照数组下标从大到小的顺序输出。

编写的程序如下：

```
#include <stdio.h>
void main()
{int  i,s[10];
printf("数组 s 的 10 个元素顺序输出为:");
for(i=0;i<=9;i++)
 {
  s[i]=i;
  printf("%2d",s[i]);
 }
printf("\n 数组 s 的 10 个元素逆序输出为:");
for(i=9;i>=0;i--)
 printf("%2d",s[i]);
printf("\n");
}
```

运行程序，例 6-1 程序的输出结果如图 6-1 所示。

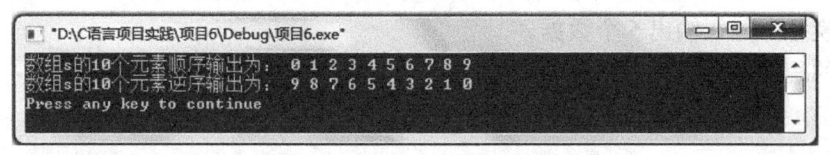

图 6-1　例 6-1 程序的输出结果

如果将上述程序中的输出部分：

```
for(i=9;i>=0;i--)
 printf("%2d",s[i]);
```

改为：

```
for(i=0;i<=9;i++)
printf("%2d",s[9-i]);
```

是否会实现相同的逆序输出，请读者自行分析验证。

3. 一维数组的初始化

在 C 语言中，对一维数组元素的初始化可以用以下方法实现。

（1）在定义一维数组时直接对数组元素全部赋予初值。

例如，int s[10]={0, 1, 2, 3, 4, 5, 6, 7, 8, 9}相当于对数组中的所有元素都赋予了初值，即数组 s 中每个元素的值分别为 s[0]=0，s[1]=1，s[2]=2，s[3]=3，s[4]=4，s[5]=5，s[6]=6，s[7]=7，s[8]=8，s[9]=9。

（2）可以只对一维数组中的一部分元素赋予初值。

例如，int s[10]={0, 1, 2, 3, 4, 5, 6}定义了一个整型数组 s，包含 10 个元素，其只对前面 7 个元素赋予了初值，后面 3 个元素的值默认为 0，即 s[0]=0，s[1]=1，s[2]=2， s[3]=3，s[4]=4，s[5]=5，s[6]=6，s[7]=0，s[8]=0，s[9]=0。

（3）若要让一个一维数组元素的值全部为 0，则可以写成 int s[10]={0, 0, 0, 0, 0, 0, 0, 0, 0, 0}或 int s[10]={0}。

（4）如果对一个一维数组的全部元素赋予了初值，那么由于数组中元素的个数已经得到了确定，因此可以不指定数组的长度。

例如，int s[5]={0, 1, 2, 3, 4}可以写成 int s[ ]={0, 1, 2, 3, 4}。

如果没有对数组中的全部元素赋予初值，或者数组的长度与提供的初值个数不相同，那么数组长度不能省略。

例如，int s[10]={0, 1, 2, 3, 4}就不能省略方括号中的数组长度，因为此时只对数组的部分元素赋予了初值。

4. 一维数组的应用

【例 6-2】 用数组求解 Fibonacci 数列问题。

分析：Fibonacci（斐波那契）数列，即兔子繁殖问题。数列中的各项依次为 1，1，2，3，5，8，13，21，34，55，89，144，233，377，610，987，1597，…。通过数列可以判断出从第 3 项开始满足 f(n)=f(n-1)+f(n-2)的关系。为了方便显示结果，程序可以用 if 语句控制换行，每行输出 5 个数据。

编写的程序如下：

```c
#include <stdio.h>
main()
{ int i;
int f[20]={1,1};
for(i=2;i<20;i++)
   f[i]=f[i-2]+f[i-1];
for(i=0;i<20;i++)
{ if(i%5==0)
    printf("\n");
  printf("%12d",f[i]);
}
printf("\n");
}
```

运行程序，例 6-2 程序的输出结果如图 6-2 所示。

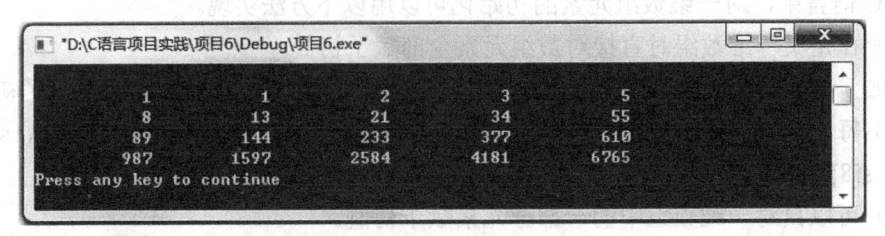

图 6-2　例 6-2 程序的输出结果

【例 6-3】 用冒泡法对 10 个数排序（由小到大）。

分析：对于一个待排序的序列（假设升序排列），从上往下依次比较相邻的两个数，如果上边的数大，就交换两个数以使下边的数大。这样比较、交换到最后，序列中最底下的一个数就是最大的，然后对剩余的序列进行相同的操作，这样的操作过程称为起泡。对于 6 个数而言，需要 5 次起泡操作，如图 6-3（a）所示。

当有 6 个数时，第一次将 8 和 9 对调，第二次将第二和第三个数（9 和 5）对调，如此共进行 5 次，得到 8，5，4，2，0，9 的顺序，最大的数 9 已"沉底"，成为最下面的一个数，而小的数"上升"，最小的数 0 已向上"浮起"一个位置。经第一轮比较（共 5 次）后，已得到 6 个数中的最大数。然后进行第二轮比较，对余下的前面 5 个数按上述方式继续比较，如图 6-3（b）所示。经过 4 次比较，次大的数 8 下移至倒数第二的位置。可以推知，对 6 个数要比较 5 轮，才能使 6 个数按从小到大的顺序排列。即第一轮比较 5 次，第二轮比较 4 次，……，第五轮比较 1 次。如果有 n 个数，就要进行 n-1 轮比较。在第一轮比较中要进行 n-1 次两两比较，在第 j 轮比较中要进行 n-j 次两两比较。

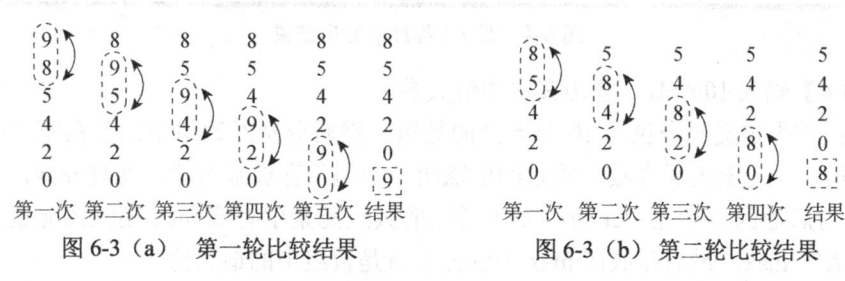

图 6-3（a） 第一轮比较结果　　　　图 6-3（b） 第二轮比较结果

编写的程序如下：

```c
#include <stdio.h>
void main()
{
int a[10];
int i,j,t;
printf("input 10 numbers:\n");
for(i=0;i<10;i++)
 scanf("%d",&a[i]);
printf("\n");
for(j=9;j>0;j--)
{
 for(i=0;i<j;i++)
 {
     if(a[i]>a[i+1])
     {
         t=a[i];
         a[i]=a[i+1];
         a[i+1]=t;
     }
 }
}
```

```
}
printf("the sorted numbers:\n");
for(i=0;i<10;i++)
 printf("%d ",a[i]);//输出处%d 后增加一个空格
printf("\n");
}
```

运行程序，当从键盘上依次输入数据，例 6-3 程序的输出结果如图 6-4 所示。

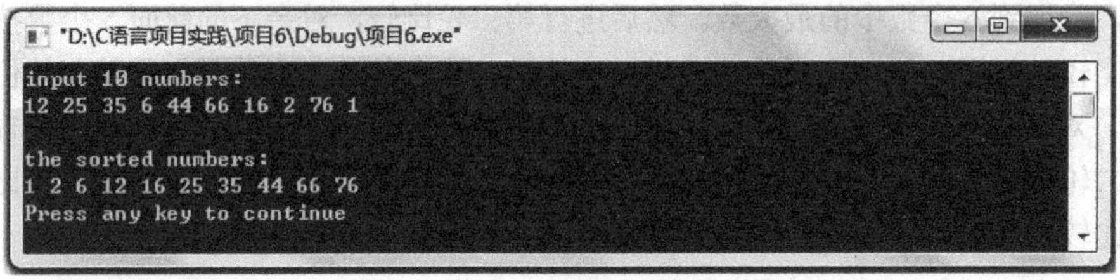

图 6-4　例 6-3 程序的输出结果

【例 6-4】输入 10 个数，求出其中的最大数。

分析：首先定义一个包含 10 个元素的数组，然后分别对数组中的元素赋予初值。假设数组的第一个元素为最大数，将它的值赋给一个用于存放最大值的变量 max，并让这个变量 max 与后面的每个元素比较，如果后续的数组元素中有比 max 还大的元素，就将该元素的值赋给 max，最后存放在 max 中的元素就是数组中的最大值。

编写的程序如下：

```
#include <stdio.h>
main()
{
int i,max,a[10];
printf("input 10 numbers:\n");
for(i=0;i<10;i++)
scanf("%d",&a[i]);
max=a[0];
for(i=1;i<10;i++)
if(a[i]>max)max=a[i];
printf("max=%d\n",max);
}
```

运行程序，当从键盘上依次输入 10 个数据时，例 6-4 程序的输出结果如图 6-5 所示。

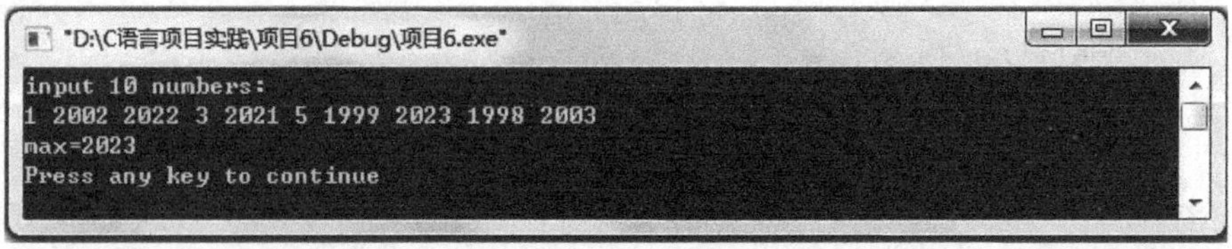

图 6-5　例 6-4 程序的输出结果

三、国考训练课堂 1

【试题 1】若要求定义一个具有 10 个 int 型元素的一维数组 a，则以下定义语句中错误的是_____。

  A. #define N 10　　　　　　　　B. #define n 5
    int a[N]　　　　　　　　　　　int a[2*n]
  C. int a[5+5];　　　　　　　　　D. int n=10，a[n]

答案：D。

分析：定义数组时，"[]"内应该是常量表达式，因为 D 中的 n 是变量，不符合语法要求，所以 D 是错误的。

【试题 2】有以下程序：

```
#include <stdio.h>
int fun(char s[])
{
int n=0;
while(*s<='9'&&*s>='0'){n=10*n+*s-'0';s++;}
return(n);
}
main()
{
char s[10]={'6','1','*','4','*','9','*','0','*'};
printf("%d\n",fun(s));
}
```

程序的运行结果是_____。
A. 9　　　　　　B. 61490　　　　　　C. 61　　　　　　D. 5

答案：C。

分析：此程序段中定义的函数的作用是将字符串 s 转换成 int 型。当遇到第一个不是 '0'～'9' 的字符时停止转换。此程序的实际功能是将'6'和'1'转换成 int 型，所以输出 61。

【试题 3】以下程序的输出结果是_____。

```
void change(int k[])
{
k[0]=k[5];
}
main()
{
int x[10]={1,2,3,4,5,6,7,8,9,10},n=0;
while(n<=4)
{change(&x[n]);
n++;
}
for(n=0;n<5;n++)
```

```
printf("%d",x[n]);
printf("\n");
}
```

  A. 678910   B. 13579   C. 12345   D. 62345
  答案：A。
  分析：函数的功能是将数组中从第六个元素开始的元素的值依次赋给前 5 个数组元素。第一次调用后，x[0]=x[5]=6；第二次调用是数组 x 的第二个元素作为数组首元素，所以调用结束时 x[1]=x[6]=7，后 3 次调用则是 x[2]=8，x[3]=9，x[4]=10。

  【试题 4】 以下程序的输出结果是_____。

```
#include <stdio.h>
void sort(int a[],int n)
{ int i,j,t;
for(i=0;i<n;i++)
for(j=i+1;j<n;j++)
if(a[i]<a[j]){t=a[i];a[i]=a[j];a[j]=t;}
}
main()
{ int aa[10]={1,2,3,4,5,6,7,8,9,10},i;
sort(aa+2,5);
for(i=0;i<10;i++)printf("%d,",aa[i]);
printf("\n");
}
```

  A. 1，2，3，4，5，6，7，8，9，10   B. 1，2，7，6，3，4，5，8，9，10
  C. 1，2，7，6，5，4，3，8，9，10   D. 1，2，9，8，7，6，5，4，3，10
  答案：C。
  分析：sort()函数的作用是将数组 a 中的元素按从大到小的顺序排列。主函数调用 sort(aa+2, 5)时，将数组 aa 的第 aa+2 个元素，也就是第三个元素传递给形参 sort()函数的数组 a，即将数组元素中从第三个元素开始的 5 个元素按从大到小的顺序排列，故 aa[10]={1, 2, 7, 6, 5, 4, 3, 8, 9, 10}，C 正确。

  【试题 5】 有以下程序：

```
void sum(int a[])
{ a[0] = a[-1]+a[1];}
main()
{ int a[10]={1,2,3,4,5,6,7,8,9,10};
sum(&a[2]);
printf("%d\n",a[2]);
}
```

  程序运行后的输出结果是_____。
  A. 6   B. 7   C. 5   D. 8
  答案：A。

分析：函数调用 sum(&a[2])实际上等价于 a[2]=a[1]+a[3]=6。

任务 2 二维数组

一、任务描述

二维数组可以用来表示类似于矩阵这样的二维数据。如学生的多科成绩统计表、学生信息登记表等。本任务要求掌握二维数组的概念、定义和常用案例。

二、相关知识

1. 二维数组的定义

在 C 语言中，定义二维数组的形式为：

类型说明符 数组名[常量表达式1][常量表达式2]

其中：

类型说明符是任意一种基本数据类型或构造数据类型。

数组名是用户定义的数组标识符。

方括号中的常量表达式 1 表示第一维下标的长度，常量表达式 2 表示第二维下标的长度。

例如：int a[3][4]定义了一个 3 行 4 列的数组，数组名为 a，数组元素的类型为整型。该数组中的元素共有 3×4=12 个，即：

$$a[0][0]\ a[0][1]\ a[0][2]\ a[0][3]$$
$$a[1][0]\ a[1][1]\ a[1][2]\ a[1][3]$$
$$a[2][0]\ a[2][1]\ a[2][2]\ a[2][3]$$

在 C 语言中，可以将二维数组看成一种特殊的一维数组，这个一维数组的每个元素又是一个一维数组。例如，上面例子中的数组 a，可以看成一个一维数组，它有 3 个元素，即 a[0]、a[1]、a[2]，这 3 个元素又分别包含一个含有 4 个元素的一维数组。可以描述如下：

$$a \begin{cases} a\,[0]\ (a[0][0]\quad a[0][1]\quad a[0][2]\quad a[0][3]) \\ a\,[1]\ (a[1][0]\quad a[1][1]\quad a[1][2]\quad a[1][3]) \\ a\,[2]\ (a[2][0]\quad a[2][1]\quad a[2][2]\quad a[2][3]) \end{cases}$$

如果把 a[0]、a[1]、a[2]看成 3 个一维数组，那么 a[3][4]这个二维数组就可以看成由 3 个一维数组组成的数组。这种处理方式在数组初始化和用指针表示时都显得非常方便。

在 C 语言中，二维数组中元素排列的顺序是按行存放的，即在内存中先顺序存放第一行的元素，再存放第二行的元素，以此类推。

C 语言允许使用多维数组，有了二维数组的基础，我们对多维数组的把握与理解应该就不困难了。例如，定义一个三维数组，则有：

```
int a[2][3][4];
```

它共有 2 行 3 列 4 层，共包含 24 个数组元素，数组元素的类型为整型。其元素的排列顺序为：

a[0][0][0]	a[0][0][1]	a[0][0][2]	a[0][0][3]	a[0][1][0]	a[0][1][1]
a[0][1][2]	a[0][1][3]	a[0][2][0]	a[0][2][1]	a[0][2][2]	a[0][2][3]
a[1][0][0]	a[1][0][1]	a[1][0][2]	a[1][0][3]	a[1][1][0]	a[1][1][1]
a[1][1][2]	a[1][1][3]	a[1][2][0]	a[1][2][1]	a[1][2][2]	a[1][2][3]

根据三维数组中各个元素的排列规律，可以得出下面的结论：多维数组元素在内存中的排列顺序是第一维的下标变化最慢，最右边的下标变化最快。

2. 二维数组的引用

在 C 语言中，引用二维数组元素的形式为：

```
数组名[下标][下标]
```

例如：

```
a[2][3];
```

数组的下标除可以是整型常量外，还可以是整型表达式。例如，a[2-1][2*2-1]。

在使用数组元素时，下标的值必须在已定义的数组大小的范围内。

例如：int a[3][4]定义了一个 3×4 的数组，它可用的行下标的最大值为 2，列下标的最大值为 3。也就是说数组 a 最后一个元素的下标是 a[2][3]。

此外，在引用二维数组的时候，注意行下标和列下标应分别用两个方括号括起来，不能只写一个方括号。

【例 6-5】 一个学习小组有 5 个人，每个人有 3 门课的考试成绩，如表 6-1 所示。求全组单科的平均成绩和总平均成绩。

表 6-1 学习小组 5 个人的各科成绩表

成员	科 目		
	Math	C 语言	English
张一	80	75	92
王晓	61	65	71
陈明	59	63	70
赵远	85	87	90
周舟	76	77	85

分析：由于学习小组有 5 个人，每个人有 3 门成绩，因此可以建立一个二维数组 a[5][3]来存放 5 个人 3 门课的成绩，再设一个一维数组 v[3]来存放所求的各科目的平均成绩。通过累加各门课的成绩求单科的平均成绩，再求总平均成绩。

编写的程序如下：

```
#include <stdio.h>
main()
{ int i,j;
float s=0,average,v[3],a[5][3];
printf("please input everyone's score\n");
for(i=0;i<3;i++)
{ s=0;
   for(j=0;j<5;j++)
{ scanf("%f",&a[j][i]);
s=s+a[j][i];}
v[i]=s/5;}
average =(v[0]+v[1]+v[2])/3;
printf("各科的平均成绩\n Math:%.2f\nc language:%.2f\nEnglish:%.2f\n",v[0],v[1],v[2]);
printf("总的平均成绩total:%.2f\n",average);
}
```

运行程序，当从键盘上依次输入成绩时，例 6-5 程序的输出结果如图 6-6 所示。

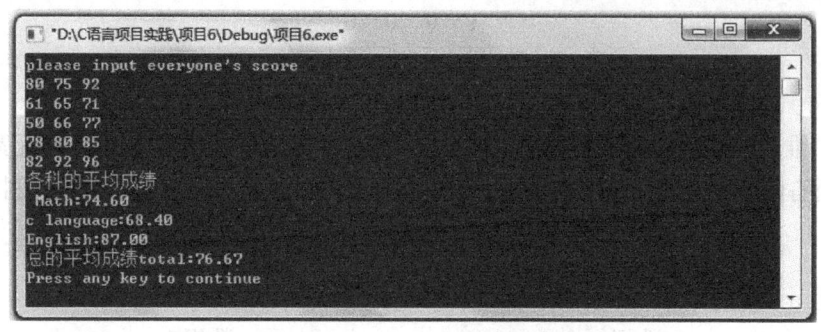

图 6-6 例 6-5 程序的输出结果

在 C 语言中，对二维数组元素的初始化可用以下方法实现。
（1）以行为单位，分行给二维数组赋予初值。例如：

```
int a[3][4]={{1,2,3,4},{5,6,7,8},{9,10,11,12}};
```

在一个花括号中又包含 3 个花括号，这 3 个花括号的作用分别是：第一个花括号内的数据给第一行的元素赋予初值；第二个花括号内的数据给第二行的元素赋予初值；第三个花括号内的数据给第三行的元素赋予初值，即按行赋予初值。

（2）按数组的排列顺序给数组元素赋予初值，此时将所有数据写在一个花括号内即可，例如：

```
int a[3][4]={1,2,3,4,5,6,7,8,9,10,11,12};
```

这样也可以完成二维数组元素的初始化。
（3）在二维数组初始化时，也可以只给部分元素赋予初值。例如：

```
int a[3][4]={{1},{2},{3}};
```

其作用是只给每行的第一个元素赋予初值，数组中其他元素的值均为 0，则数组 a 在初始化后的形式为：

$$\begin{bmatrix} 1 & 0 & 0 & 0 \\ 2 & 0 & 0 & 0 \\ 3 & 0 & 0 & 0 \end{bmatrix}$$

若是：

```
int a[3][4]={1,2,3};
```

则数组 a 在初始化后的形式为：

$$\begin{bmatrix} 1 & 2 & 3 & 0 \\ 0 & 0 & 0 & 0 \\ 0 & 0 & 0 & 0 \end{bmatrix}$$

当然，还可以只给各行中的部分元素赋予初值，例如：

```
int a[3][4]={{1},{0,2},{0,0,3}};
```

则数组 a 在初始化后的形式为：

$$\begin{bmatrix} 1 & 0 & 0 & 0 \\ 0 & 2 & 0 & 0 \\ 0 & 0 & 3 & 0 \end{bmatrix}$$

这种二维数组初始化的方法适合于非 0 元素较少的情况，因为只需将非 0 元素写出来，不需要将所有的 0 元素都写出来。也可以只对二维数组的某几行元素赋予初值，例如：

```
int a[3][4]={{1},{2,3}},b[3][4]={{1},{},{2,3}};
```

则数组 a 与数组 b 在经过初始化后的形式分别为：

数组 a

$$\begin{bmatrix} 1 & 0 & 0 & 0 \\ 2 & 3 & 0 & 0 \\ 0 & 0 & 0 & 0 \end{bmatrix}$$

数组 b

$$\begin{bmatrix} 1 & 0 & 0 & 0 \\ 0 & 0 & 0 & 0 \\ 2 & 3 & 0 & 0 \end{bmatrix}$$

（4）如果给二维数组的全部元素都赋予初值（提供全部初始数据），那么定义数组时可以不指定第一维的长度，但必须指定第二维的长度。例如：

```
int a[3][4]={1,2,3,4,5,6,7,8,9,10,11,12};
```

等同于：

```
int a[ ][4]={1,2,3,4,5,6,7,8,9,10,11,12};
```

但如果是 int a[3][ ]={1, 2, 3, 4, 5, 6, 7, 8, 9, 10, 11, 12}或 int a[ ][ ]={1, 2, 3, 4, 5, 6, 7, 8, 9, 10, 11, 12}就是错误的。因为数组在计算机中是按行排列的，确定了第二维的长度就确定了数组的排列方式。若省略第二维的长度保留第一维的长度，或者第二维的长度和第一维的长度均省略，则无法确定数组的排列方式。

在定义时，如果对二维数组的初始化是按行进行的，那么即使在初始化时只给部分数组元素赋予了初值，也可以省略第一维的长度。例如：

```
int a[ ][4]={{0,0,3},{ },{0,10}};
```

4. 二维数组的应用

【例 6-6】 已知一个矩阵中的各个元素，求该矩阵的转置矩阵。例如：

原矩阵

$$\begin{bmatrix} 1 & 2 & 3 & 4 \\ 5 & 6 & 7 & 8 \end{bmatrix}$$

对应的转置矩阵

$$\begin{bmatrix} 1 & 5 \\ 2 & 6 \\ 3 & 7 \\ 4 & 8 \end{bmatrix}$$

分析：矩阵可以用二维数组来表示，通过分析矩阵元素位置的变化发现，转置矩阵其实就是由原矩阵中行和列的元素互换得到的。

编写的程序如下：

```c
#include <stdio.h>
main()
{
  int a[2][4]={{1,2,3,4},{5,6,7,8}},b[4][2],i,j;
  printf("array a:\n");
  for(i=0;i<=1;i++)
  {for(j=0;j<=3;j++)
  {printf("%4d",a[i][j]);
    b[j][i]=a[i][j];
  }
   printf("\n");
  }
  printf("array b:\n");
  for(i=0;i<=3;i++)
  { for(j=0;j<=1;j++)
      printf("%4d",b[i][j]);
    printf("\n");
  }
}
```

运行程序，例 6-6 程序的输出结果如图 6-7 所示。

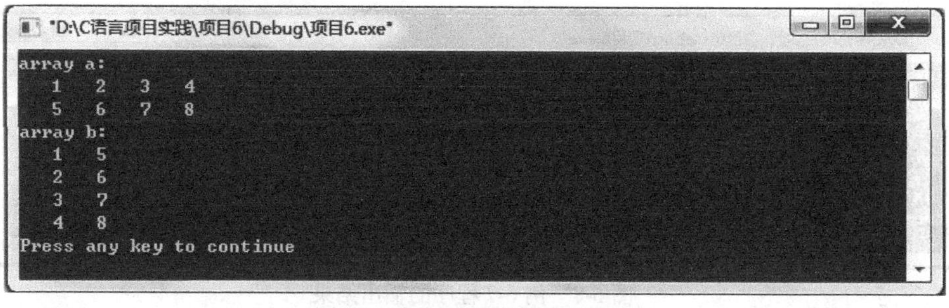

图 6-7 例 6-6 程序的输出结果

【例 6-7】 有一个 3×4 的矩阵，编写程序实现输出最大的那个元素的值，以及其所在的行号和列号。

分析：3×4 的矩阵可以用二维数组 a[3][4]表示，要求出其中最大的元素所在的位置及其数值，可以用 3 个变量 max、row、colum 分别来存放最大值及其对应的行号和列号。假设数组中的第一个元素就是该数组中的最大值，并记录下它的行号和列号，然后让这个存放最大值的变量 max 与后面的所有元素比较，如果有元素比这个 max 大，就替换 max 中的值，并更新行号和列号，从而实现程序的目的。

编写的程序如下：

```c
#include <stdio.h>
main()
{int i,j,row,colum,max;
 int a[3][4] ={{1,2,3,4},{9,8,7,6},{5,4,16,10}};
 max=a[0][0];
 row=0;colum=0;
 printf("array a:\n");
 for(i=0;i<=2;i++)
 { for(j=0;j<=3;j++)
     printf("%4d",a[i][j]);
   printf("\n");
 }
 printf("\n");
 for(i=0;i<=2;i++)
  for(j=0;j<=3;j++)
    if(a[i][j]>max)
    {
 max=a[i][j];
     row=i;
     colum=j;
 }
 printf("max=%d,row=%d,colum=%d\n",max,row,colum);
}
```

运行程序，例 6-7 程序的输出结果如图 6-8 所示。

```
array a:
   1   2   3   4
   9   8   7   6
   5   4  16  10

max=16,row=2,colum=2
Press any key to continue
```

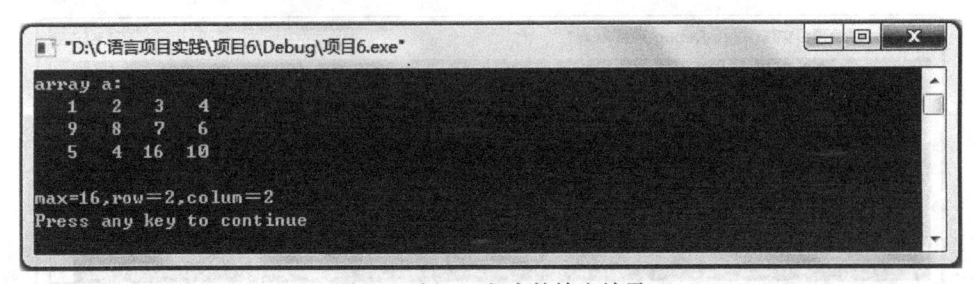

图 6-8　例 6-7 程序的输出结果

三、国考训练课堂 2

【试题 6】以下数组定义中错误的是_____。
A. int x[ ][3]={0}; B. int x[2][3]={{1, 2}, {3, 4}, {5, 6}};
C. int x[ ][3]={{1, 2, 3}, {4, 5, 6}}; D. int x[2][3]={1, 2, 3, 4, 5, 6};

答案：B。

分析：数组初始化时，不能越界赋值。B 中定义的数组有 2 行，但赋值为 3 行，所以是非法的赋值。

【试题 7】若有定义语句 int a[3][6]，则按在内存中的存放顺序，数组 a 的第十个元素是_____。

A. a[0][4] B. a[1][3] C. a[0][3] D. a[1][4]

答案：B。

分析：二维数组的元素在内存中的存放顺序是按行存放。二维数组 a[3][6]共有 3 行 6 列，第十个元素应该是第二行第四个元素，对应的数组下标为[1][3]。

【试题 8】以下程序的输出结果是_____。

```
main()
{ int i,t[][3]={9,8,7,6,5,4,3,2,1};
  for(i=0;i<3;i++)
  printf("%d",t[2-i][i]);
}
```

A. 753 B. 357 C. 369 D. 751

答案：B。

分析：二维数组初始化后，t= $\begin{bmatrix} 9 & 8 & 7 \\ 6 & 5 & 4 \\ 3 & 2 & 1 \end{bmatrix}$ ，输出 t[2][0]、t[1][1]、t[0][2]，答案为 B。

【试题 9】有以下程序：

```
main()
{
int a[4][4]={{1,4,3,2},{8,6,5,7},{3,7,2,5},{4,8,6,1}},i,k,t;
for(i=0;i<3;i++)
for(k=i+i;k<4;k++)
if(a[i][i]<a[k][k])
 {t=a[i][i];a[i][i]=a[k][k];a[k][k]=t;}
for(i=0;i<4;i++)
 printf("%d,",a[0][i]);
}
```

程序运行后的输出结果是_____。
A. 6, 2, 1, 1 B. 6, 4, 3, 2 C. 1, 1, 2, 6 D. 2, 3, 4, 6

答案：B。

分析：本题考查冒泡法。冒泡法是一种简单的排序算法，它重复遍历要排序的数列，每次比较两个数据，按照升序要求进行交换排列，重复地进行到没有必要再进行交换，此时该数列排序完成。由于值越小的元素经过交换会慢慢排到数列的顶端，故称冒泡法。

本题利用冒泡法，将二维数组对角线上的元素进行降序排列，最后输出二维数组第一行的所有元素。根据题意可知，a[4][4]初始化为 $\begin{bmatrix} 1 & 4 & 3 & 2 \\ 8 & 6 & 5 & 7 \\ 3 & 7 & 2 & 5 \\ 4 & 8 & 6 & 1 \end{bmatrix}$，排序后的 a[4][4] 为 $\begin{bmatrix} 6 & 4 & 3 & 2 \\ 8 & 2 & 5 & 7 \\ 3 & 7 & 1 & 5 \\ 4 & 8 & 6 & 1 \end{bmatrix}$，故二维数组第一行的元素为{6, 4, 3, 2}。

任务 3　字符数组

一、任务描述

用于存放字符的数组称为字符数组，在本任务中，需要掌握字符数组的定义和使用方法，尤其要注意字符串的概念和常用函数。

二、相关知识

1. 字符数组的定义

在 C 语言中，字符数组的定义方法与前面介绍的数组类似，其定义形式也分为一维数组和二维数组。

一维字符数组的定义形式：

```
char  字符数组名[常量表达式]
```

二维字符数组的定义形式：

```
char  字符数组名[常量表达式1][常量表达式2]
```

与二维数组定义形式的区别是：字符数组的类型说明符只能是"char"，数组中存放的数据是字符型数据，但使用方法和初始化方法与前面讲的二维数组相同。例如，char a[10], b[3][4]表示定义 a 与 b 都为字符数组，其中数组 a 为一维数组，包含 10 个字符型数据；数组 b 为二维数组，包含 3 行 4 列共 12 个字符型数据。

同时，由于字符型数据与普通整型数据是互相通用的，因此整型数组也可以用来存放字符型数据，例如：

```
int a[10];
a[0]= 'a';
```

等价于：

```
char a[10];
a[0]= 'a';
```

用整型数组存放字符型数据比较浪费存储空间，因为整型数据一般占用 4 字节，而字符型数据只占用 1 字节，所以建议存放字符型数据时还是选用字符型数组。

2. 字符数组的初始化

字符数组初始化的方法与前面讲述的一维数组和二维数组的初始化方法一致。

（1）在定义字符数组时给数组元素全部赋予初值。例如：

```
char a[9]={'c',' ','p','r','o','g','r','a','m'};
```

这相当于给一维字符数组中的所有元素都赋予了初值，数组 a 中每个元素的值分别为：a[0]='c', a[1]=' ', a[2]='p', a[3]='r', a[4]='o', a[5]='g', a[6]='r', a[7]='a', a[8]='m'。

又如：

```
char a[2][10]={{'I',' ','a','m',' ','a',' ','b','o','y'},{'I',' ','a','m',' ','h','a','p','p','y'}};
```

这相当于给二维字符数组中的所有元素都赋予了初值，数组 a 中每个元素的值分别为：a[0][0]='I', a[0][1]=' ', a[0][2]='a', a[0][3]='m', a[0][4]=' ', a[0][5]='a', a[0][6]=' ', a[0][7]='b', a[0][8]='o', a[0][9]='y', a[1][0]='I', a[1][1]=' ', a[1][2]='a', a[1][3]='m', a[1][4]=' ', a[1][5]='h', a[1][6]='a', a[1][7]='p', a[1][8]='p', a[1][9]='y'。

（2）可以只给字符数组中的一部分元素赋予初值，未赋值的元素自动赋值为空字符（"\0"）。例如：char a[10]={ 'a', ' ', 'b', 'o', 'y'}定义了一个字符数组 a，它包含 10 个元素，并且前面 5 个元素被赋予了初值，后面 5 个元素为空字符，即 a[0]= 'a', a[1]= ' ', a[2]= 'b', a[3]= 'o', a[4]= 'y', a[5]= '\0', a[6]= '\0', a[7]= '\0', a[8]= '\0', a[9]= '\0'。

（3）如果给一维字符数组的全部元素赋予了初值，那么可以不指定数组的长度，因为系统会自动根据初值的个数确定数组长度。例如：

```
char a[9]={'c',' ','p','r','o','g','r','a','m'};
```

可以写成：

```
char a[ ]={'c',' ','p','r','o','g','r','a','m'};
```

由于花括号中有 9 个字符，因此系统会自动定义字符数组 a 的长度为 9。如果不是给数组的全部元素赋予了初值，或者是数组的长度与提供的初值个数不相同，那么数组的长度不能省略。

（4）如果给二维字符数组的全部元素都赋予了初值，那么定义数组时可以不指定第一维的长度，但必须指定第二维的长度。例如：

```
char a[2][10]={{'I',' ','a','m',' ','a',' ','b','o','y'},{'I',' ','a','m',' ','h','a','p','p','y'}};
```

可以写成：

```
char a[][10]={{'I',' ','a','m',' ','a',' ','b','o','y'},{'I',' ','a','m',' ','h','a','p','p','y'}};
```

（5）在对字符数组进行初始化时，如果花括号中提供的初值个数（字符个数）大于数组定义的长度，就按语法错误处理；如果初值个数小于数组定义的长度，就将这些字符赋给数组中前面的元素，其余的元素为空字符（"\0"）。

（6）在定义字符数组时对字符数组进行上述的初始化是正确的，如果在定义字符数组后，才对字符数组进行初始化，那么用上述方法就是错误的，需要使用其他方法对数组赋初值。例如：

```
char a[10]={'a',' ','b','o','y'};
```

是正确的。如果换成：

```
char a[10];
a[10]={'a',' ','b','o','y'};
```

就是错误的。因为在数组中，没有 a[10] 这个元素。假如有 a[10] 这个元素，也只能表示一个数组元素，而不能代表整个数组。如果还要给数组赋予初值，就需要使用其他的方式，例如可以使用：

```
char a[10];
a[0]='a';a[1]=' ';a[2]='b';a[3]='o';a[4]='y';
```

因此在对字符数组进行初始化时，一定要注意使用的方式。

3. 字符数组的引用

在 C 语言中，对于字符数组元素的引用可以总结为以下两种形式。

引用一维字符数组元素的形式：

```
数组名[下标]
```

引用二维字符数组元素的形式：

```
数组名[下标][下标]
```

字符数组元素的引用方式与前面讲述的一维数组和二维数组一致，只是引用的元素类型为字符型。

【例 6-8】编写程序输出一个字符串。

分析：一个字符串包含多个字符，利用数组可以实现存储和使用多个不同字符。

编写的程序如下：

```
#include <stdio.h>
```

```
void main()
{char a[10]={'c',' ','p','r','o','g','r','a','m'};
 int i;
 for(i=0;i<10;i++)
   printf("%c",a[i]);
 printf("\n");
}
```

运行程序，例 6-8 程序的输出结果如图 6-9 所示。

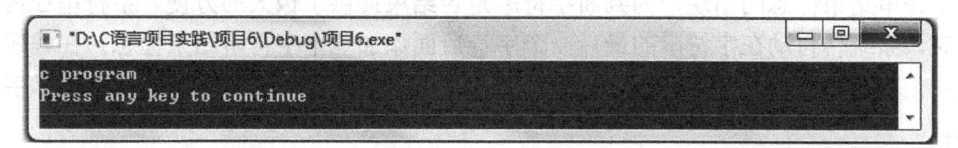

图 6-9 例 6-8 程序的输出结果

【例 6-9】编写程序输出一个钻石图形。

分析：图形可以看作是由不同字符组合而成的，因此可以利用二维字符数组输出不同的图形。

编写的程序如下：

```
#include <stdio.h>
void main()
{ char diamond[5][5]={{' ',' ','*'},{' ','*',' ','*'},
{'*',' ',' ',' ','*'},{' ','*',' ','*'},{' ',' ','*'}};
int i,j;
for(i=0;i<5;i++)
  { for(j=0;j<5;j++)
     printf("%c",diamond[i][j]);
   printf("\n");
  }
}
```

运行程序，例 6-9 程序的输出结果如图 6-10 所示。

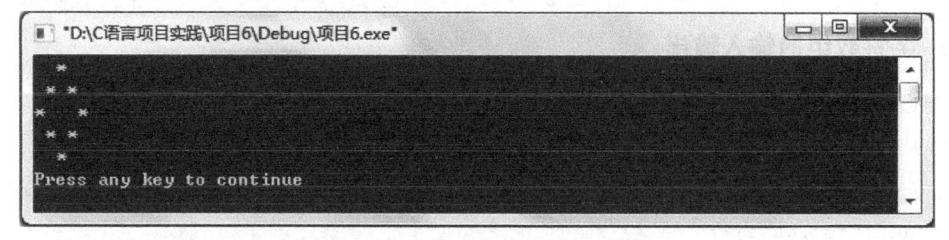

图 6-10 例 6-9 程序的输出结果

4. 字符串和字符串结束标志

在 C 语言中没有专门的字符串变量，通常都是将字符串作为字符数组来处理的。例如：char a[9]={'c', ' ', 'p', 'r', 'o', 'g', 'r', 'a', 'm'} 就是用一个一维字符数组存放字符串 "c program"。此时字符串的实际长度为 9，数组的长度也为 9，两个长度刚好相等。但在实际工作中，字符串的有效长度往往与字符数组的长度不一致。为了确定字符串的实际长度，C 语言规定了一个"字符串结束标志"，即以字符"\0"作为结束标志。也就是说，遇到字符"\0"时，就表示字符串结束，故字符串的结束往往是依靠检测"\0"的位置来判断的。

需要注意的是："\0"字符的 ASCII 码的值为 0。通过 ASCII 码表可以查到，ASCII 码为 0 的字符是一个"空操作符"，不显示任何字符，即它什么也不做。用它作为字符串结束标志，不会产生附加的操作或增加有效字符，只起标志的作用。

字符串结束标志的出现，为判断字符串是否结束提供了极大的方便。字符串在内存中存放时，系统会自动在字符串的最后一个字符后面添加一个字符串结束标志。在程序运行过程中，判断字符串是否结束，只需要检查字符是否为"\0"，若为"\0"，则表示字符串结束。

有了字符串结束标志的加入，就可以用字符串常量对字符数组初始化。例如：

```
char a[ ] = {"I am a boy"};
```

也可以省略花括号，直接写成：

```
char a[ ]= "I am a boy";
```

此处不像例 6-8 是用单个字符作为字符数组元素的初值，而是用一个字符串作为初值。此时数组 a 的长度不是 10，而是 11。因为字符串常量原本包含 10 个字符，但系统会自动在字符串常量的最后加上一个字符串结束标志，所以其长度为 11。

需要说明的是：用单个字符对字符数组进行初始化与用整个字符串对字符数组进行初始化所占用的存储单元的大小不同。例如：

```
char a[ ]= "I am a boy",b[ ]={'I',' ','a','m',' ','a',' ','b','o','y'};
```

数组 a 的方括号中省略的是 11，而数组 b 的方括号中省略的是 10。用单个字符对字符数组进行初始化时，有多少个字符就占用多少个存储单元，因此字符数组的长度就是其有效字符的个数。当然，在用单个字符对字符数组进行初始化时，也可以人为加上"\0"，例如：

```
char a[ ]= "I am a boy",b[ ]={'I',' ','a','m',' ','a',' ','b','o','y','\0'};
```

5. 字符数组的输入输出

在 C 语言中，字符数组的输入输出自然也有以下两种方法。

（1）用格式符"%c"将字符数组的每个字符逐个地输入或输出。例如：

```
for(i=0;i<5;i++)
  scanf("%c",&a[i]);
```

实现了对数组 a 逐个字符的输入。又如：

```
for(i=0;i<5;i++)
  printf("%c",a[i]);
```

实现了对数组 a 逐个字符的输出。

(2) 用格式符 "%s" 将整个字符串或字符数组一次性地输入或输出。例如：

```
char a[ ]= {"China"};
```

实现了给数组 a 赋值，又如：

```
char a[10];
 scanf("%s",a);
```

实现了从键盘上输入一个字符串给字符数组 a 赋值。又如：

```
printf("%s",a); /*a 为数组名*/
```

实现了对字符数组 a 的输出。

对字符数组的输入输出做以下几点说明。

(1) 在输出字符数组或字符串时，输出的字符不包括 "\0"。

(2) 用格式符 "%s" 输出字符串时，printf()函数中的输出项应是字符数组名，而不是数组元素名。例如：

```
printf("%s",a[0]);
```

是错误的，应改为：

```
printf("%s",a);
```

(3) 在输出数组时，即使数组的长度远大于字符串的实际长度，在遇到 "\0" 时也停止输出，例如：

```
char a[10]={"China"};
printf("%s",a);
```

只输出字符串的有效字符 "China" 这 5 个字符，而不是输出 10 个字符。

(4) 如果一个字符数组中包含一个以上 "\0"，那么遇第一个 "\0" 时就停止输出。例如：

```
char a[10]={"Boy\0Girl"};
printf("%s",a);
```

输出的字符串是 "Boy"，因为遇到第一个 "\0" 时就停止输出。

(5) 可以用 scanf()函数的 "%s" 格式符输入一个字符串。输入一个字符串时，printf()函数中的输入项应该是字符数组名，而不是数组元素的地址。例如：

```
char a[10];
scanf("%s",&a[0]);
```

是错误的，应为：

```
char a[10];
scanf("%s",a);
```

scanf()函数中的输入项 a 应该是已经被定义的字符数组名。

(6) 从键盘输入的字符串的长度应该短于已经定义的字符数组的长度。例如：

```
char c[6];
```

从键盘输入"China"即可，系统会自动在输入的字符串"China"后面加一个"\0"，共计 6 个字符。

(7) 若使用一个 scanf()函数输入多个字符串，则以空格分隔。例如：

```
char str1[6],str2[6],str3[6];
scanf("%s%s%s",str1,slr2,str3);
```

若从键盘输入 I LOVE CHINA，则系统会将"I"赋给 str1，将"LOVE"赋给 str2，将"CHINA"赋给 str3。

(8) 若要输入带空格的字符串，则不能使用 scanf()函数，只能使用 gets()函数。例如：

```
char a[13];
scanf("%s",a);
```

如果输入"HOW ARE YOU?"这 12 个字符，那么由于系统在输入的时候会将空格作为字符串之间的分隔符，因此虽然输入了"HOW ARE YOU?"，但实际上并不是把这 12 个字符加上"\0"赋给数组 a，而只是将空格前的字符"HOW"赋给数组 a。由于系统把"How"作为一个字符串来处理，因此数组 a 在"How"之后的字符全为"\0"。

如果有：

```
char a[13];
gets(a);
```

那么当输入"HOW ARE YOU?"时，就能将所有的字符（包括空格）一起输入到字符数组 a 中，gets()函数是 C 语言中唯一一个能输入带空格字符串的函数。若要使用 gets()函数，则必须包含头文件"string.h"。

6. 字符串处理函数

在 C 语言的函数库中，提供了一些用来处理字符串的函数，使用字符串处理函数来处理相关的字符串问题是相当方便的。但是由于字符串处理函数都放在相应的字符串函数库中，并且这些字符串函数库并不是 C 语言本身的组成部分，而是 C 语言编译系统为了方便用户使用而提供的公共函数。因此在使用字符串处理函数时，一定要在程序的开头加上语句#include "string.h"或#include<string.h>将字符串函数库包含到文件中来，否则使用字符串函数就是非法的。

1) 字符串连接函数 strcat()

【格式】strcat(字符数组 1，字符数组 2)

【功能】strcat 是 string catenate（字符串连接）的缩写，它是字符串连接函数，其功能是将两个字符数组中的字符串连接起来，即把字符串 2 连接到字符串 1 的后面，并将结果放在字符数组 1 中。函数使用后会得到一个函数值，即字符数组 1 的地址。

【说明】

(1) 在使用 strcat()函数时，只是将字符串 1 与字符串 2 简单地连接在一起，系统不会自动产生空格等字符。例如：

```
char  c1[20] = {"I"};
char  c2[ ]={"love china"};
printf("%s",strcat(c1,c2));
```

输出的字符串"Ilove china"显然不是需要的字符串，如果将"char c1 [20] = {"I"};"改为"char c1 [20] = {"I "};"，或者将"char c2[ ]={"love china"};"改为"char　c2[ ]={" love china"};"，即在连接的字符串中添加相应的空格，则可以得到字符串"I love china"。

（2）字符数组 1 的长度必须足够大，以便能够容纳连接字符串 2 后形成的新的字符串。例如：

```
char  c1 [40] = {"People's Republic of"};
char  c2[ ]={" China"};
printf("%s",strcat(c1,c2));
```

输出的字符串是"People's Republic of China"，因为 c1 的长度是 40，所以足以容纳连接字符串 c2 后形成的字符串"People's Republic of China"。若在定义时改用"char　c1 [ ] = {"People's Republic of "};"，则会因为长度不够出现问题。

（3）使用 strcat()函数时，两个字符串在连接前其后面都各有一个"\0"，只是在连接时系统会自动将字符串 1 后面的"\0"取消，在新串的最后保留一个"\0"。

2) 字符串复制函数 strcpy()和 strncpy()

【格式】strcpy(字符数组 1, 字符串 2)

【功能】strcpy 是 string copy（字符串复制）的缩写，它是字符串复制函数，其功能是将字符串 2 复制到字符数组 1 中。

【说明】

（1）字符数组 1 的长度必须足够大，以便容纳被复制的字符串。字符数组 1 的长度不能小于或等于字符串 2 的长度。例如：

```
char str1 [10],str2 [ ]={"program"};
strcpy(str1,str2);
```

字符数组的长度为 10，字符串的长度为 8。

（2）"字符数组 1"必须写成数组名的形式，"字符串 2"可以是字符数组名，也可以是一个字符串常量。例如：strcpy(str1, "program")。

（3）若在复制前，字符数组 1 未被赋值，则字符数组 1 中各个元素的内容是无法预知的。复制时，函数会将字符串 2 连同其后的"\0"一起复制到字符数组 1 中，并取代字符数组 1 中相应位置的字符。例如：strcpy(str1, "program")将用字符串"program"取代字符数组 1 中前面的 8 个字符，最后 2 个字符并不是"\0"，而是数组 str1 中原有的最后 2 个字符。

（4）不能用赋值语句将字符串常量或字符数组直接赋给一个字符数组。例如，str1={"program"}和 str1=str2 都是不合法的，若要完成字符数组的赋值，则只能使用 strcpy()函数。例如，strcpy(str1, "program")和 strcpy(str1, str2)是合法的。而用赋值语句只能将一个字符赋给一个字符变量或字符数组元素。例如：

```
char a[2],b;a[0]= 'O';b='K';
```

（5）可以用 strncpy()函数将字符串 2 中从左至右取 n 个字符复制到字符数组 1 中。strncpy()函数的使用格式为：

```
strncpy(字符数组1，字符串2，n)
```

其中 n 的取值应该大于或等于 0。例如，strncpy(str1, str2, 2)的作用是将 str2 中前面 2 个字符复制到 str1 中，然后加一个"\0"。

3）字符串比较函数 strcmp()

【格式】strcmp(字符串 1，字符串 2)

【功能】strcmp 是 string compare（字符串比较）的缩写，它是字符串比较函数，其功能是比较字符串 1 和字符串 2。

【说明】

（1）字符串比较函数只是对两个字符串进行比较，若要对 3 个及以上的字符串进行比较，则需要多次使用 strcmp()函数。例如：

```
strcmp(s1,s2);
strcmp("BOY","GIRL");
strcmp(s,"china");
```

（2）字符串的比较规则是对两个字符串从左至右逐个字符相比（按 ASCII 码值的大小），直到出现不同的字符或遇到"\0"为止。若两个字符串的字符全部相同，则认为两个字符串相等；若两个字符串出现不相同的字符，则比较结束，并输出比较结果。例如：
"A"<"B"，"1"<"2"，"A"<"b"，"these">"that"，"CHINA">"CANADA"，"CH"= ="CH"。

（3）在使用字符串比较函数时，若参加比较的两个字符串都由英文字母组成，则在英文字母排列顺序中位置在前的为"小"，位置在后的为"大"。因为在 ASCII 码表中，字母的排列顺序决定了它们 ASCII 码的值，即字母越靠后，其 ASCII 码的值就越大。但同时应注意小写字母在 ASCII 码表中排在大写字母的后面，因此小写字母比大写字母"大"。例如：
"CHINA"<"china"，"CHINA">"CANADA"，"computer">"compare"。

（4）使用字符串比较函数时，其比较的结果可以由函数值带回。

若字符串 1==字符串 2，则函数值为 0。

若字符串 1>字符串 2，则函数值为一个正整数。

若字符串 1<字符串 2，则函数值为一个负整数。

（5）在 C 语言中，对于两个字符串的比较，只能使用 strcmp()函数。例如：if(str1==str2)printf("yes")是错误的，应写成 if(strcmp(str1, str2)==0)printf("yes")。

4）字符串长度测试函数 strlen()

【格式】 strlen(字符数组)

【功能】 strclen 是 string length（字符串长度）的缩写，它是字符串长度测试函数，其功能是测试字符串的长度。该函数的返回值是字符串的实际长度，不包括"\0"。

【说明】

（1）用 strlen()函数测试字符串的长度时，不包括字符串中的"\0"。例如：

```
char  str [10]= {"program"};
printf("%d",strlen(str));
```

其输出不是 10，也不是 8，而是 7。

（2）也可以用 strlen()函数直接测试字符串常量的长度。例如：

```
strlen("China");
```

其输出是 5。

5）字符串小写函数 strlwr()

【格式】strlwr(字符串)

【功能】strlwr 是 string lowercase（字符串小写）的缩写，它是字符串小写函数，其功能是将字符串中所有的大写字母转换成小写字母。

6）字符串大写函数 strupr()

【格式】strupr(字符串)

【功能】strcupr 是 string uppercase（字符串大写）的缩写，它是字符串大写函数，其功能是将字符串中所有的小写字母转换成大写字母。

7. 字符数组应用举例

【例 6-10】输入一行字符，统计其中有多少个单词，单词之间用空格分隔。

分析：输入的一行字符串中可能包括多个单词，为了统计单词的个数，可以利用字符数组。当遇到空格时，进行计数；当遇到字符串结束标志时，停止计数。

编写的程序如下：

```
#include <stdio.h>
#include <string.h>
void main()
{
    char string[81];
    int i,num=0,word=0;
    char c;
    gets(string);
    for(i=0;(c=string[i])!= '\0';i++)
      if(c ==' ')
          word=0;
      else if(word ==0)
      {
          word =1;
          num++;
      }
    printf("There are %d words in the line.\n",num);
}
```

运行程序，当从键盘上输入字符串"I am a student"时，例 6-10 程序的输出结果如图 6-11 所示。

图 6-11 例 6-10 程序的输出结果

【例 6-11】 有 3 个字符串，要求找出其中的最大者。

分析：为了找出 3 个字符串中的最大者，可以利用字符串处理函数实现两个字符串的比较。

编写的程序如下：

```c
#include <stdio.h>
#include <string.h>
void main()
{
    char string[20];
    char str[3][20];
    int i;
    for(i=0;i<3;i++)
      gets(str[i]);
    if(strcmp(str[0],str[1])>0)
      strcpy(string,str[0]);
    else
      strcpy(string,str[1]);
    if(strcmp(str[2],string)>0)
      strcpy(string,str[2]);
    printf("\nthe largest string is:%s\n",string);
}
```

运行程序，当从键盘上依次输入 3 个字符串，例 6-11 程序的输出结果如图 6-12 所示。

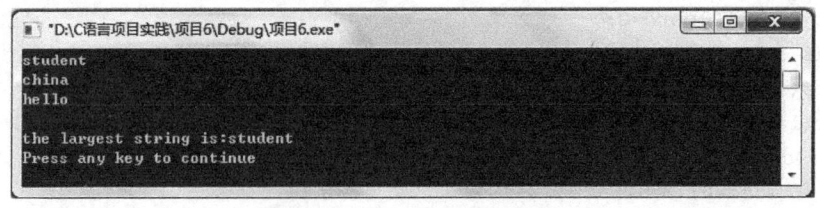

图 6-12 例 6-11 程序的输出结果

三、国考训练课堂 3

【试题 11】 以下能正确定义字符串的语句是_____。

A. char str [ ] ={'\064'}; 　　　　　B. char str="kx43";

C. char str=""; 　　　　　　　　　D. char str[]="\0";

答案：D。

分析：字符串常量可以对字符数组进行初始化，但字符常量不可以对字符数组进行初始化，因此 A 错误；B、C 定义的是字符变量，不可以用字符串常量为其赋值，只有 D 用空字符串为字符数组赋值，所以正确答案是 D。

【试题 12】有以下程序：

```
#include"stdio.h"
fun(char p[][10])
{int n=0,i;
for(i=0;i<7;i++)
if(p[i][0]=='T')n++;
return n;
}
main()
{char str[][10]={"Mon","Tue","Wed","Thu","Fri","Sat","Sun"};
printf("%d\n",fun(str));
}
```

程序执行后的输出结果是_____。
A. 1　　　　　　B. 2　　　　　　C. 3　　　　　　D. 0
答案：B。
分析：本程序的目的是在二维数组 p 中，对前 7 个字符串进行扫描，并计算字符串中首字符是 T 的个数。根据数组的初始化情况，只有 str[1][10]和 str[3][10]的首字符是 T，因此输出为 2。

【试题 3】有以下程序：

```
#include <stdio.h>
#include <string.h>
main()
{ char p[20]={ 'a','b','c','d'},q[]="abc",r[]="abcde";
strcpy(p+strlen(q),r);strcat(p,q);
printf("%d%d\n",sizeof(p),strlen(p));
}
```

程序运行后的输出结果是_____。
A. 209　　　　　B. 99　　　　　C. 2011　　　　D. 1111
答案：C。
分析：数组 q 的长度是 3，注意 strlen()函数返回的是数组中字符的实际长度，不包括字符串结束标志。srcpy(p+strlen(q), r)是将字符串 r 复制到数组元素 p[3]到 p[6]中，数组 p 的长度仍然是 20 字节，最终 sizeof(p)和 trlen(p)的值分别为 20 和 11，C 正确。

【试题 14】有以下程序：

```
#include <stdio.h>
#include <string.h>
void f(char p[][10],int n) /*字符串从小到大排序*/
{ char t[10];
 int i,j;
```

```
    for(i=0;i<n-1;i++)
     for(j=i+1;j<n;j++)
     if(strcmp(p[i],p[j])>0)
     {strcpy(t,p[i]);strcpy(p[i],p[j]);strcpy(p[i],t);}
}
main()
{ char p[5][10]={"abc","aabdfg","abbd","dcdbe","cd"};
f(p,5);
 printf("%d\n",strlen(p[0]));
}
```

程序运行后的输出结果是_____。

A. 2　　　　　　B. 4　　　　　　C. 6　　　　　　D. 3

答案：D。

分析：f()函数实现将数组按照从小到大的顺序排列。主函数虽然调用了 f()函数，但数组 p 并没有变化，因此用 strlen()函数返回二维数组 p 的第一行的长度为 3。

【试题 15】 运行以下程序，当输入 abcd 时，程序的输出结果是_____。

```
#include"stdio.h"
#include <string.h>
insert(char str[])
{ int i;
i=strlen(str);
while(i>0)
{ str[2*i]=str[i];
str[2*i-1]='*';
i--;
}
printf("%s\n",str);
}
main()
{ char str[40];
scanf("%s",str);
insert(str);
}
```

答案：a*b*c*d*。

分析：因为变量 i 是数组的长度，所以 i 的值为 4。每次循环都将数组元素 str[i]的值赋予 str[2*i]，并且将*赋予 str[2*i]前面的那个数组元素，因此程序的输出结果为 a*b*c*d*。

———————| 拓展训练 6 |———————

一、实验目的与要求

1. 理解并学会一维数组、二维数组、字符数组的定义和初始化方法。

2. 掌握一维数组、二维数组、字符数组的应用。
3. 学会利用数组解决生活中的实际问题。

二、实验内容

1. 输出魔方阵，所谓魔方阵是指每行、每列和对角线之和均相等的方阵。例如，三阶魔方阵为：

$$\begin{bmatrix} 8 & 1 & 6 \\ 3 & 5 & 7 \\ 4 & 9 & 2 \end{bmatrix}$$

要求输出 1~n^2 之间的自然数构成的魔方阵。

解题思路：魔方阵中各数的排列规律如下。

（1）将 1 放在第一行中间的一列。

（2）2~n^2 之间的各个数依次按下列规则存放：每个数存放的行是上一个数的行数减 1，存放的列是上一个数的列数加 1（例如，三阶魔方阵中，5 在 4 的上一行后一列）。

（3）若上一个数的行数为 1，则下一个数的行数为 n（指最后一行）。例如，若 1 在第一行，则 2 应放在最后一行，列数同样加 1。

（4）当上一个数的列数为 n 时，下一个数的列数应为 1，并且存放的行是上一个数的行数减 1。例如，若 2 在第三行最后一列，则 3 应该放在第二行第一列。

（5）若按上面规则确定的位置上已有数，或者上一个数是第一行第 n 列，则把下一个数放在上一个数的下面。例如，按上面的规则，4 应该放在第一行第二列，但该位置已被 1 占据，所以 4 就放在 3 的下面。由于 6 是第一行第三列（最后一列），因此 7 应该放在 6 的下面。按照此方法可以得到任何阶的魔方阵。

编写的程序如下：

```
#include "stdio.h"
main()
{int a[16][16],i,j,k,p,n;
p=1;
while(p==1)
{
printf("enter n(n=1 to 15):");
scanf("%d",&n);
if((n!=0)&&(n<15)&&(n%2!=0))
p=0;
    }
for(i=1;i<=n;i++)
   for(j=1;j<=n;j++)
   a[i][j]=0;
j=n/2+1;
a[1][j]=1;
for(k=2;k<=n*n;k++)
```

```
        {
         i=i-1;
         j=j+1;
         if((i<1)&&(j>n))
           {
            i=i+2;
            j=j-1;
           }
    else
        { if(i<1)i=n;
          if(j>n)j=1;
        }
if(a[i][j]==0)
   a[i][j]=k;
else
    {  i=i+2;
       j=j-1;
       a[i][j]=k;
    }
}
for(i=1;i<=n;i++)
 { for(j=1;j<=n;j++)
  printf("%5d",a[i][j]);
  printf("\n");
       }
}
```

2. 求一个3*3矩阵的对角线元素之和。

编写的程序如下：

```
#include "stdio.h"
main()
{
int a[3][3],sum=0;
int i,j;
printf("enter data:\n");
for(i=0;i<3;i++)
   for(j=0;j<3;j++)
scanf("%d",&a[i][j]);
for(i=0;i<3;i++)
   for(j=0;j<3;j++)
     sum=sum+a[i][j];
printf("sum=%6d\n",sum);
}
```

3. 输出杨辉三角形（要求输出 10 行）。

```
1
1   1
1   2   1
1   3   3   1
1   4   6   4   1
1   5   10  10  5   1
⋮   ⋮   ⋮   ⋮   ⋮   ⋮
```

解题思路：杨辉三角形是$(a+b)^n$展开后各项的系数。例如：

$(a+b)^0$ 展开后为 1　　　　　　　　　　系数为 1
$(a+b)^1$ 展开后为 a+b　　　　　　　　　系数为 1，1
$(a+b)^2$ 展开后为 a^2+ 2ab +b^2　　　　　　系数为 1，2，1
$(a+b)^3$ 展开后为 a^3+ $3a^2b$+$3ab^2$ +b^3　　　系数为 1，3，3，1
$(a+b)^4$ 展开后为 a^4+ $4a^3b$+$6a^2b^2$ +$4ab^3$ +b^4　系数为 1，4，6，4，1

以上就是杨辉三角形的前 5 行。杨辉三角形各行的系数有以下规律。

（1）各行的第一个数都是 1。

（2）各行的最后一个数都是 1。

（3）从第三行起，除上面指出的第一个数和最后一个数外，其余各数都是上一行同列和前一列两个数之和。例如，第四行第二列的数（3）是第三行第二列的数（2）和第三行第一列的数（1）之和。可以这样表示：a[i][j]=a[i-1][j]+a[i-1][j-1]，其中 i 为行数，j 为列数。

编写的程序如下：

```c
#include"stdio.h"
# define N 11
void main()
{
int i,j,a[N][N];
for(i=1;i<N;i++)
{
a[i][1]=1;
a[i][i]=1;
}
for(i=3;i<N;i++)
for(j=2;j<=i-1;j++)
a[i][j]=a[i-1][j]+ a[i-1][j-1];
    for(i=1;i<N;i++)
{
    for(j=1;j<=i;j++)
{
printf("%6d",a[i][j]);
}
```

```
printf("\n");
}
```

课后习题 6

一、选择题

1. 以下对一维数组 a 的定义说明是_____。
   A. int n; scanf("%d", &n); int a[n];
   B. int n=10, a[n];
   C. int a(10);
   D. #define SIZE 10
      int a[SIZE];

2. 以下能对二维数组 a 进行正确初始化的语句是_____。
   A. int a[2][ ]={{1, 0, 1}, {5, 2, 3}};
   B. int a[ ][3]={{1, 2, 3}, {4, 5, 6}};
   C. int a[2][4]={{1, 2, 3}, {4, 5}, {6}};
   D. int a[ ][3]={{1, 0, 1}{}, {1, 1}};

3. 下面程序有错误的行是_____（行前数字表示行号）。
```
1   main()
2   {
3     int a[3]={1};
4     int i;
5     scanf("%d", &a);
6     for(i=1; i<3; i++)a[0]=a[0]+a[i];
7     printf("a[0]=%d\n", a[0]);
8   }
```
   A. 3   B. 6   C. 7   D. 5

4. 对语句 int a[10]={6, 7, 8, 9, 10}的正确理解是_____。
   A. 将 5 个初值依次赋给 a[1]至 a[5]
   B. 将 5 个初值依次赋给 a[0]至 a[4]
   C. 将 5 个初值依次赋给 a[5]至 a[9]
   D. 将 5 个初值依次赋给 a[6]至 a[10]

5. 若有说明 int a[ ][3]={1, 2, 3, 4, 5, 6, 7}，则数组 a 第一维的大小是_____。
   A. 2   B. 3   C. 4   D. 无法确定

6. 以下程序段的作用是_____。

```
int a[]={4,0,2,3,1},i,j,t;
for(i=1;i<5;i++)
   {t=a[i];j=i-1;
    while(j>=0&&t>a[j])
       {a[j+1]=a[j];j- -;}
```

```
     a[j+1]=t;
   }
```

A. 对数组 a 进行插入排序（升序）　　B. 对数组 a 进行插入排序（降序）
C. 对数组 a 进行选择排序（升序）　　D. 对数组 a 进行选择排序（降序）

7. 下面程序的运行结果是_____。

```
#include<stdio.h>
main()
{int a[6],i;
 for(i=1;i<6;i++)
  {a[i]=9*(i-2+4*(i>3))%5;
   printf("%2d",a[i]);
   }
}
```

A. -4 0 4 0 4　　B. -4 0 4 0 3　　C. -4 0 4 4 3　　D. -4 0 4 4 0

8. 有以下程序段，程序的运行结果是_____。

```
char a[3],b[]="China";
a=b;
printf("%s",a);
```

A. 输出 China　　B. 输出 Chi　　C. 输出 Ch　　D. 编译出错

9. 判断字符串 a 和字符串 b 是否相等，应当使用_____。

A. if(a==b)　　　　　　　　　　　　B. if(a=b)
C. if（strcmp(a, b))　　　　　　　　D. if(strcmp(a, b)==0)

10. 有已经排好序的字符串 a，下面的程序是将字符串 s 中的每个字符按升序的规律插入 a 中，请选择填空_____。

```
#include<stdio.h>
main()
{char a[20]="cehiknqtw";
 char s[]="fbla";
 int i,k,j;
 for(k=0;s[k]!='\0';k++)
  {j=0;
   while(s[k]>=a[j]&&a[j]!='\0')j++;
   for(【1】)【2】;
     s[j]=s[k];
   }
 puts(a);
}
```

【1】A. i=strlen(a)+k; i>=j; i--　　　B. i=strlen(a); i>=j; i--
　　 C. i=j; i<=strlen(a)+k; i++　　　D. i=j; i<=strlen(a); i++
【2】A. a[i]=a[i+1]　　　　　　　　　B. a[i+1]=a[i]

C. a[i]=a[i-1]   D. a[i-1]=a[i]

二、填空题

1. 若有定义 double x[3][5]，则数组 x 中行下标的下限为_____，列下标的上限为_____。

2. 下面程序以每行 4 个数的形式输出数组 a，请分析程序填空。

```
#define N 20
main()
{
int a[N],i;
 for(i=0;i<N;i++)
scanf("%d",_____);
 for(i=0;i<N;i++)
  {
if(_____)
   _____;
   printf("%3d",a[i]);
  }
}
```

3. 下面程序的功能是检查一个二维数组是否对称（对所有 i 和 j 都有 a[i][j]=a[j][i]）。请分析程序填空。

```
main()
{int i,j,found=0,a[4][4];
 printf("Enter array(4*4):\n");
 for(i=0;i<4;i++)
  for(j=0;j<4;j++)
    scanf("%d",&a[i][j]);
 for(j=0;j<4;j++)
   for(_____;i<4;i++)
     if(a[j][i]!=a[i][j])
       {_____;break;}
 if(found)printf("No");
 else printf("Yes");
}
```

4. 若输入 52<CR>，则下面程序的运行结果是_____。

```
main()
{
int a[8]={6,12,18,42,46,52,67,73};
 int low=0,mid,high=7,x;
 printf("Input a x:");
 scanf("%d",&x);
 while(low<=high)
  {
```

```
mid=(low+high)/2;
   if(x>a[mid])low=mid+1;
   else if(x<a[mid])high=mid-1;
   else break;
   }
 if(low<=high)printf("Search Successful! The index is:%d\n",mid);
 else printf("Can't search!\n");
}
```

5. 下面程序用插入法对数组 a 进行降序排列，请分析程序填空。

```
main()
{int a[5]={4,7,8,2,5};
 int i,j,m;
 for(i=1;i<5;i++)
  {m=a[i];
    j=_____;
    while(j>=0&&m>a[j])
     {_____;
      j--;
     }
     _____=m;
  }
 for(i=0;i<5;i++)
   printf("%3d",a[i]);
 printf("\n");
}
```

6. 下面程序用"两路合并法"把两个已按升序排列的数组合并成一个升序数组，请分析程序填空。

```
main()
{int a[3]={5,9,19};
 int b[5]={12,24,26,37,48};
 int c[10],i=0,j=0,k=0;
 while(i<3&&j<5)
   if(_____)
    {c[k]=b[j];k++;j++;}
   else
    {c[k]=a[i];k++;i++;}
 while(_____)
   {c[k]=a[i];i++;k++;}
 while(_____)
   {c[k]=b[j];k++;j++;}
 for(i=0;i<k;i++)
   printf("%3d",c[i]);
}
```

7. 下面程序的功能是求出矩阵 x 的上三角元素之积。其中矩阵 x 的行数、列数和元素值均由键盘输入，请分析程序填空。

```
#define M 10
main()
{int x[M][M];
 int n,i,j;
 long s=1;
 printf("Enter a integer(<=10):\n");
 scanf("%d",&n);
 printf("Enter %d data on each line for the array x\n",n);
 for(_____)
   for(j=0;j<n;j++)
     scanf("%d",&x[i][j]);
 for(i=0;i<n;i++)
   for(_____)
     _____;
 printf("%ld\n",s);
}
```

8. 下面程序的运行结果是_____。

```
#include<stdio.h>
#define LEN 4
main()
{int j,c;
 char n[2][LEN+1]={"8980","9198"};
 for(j=LEN-1;j>=0;j--)
  {c=n[0][j]+n[1][j]-2*'0';
   n[0][j]=c%10+'0';
  }
 for(j=0;j<=1;j++)puts(n[j]);
}
```

9. 运行以下程序时，若从键盘输入 AabD<CR>，则运行结果是_____。

```
#include<stdio.h>
main()
{char s[80];
 int i;
 gets(s);
 while(s[i]!='\0')
  {if(s[i]<='z'&&s[i]>='a')
    s[i]='z'+'a'-s[i];
   i++;
  }
 puts(s);
}
```

三、编程题

1. 编程实现定义一个含有 30 个整型数据的数组，并按顺序分别赋予从 2 开始的偶数，然后按顺序每 5 个数求出一个平均值，放在另一个数组中并输出。

2. 编程实现按行顺序为一个 5×5 的二维数组 a 赋 1 到 25 的自然数，然后输出该数组的左下半三角。

3. 试编程打印用户指定的 n 阶顺时针螺旋方阵（n<10）。

4. 试编程从键盘输入一个整数，用折半查找法找出该数在 10 个有序整型数组 a 中的位置。若该数不在 a 中，则打印出相应信息。

5. 试编程从键盘输入两个字符串 a 和 b，要求使用 strcat()函数把字符串 b 的前 5 个字符连接到字符串 a 中；若 b 的长度小于 5，则把 b 的所有元素都连接到 a 中。

项目 7　提升编程效率——函数

项目导读

当把所有的程序都写在 main()函数中时，会导致程序结构庞杂、混乱、不清晰，因此需要将一个复杂的程序分成多个功能块，函数就是实现一定功能的程序模块，例如，printf()函数实现输出功能。

项目目标

1. 定义和使用用户自定义函数，培养学生的创新意识和创新思维，鼓励学生发散思维，创新编写自己的程序。

2. 学习和理解形式参数和实际参数的作用和意义，使学生学会上传下达，学会与人沟通，并协调处理复杂问题。

3. 学习递归调用用户自定义函数，培养学生利用 C 语言解决实际问题的能力，培养学生学习语言的自信心。

4. 利用函数实现简化复杂问题，让学生学会处理生活中的复杂问题，鼓励学生遇到问题敢于分解问题，可以自上而下、分而治之。

5. 调用运行 C 语言函数，教导学生面对学习生活应有规划，应节省时间做有价值的事情。

任务 1　函数的定义

一、任务描述

为了避免重复编写相同的程序，提升程序的执行效率，可以将实现特定功能的程序编写成函数，使程序模块化，并且可以在主函数中多次调用该函数，做到一次编写多次调用的效果。

二、相关知识

1. 函数

函数是 C 语言程序的基本模块，通过对函数的调用可以实现一些特定功能。C 语言不仅提供了极为丰富的库函数，而且还提供了可以个性化编写的用户自定义函数，并且可以实现一次编写多次调用。

2. 函数分类

C语言可以从不同的角度对函数进行分类。

从函数定义的角度分类，函数可以分为库函数和用户自定义函数两种。

1）库函数

由C语言系统提供，用户无须定义，也不必在程序中做类型说明。如printf()、scanf()、getchar()、putchar()、gets()、puts()等函数均属于库函数。

2）用户自定义函数

由用户根据需要编写的函数。对于用户自定义函数，不仅在程序中需要对函数进行定义，而且在主调函数模块中还必须对该被调函数进行类型说明。

从函数返回值的角度分类，函数可以分为有返回值函数和无返回值函数两种。

1）有返回值函数

若函数被调用执行完后向调用者返回一个执行结果，则这个函数称为有返回值函数。有返回值的用户自定义函数必须在函数定义和函数声明中明确返回值类型。

2）无返回值函数

用于完成某项特定的处理任务，执行完成后不向调用者返回函数值。由于函数无返回值，因此用户在定义此类函数时可以指定它的返回类型为"空类型"，类型说明符为"void"。

从函数调用时是否有参数传递的角度分类，函数可以分为有参函数和无参函数两种。

1）有参函数

在函数定义和函数声明时给出的参数，称为形式参数（简称形参）。在函数调用时给出的参数，称为实际参数（简称实参）。函数调用时，主调函数将把实参传递给形参，供被调函数使用。

2）无参函数

函数定义、函数声明及函数调用时均不带参数。主调函数和被调函数间不进行参数传递。通常用来完成一些特定的功能，可以返回或不返回函数值。

3. 函数定义

函数定义主要是确定函数类型、函数名称、函数参数和函数功能。在C语言中，函数定义分为无参函数定义和有参函数定义两种。

1）无参函数的一般形式

```
类型说明符 函数名称()
{
类型说明
语句
[return 函数返回值]
}
```

其中类型说明符和函数名称为函数头。类型说明符指明了函数类型，用于表示函数的返回值类型；函数名称要符合标识符的定义，用于表示用户自定义函数的名称。函数名称的后面要有一对圆括号，无论有无参数圆括号都不能省略。

"{}"中的内容称为函数体，函数体中的类型说明是对函数体内部变量类型的说明。一般情况下，不要求无参函数有返回值，函数的类型说明符为"void"。

例如：

```
void Hello()
{
printf("Hello 2022 年\n");
}
```

表示定义了一个无参函数 Hello()。当函数被调用时，会输出 Hello 2022 年。

2）有参函数的一般形式

```
类型说明符 函数名称（形式参数表）
形式参数类型说明
{
类型说明
语句
}
```

形式参数表中给出的参数称为形参，形参可以是各种类型的变量，当参数多于一个时，各个参数间需要用西文逗号隔开，并且应该对形参的类型进行说明。在进行函数调用时，主调函数将赋予这些形参实际的值。

例如，定义一个求两个数中最大值的函数 max()，该函数就是有参函数。定义形式如下：

```
int max(int a,int b)    /*定义 max()函数,函数类型为 int*/
{
if(a>b)
return a;      /*如果 a>b 成立,就返回 a 的值给被调函数*/
else
return b;  /*如果 a>b 不成立,就返回 b 的值给被调函数*/
}
```

在"{}"中的函数体内，由于除形参外没有使用其他变量，因此只有语句而没有变量类型说明。

注意：

（1）在函数定义时要注意函数类型。函数名称前的类型说明符说明了函数类型，即函数返回值的数据类型。类型说明符可以是 int、long、double、float、char 中的任何一种。当类型说明符为 int 时，int 可以省略。例如，int max(a, b)可以写成 max(a, b)。

（2）在函数定义时要注意函数名称。函数名称的命名遵循标识符规则。为了提高程序的易读性，函数定义时最好给函数取一个见名知意的名称，一个好的函数名称能够反映函数的功能。

（3）在函数定义时要注意空函数问题。函数定义时，函数类型、形参及函数体均可省略，最简单的函数定义形式是：

```
函数名(){}
```

这种函数称为空函数，不执行任何操作，在编写程序的最初阶段，空函数非常有用，对于没有编写好的模块可以用空函数占位，并且在程序调试时能够通过语法检测。

（4）在函数定义时要注意函数定义的位置。用户自定义函数在程序中是相互独立的，不能嵌套定义，即不能在一个函数的函数体内部定义另一个函数。用户自定义函数可以放在主函数前，也可以放在主函数后，但无论用户自定义函数放在程序的什么位置，程序的执行均从主函数开始。因此，为了提高程序的易读性，习惯把主函数放在所有用户自定义函数的前面。

4. 函数参数

函数参数有形参和实参两类。

（1）形参是函数定义时使用的参数，用来接收调用该函数时传递的参数。

（2）实参是函数调用时使用的参数，用来传递给形参具体存在的参数。

实参和形参的类型必须一致或符合隐含转换规则，当实参和形参不是指针类型时，实参把值传递给了形参，在函数运行时，形参和实参是不同的变量，即在内存中存储在不同的位置。形参接收的是实参的复制值，函数运行结束时，形参被释放，而实参不会改变；如果函数的实参是指针类型，那么在调用函数的过程中传递给形参的是实参的地址，即在内存中形参和实参存储在相同的位置，形参的改变实际上就是实参的改变。

三、国考训练课堂 1

【试题 1】 以下关于函数的叙述中正确的是_____。

A. 每个函数都可以被其他函数调用（包括主函数）

B. 每个函数都可以被单独编译

C. 每个函数都可以单独运行

D. 在一个函数内部可以定义另一个函数

答案：B。

分析：在 C 语言中，每个程序的执行必须从主函数开始，并且一个程序可以只由一个主函数组成，也可以由一个主函数和若干个其他函数组成，但主函数不能被其他函数调用。函数可以单独编译，但不能单独运行，函数也不能嵌套定义。所以 B 正确。

【试题 2】 在 C 语言中，函数返回值的类型最终取决于_____。

A. 函数定义时在函数首部所说明的函数类型

B. return 语句中表达式值的类型

C. 调用函数时主函数所传递的实参类型

D. 函数定义时形参的类型

答案：A。

分析：函数定义的类型决定了函数返回值的类型。本题正确的选项是 A。

【试题 3】以下叙述中错误的是_____。
A. C 语言程序必须由一个或一个以上的函数组成
B. 函数调用可以作为一个独立的语句存在
C. 若函数有返回值,则必须通过 return 语句返回
D. 函数形参的值也可以传回给对应的实参

答案:D。

分析:A、B、C 是正确的,因为函数被调用时,实参的值将传递给形参,但函数形参的值不能传给对应的实参,所以本题正确的选项是 D。

【试题 4】以下函数值的类型是_____。

```
fun(float x)
{
float y;
y=3*x-4;
return y;
}
```

A. int   B. 不确定   C. void   D. float

答案:A。

分析:C 语言规定凡不加类型说明的函数,一律自动按整型处理,并且当函数值的类型和表达式值的类型不一致时,以函数值的类型为准。本题中的 fun()函数在定义时没有指定类型,故函数值的类型为 int,所以正确的选项是 A。

【试题 5】若已定义的函数有返回值,则以下关于该函数调用的叙述中错误的是_____。
A. 函数调用可以作为独立的语句存在   B. 函数调用可以作为一个函数的实参
C. 函数调用可以出现在表达式中   D. 函数调用可以作为一个函数的形参

答案:D。

分析:函数的返回值可以看作一个常量,而常量不能作为一个函数的形参,所以本题的正确选项是 D。

任务 2　函数的调用

一、任务描述

定义了用户自定义函数后,就可以在主函数中调用该函数,甚至还可以在该函数中再调用其他的用户自定义函数,从而实现函数间的相互调用或嵌套调用。

二、相关知识

1. 函数调用

在 C 语言中,函数调用的一般形式为:

```
函数名(实际参数表);
```

执行过程：首先计算每个实参表达式的值，并传递给所对应的形参，然后执行函数体中的语句，执行完成后返回到调用此函数的下一条语句继续执行。

注意：

（1）调用无参函数时，无参函数名称后面的圆括号不能省略。

（2）实际参数表中的参数可以是常量、变量或其他构造数据类型及表达式，并且当多于一个参数时，各实参间用西文逗号隔开。

（3）实参与形参的个数应相等，类型应一致，并且需要按顺序传递对应的值。

【例 7-1】 在主函数中调用用户自定义函数 f()实现程序的一次编写多次使用。

分析：可以在 main()函数外编写一个用户自定义函数，并在 main()函数中多次调用。

编写的程序如下：

```
#include"stdio.h"
void f()/*定义函数 f()*/
{printf("**************\n");}
void main()
{
int i;
for(i=1;i<5;i++)
f();
}
```

运行程序，例 7-1 程序的输出结果如图 7-1 所示。

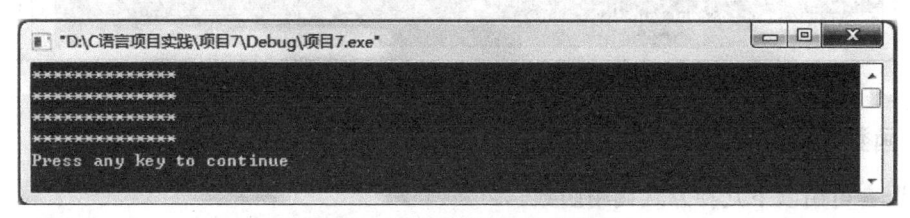

图 7-1　例 7-1 程序的输出结果

2. 函数返回值

函数返回值是指函数被调用后，函数体中的程序段执行后返回给主调函数的值。

（1）函数值只能通过 return 语句返回给主调函数。

（2）函数返回值的类型与函数定义的类型应一致，如果不一致，就以函数返回值的类型为准，自动进行类型转换。

（3）在函数定义时，如果函数返回值的类型为整型，就可以省去类型说明 int。

（4）无函数返回值的函数定义为空类型，类型说明符为 void。

【例 7-2】 利用用户自定义函数实现两组变量分别求其最大值。

分析：为实现两组变量分别求其最大值，需要用户自定义一个包含两个参数的函数 max(int x, int y)，并且在函数体中应该有 return 语句，以实现在主函数中做到一次编写多次调用，即多次使用的效果。用户自定义函数使得主程序的结构更加清晰，增强了易读性，函数也可以被其他程序调用，提高了程序的复用性。

编写的程序如下：

```c
#include"stdio.h"
int max(int a,int b)
{
if(a>b)
return a;
else
return b;
}
void main()
{
int x,y;
printf("3 和 5 中最大的是%d\n",max(3,5));
printf("30 和 50 中最大的是%d\n",max(30,50));
printf("20 和 30 中最大的是%d\n",max(20,30));
printf("4 和 3 中最大的是%d\n",max(4,3));
}
```

运行程序，例 7-2 程序的输出结果如图 7-2 所示。

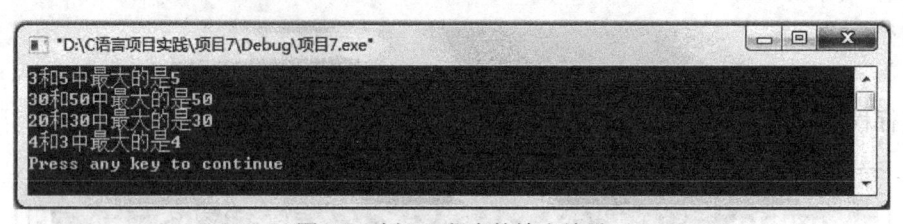

图 7-2　例 7-2 程序的输出结果

3. 函数的调用方式

C 语言可用以下几种方式调用函数。

1）函数表达式

函数作为表达式的一部分，以函数返回值的形式参与表达式的运算时，要求函数必须有返回值。例如，z=min(a, b)是一个赋值表达式，表示把 min()的值赋给变量 z。

2）函数实参

函数作为另一个函数调用的实参，把函数的返回值作为实参传递，此时要求函数必须有返回值。

例如，printf("%d", max(a, b))中函数 max()的返回值作为实参传递给 printf()函数使用，从而实现将 max(a, b)的结果输出。

【例 7-3】利用两种方式实现函数调用求出随机两对数据的最大值。

分析：在函数调用时，将实参值传递给形参，形参值的改变不影响实参值。在主函数中输入 x 和 y 的值作为实参，在调用时将形参 a 和 b 传递给函数 max()。

编写的程序如下：

```c
#include"stdio.h"
int max(int a,int b)
{
if(a>b)
return a;
else
return b;
}

void main()
{
int x1,y1,z,x2,y2;
printf("函数表达式形式调用");
scanf("%d %d",&x1,&y1);
z=max(x1,y1);
printf("%d 和%d 两个数的最大值是%d\n",x1,y1,z);
printf("函数实参形式调用");
scanf("%d %d",&x2,&y2);
printf("%d 和%d 两个数的最大值是%d\n",x2,y2,max(x2,y2));
}
```

运行程序，输入"3 6 7 9"，例 7-3 程序的输出结果如图 7-3 所示。

图 7-3　例 7-3 程序的输出结果

4. 对被调函数的声明

在主调函数中，调用函数前应对被调函数进行声明，通知编译系统该函数已经定义了，以便主调函数进行处理。

被调函数声明的一般形式为：

类型说明符 被调函数名称（类型 形参，类型 形参…）；

也可以描述为：

类型说明符 被调函数名称（类型，类型…）；

在 C 语言中，当出现以下情况时，可以省略对被调用函数的声明。

（1）当被调用函数的函数定义出现在主调函数之前时，在主调函数中可以不对被调函数再做说明而直接调用。

例如，在例 7-2 和例 7-3 中，max()函数的定义放在 main()函数之前，因此可以在 main()函数中省去对 max()函数的说明。

（2）若在所有函数定义之前，在函数外预先声明了各个函数的类型，则以后在各函数中调用时，可以不再对被调函数做说明。

例如：

```
char str(int a);
double f(float b);
main(){…}
```

表示在 main()函数的前面声明了 str()函数和 f()函数，则之后无须声明即可直接调用。

【例 7-4】将用户自定义函数放在主函数的后面。

分析：当用户自定义函数放在主函数的前面时，可以直接在主函数中调用；当用户自定义函数放在主函数的后面时，需要在主函数的前面或里面声明该函数才可以被调用。

编写的程序如下：

```
#include"stdio.h"
int max(int a,int b);//需要先声明 max()函数
void main()
{
int x1,y1,z,x2,y2;
printf("函数表达式形式调用");
scanf("%d %d",&x1,&y1);
z=max(x1,y1);
printf("%d和%d两个数的最大值是%d\n",x1,y1,z);
printf("函数实参形式调用");
scanf("%d %d",&x2,&y2);
printf("%d和%d两个数的最大值是%d\n",x2,y2,max(x2,y2));
}
int max(int a,int b)
{
if(a>b)
return a;
else
return b;
}
```

运行程序，当依次输入 5、7、8、1 时，例 7-4 程序的输出结果如图 7-4 所示。

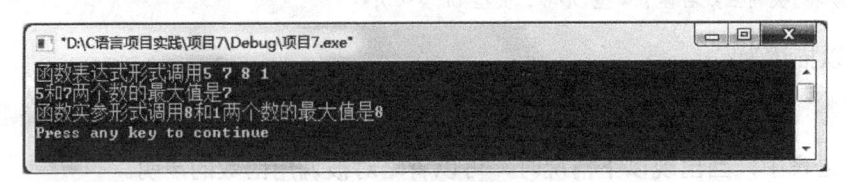

图 7-4 例 7-4 程序的输出结果

【例 7-5】利用用户自定义函数实现求两个数的和及两者中的最大值。

分析：可以定义两个用户自定义函数，分别实现求和及求最大值功能。在本程序中，将在主函数的前面和主函数内分别声明定义的函数。

编写的程序如下：

```
#include"stdio.h"
```

```
int max(int a,int b);//在主函数外声明max()函数

void main()
{
int x1,y1;
int sum(int c,int d);//在主函数内声明sum()函数
printf("函数表达式形式调用");
scanf("%d %d",&x1,&y1);
printf("%d和%d两个数的最大值是%d\n",x1,y1,max(x1,y1));
printf("%d和%d两个数的和是%d\n",x1,y1,sum(x1,y1));
}

int max(int a,int b)
{
if(a>b)
return a;
else
return b;
}
int sum(int c,int d)
{return c+d;
}
```

运行程序,当输入 4 和 8 时,例 7-5 程序的输出结果如图 7-5 所示。

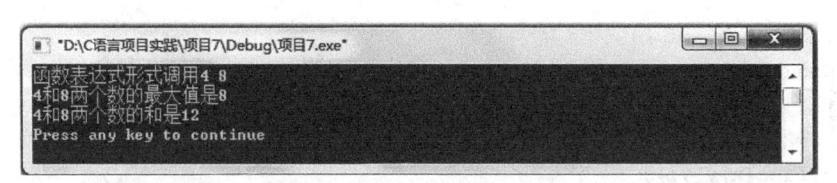

图 7-5 例 7-5 程序的输出结果

三、国考训练课堂 2

【试题 6】有如下函数调用语句:

```
func(rec1,rec2+rec3,(rec4,rec5));
```

在该函数调用语句中,含有的实参个数是 _____。
A. 3   B. 4   C. 5   D. 有语法错误
答案:A。
分析:函数调用时实际参数表中的实参是用逗号分开的,因为实参可以是常量、变量、表达式,所以以本题中调用函数的实参有 3 个,本题正确的选项是 A。

【试题 7】以下程序的输出结果是_____。

```
fun(int x,int y,int z)
  { z=x*x+y*y; }
```

```
main()
{ int a=31;
  fun(5,2,a);
  printf("%d",a);
}
```

A. 0   B. 29   C. 31   D. 无定值

答案：C。

分析：函数 fun(5, 2, a)中的实参 5、2、a（a 的值为 31）传递给形参 x、y、z，执行完函数体后，形参的存储单元被释放，实参的存储单元仍保留并维持原值，所以输出 31。本题正确的选项是 C。

【试题 8】 在调用函数时，如果实参是简单变量，那么它与其对应形参之间的数据传递方式是_____。

A. 地址传递

B. 单向值传递

C. 由实参传给形参，再由形参传回实参

D. 传递方式由用户指定

答案：B。

分析：实参变量与形参变量的数据传递都是"值传递"，即单向传递，只能由实参传给形参，而不能由形参传给实参。本题的正确选项是 B。

【试题 9】 有如下程序：

```
int func(int a,int b)
{ return(a+b);}
main()
{ int x=2,y=5,z=8,r;
r=func(func(x,y),z);
printf("%d\n",r);
}
```

该程序的输出的结果是_____。

A. 12   B. 13   C. 14   D. 15

答案：D。

分析：r=func(func(x, y), z)赋值语句中的表达式是调用函数，第一次调用时返回整数 7，第二次调用时将实参值 7 和 8 分别传给形参 a 和 b，并将计算结果 15 返回。本题正确的选项是 D。

【试题 10】 有以下函数定义：

```
void fun(int n,double x){…}
```

若以下选项中的变量都已正确定义并赋值，则对 fun()函数的正确调用语句是_____。

A. fun(int y, double m);   B. k=fun(10, 12.5);

C. fun(n, x);   D. void fun(n, x);

答案：C。

分析：A 中的实参因为已有确切的值，所以不能再对其进行类型说明，所以错误；B 将函数赋给变量 k，而在函数定义时说明没有返回值，因此不给变量赋值。D 是函数的声明语句，不是调用语句。本题的正确选项是 C。

任务 3 函数的嵌套和递归调用

一、任务描述

当定义了多个用户自定义函数后，就可以实现函数间的相互调用，甚至还可以实现函数自己调用自己。

二、相关知识

1. 函数的嵌套

函数的嵌套是指在某些情况下，需要将某函数作为另一个函数的参数。在 C 语言中，函数定义不能嵌套，但函数之间可以嵌套调用，即被调函数可以调用其他函数。函数嵌套调用的关系如图 7-6 所示。

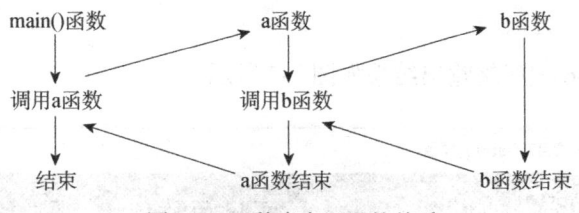

图 7-6 函数嵌套调用的关系

程序的执行过程是执行 main() 函数时调用 a() 函数，执行 a() 函数时又调用 b() 函数，b() 函数执行完毕后返回到 a() 函数断点（调用 b() 函数的下一条语句）继续执行，a() 函数执行完毕后返回到 main() 函数断点（调用 a() 函数的下一条语句）继续执行。

【例 7-6】计算 s=(2×2)!+(3×3)!。

分析：本题可以编写两个函数，一个是用来计算平方值的 f1() 函数，另一个是用来计算阶乘值的 f2() 函数。主函数先调用 f1() 函数计算出平方值，再在 f1() 函数中以平方值为实参，调用 f2() 函数计算其阶乘值，返回 f1() 函数，最后返回主函数，在循环程序中计算累加和。

编写的程序如下：

```
#include <stdio.h>
long f1(int p)
{
int k=1;
```

```
long r;
long f2(int);
k=p*p;
r=f2(k);//在 f1()函数中调用 f2()函数
return r;
}


long f2(int q)
{
long c=1;
int i;
for(i=1;i<=q;i++)
c=c*i;
 return c;//返回 f1()函数
}
main()
{
 int i;
long s=0;
for(i=2;i<=3;i++)
s=s+f1(i);//调用 f1()函数
printf("s=%ld\n",s);
}
```

运行程序，例 7-6 程序的输出结果如图 7-7 所示。

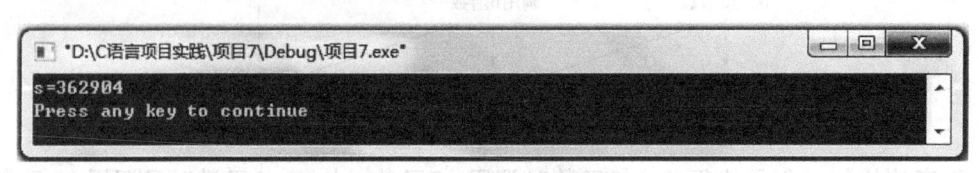

```
"D:\C语言项目实践\项目7\Debug\项目7.exe"
s=362904
Press any key to continue
```

图 7-7　例 7-6 程序的输出结果

在程序中，f1()函数和 f2()函数均为长整型，且都在主函数之前定义，故不必再在主函数中对 f1()函数和 f2()函数加以说明。在主程序中，循环程序依次把 i 值作为实参调用 f1()函数求 i 的平方值。在 f1()函数中对 f2()函数调用时，是把 i 的平方值作为实参去调用 f2()函数，在 f2()函数中完成阶乘的计算。执行完毕后，把 c 的值（阶乘）返回给 f1()函数，再由 f1()函数返回给主函数实现累加。至此，通过函数的嵌套调用完成了题目的要求。由于数值很大，因此为了避免造成计算错误，将函数和一些变量的类型都定义为长整型。

2. 函数的递归调用

递归调用是一种特殊的嵌套，是某个函数调用自己或是调用其他函数后再次调用自己。只要函数之间互相调用能产生循环就一定是递归调用，并且每次调用都将进入新的一层逻辑关系。

例如，"从前有一座山，山里有一座庙，庙里有一个老和尚，他在讲故事，讲的是什么呢……"这个故事就是递归,在现实生活中老和尚讲累了或到吃饭时间不讲就结束了。

例如,有 f()函数如下:

```
int f(int x)
{
    int y;
    z=f(y);
    return z;
}
```

此函数运行时会无休止地调用自己,为了防止函数无终止调用,必须在函数内加条件判断,即满足某种条件后就不再做递归调用,并逐层返回。

【例 7-7】 利用函数的递归调用求 n!。

分析:本例题可以通过反复调用 f(x)函数求 n!。由于递归调用是将要解决的问题转化成若干个新问题,并且新问题的解法与要解决问题的解法相同,只是规律地递增或递减,因此必须有一个明确的结束调用条件。

分析如下:

f(n)=1   n=1;

f(n)=n*f(n-1)n>1。

将要解决的问题求 f(n)转化成一个求 f(n-1)的新问题,解法相同只是所处理的对象 n 会有规律地递减 1,并且当 n=1 时,f(n)=1,递归调用结束。如果 n=3,那么 f(3)调用上述函数时的调用过程如图 7-8 所示。

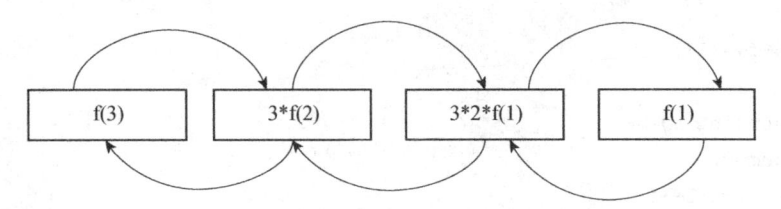

图 7-8 利用函数的递归调用求 3!

编写的程序如下:

```
#include<stdio.h>
long f(int n)
{
if(n==1)
return 1;
else
return n*f(n-1);
}
main(){
int x;
scanf("%d",&x);
printf("%d 的阶乘是%ld\n",x,f(x));
}
```

运行程序，当输入 5 时，例 7-7 程序的输出结果如图 7-9 所示。

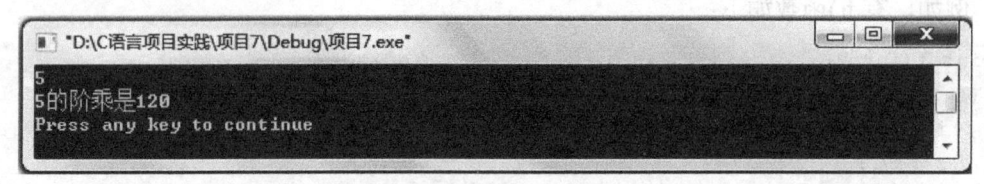

图 7-9 例 7-7 程序的输出结果

3. 综合应用

在编写程序时，有时会需要综合应用函数的嵌套和函数的递归调用。

【例 7-8】求解 1!+2!+3!+…+n!，其中 n!用函数的递归调用求解。

分析：计算 n!可以用下述公式表示。

$$\begin{cases} n!=1 & ,n=0,1 \\ n!=n\times(n-1)!, & n>1 \end{cases}$$

该例题需要使用函数的递归调用。其次，实现每个自然数的阶乘可以借助函数的嵌套。

编写的程序如下：

```c
#include <stdio.h>
long f(int n)
{
if(n==1)
return 1;
else
return n*f(n-1);
}
int jiesum(int m)
{int i,sum=0;
 for(i=1;i<=m;i++)
 sum=sum+f(i);//调用 f1()函数
 return sum;
}

main()
{
 int i,n,sm=0;
 scanf("%d",&n);
long s=0;
sm=jiesum(n);
printf("\n1!+2!+3!+…+%d!的和 s=%ld\n",n,sm);
}
```

运行程序，当输入 5 时，例 7-8 程序的输出结果如图 7-10 所示。

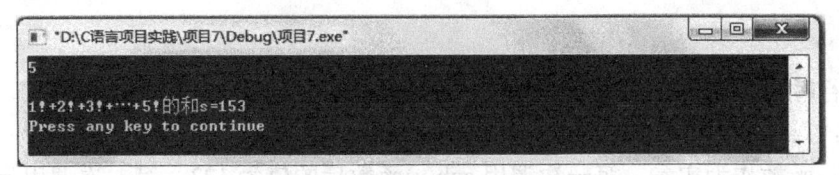

图 7-10 例 7-8 程序的输出结果

三、国考训练课堂 3

【试题 11】有以下程序：

```
int f(int x,int y)
{ return(y-x)*x;}
main()
{ int a=3,b=4,c=5,d;
  d=f(f(3,4),f(3,5));
  printf("%d\n",d);
}
```

程序的输出结果是_____。

答案：9。

分析：f(3, 4)函数和 f(3, 5)函数作为实参，第一次调用 f(3,4)的结果是 3，第一次调用 f(3,5)的结果是 6，第二次调用 f(3,4)后返回 9，并赋给变量 d。故程序的输出结果是 9。

【试题 12】已知 f()函数的定义如下：

```
int f(int n)
{
if(n<=1)
return 1; //递归结束情况
else
return n*f(n-2);
} //递归
```

则函数调用语句 f(5)的返回值是_____。

答案：15。

分析：调用 f(5)函数时将实参 5 传递给形参 n，当 n<=1 不成立时执行 return n*f(n-2)，即递归调用。第三次调用后 n 的值变为 1，返回值是 15。

【试题 13】有以下程序：

```
int sub(int n)
{ return(n/10);}
main()
{ int x,y;
scanf("%d",&x);
y=sub(sub(sub(x)));
printf("%d\n",y);
```

}

若运行时输入 1234<回车>，则程序的输出结果是_____。

答案：1。

分析：函数作为实参，第一次调用 sub(x)函数后的值为 123，第二次调用 sub(x)函数后的值为 12，第三次调用 sub(x)函数后的值为 1，并赋给 y。n/10 是整除，例如，x 为 1234 时，1234/10 的结果为 123。

【试题 14】在函数调用的过程中，如果 fun(A)函数调用了 fun(B)函数，fun(B)函数又调用了 fun(A)函数，那么_____。

  A. 称为函数的直接递归调用　　　　B. 称为函数的间接递归调用
  C. 称为函数的循环调用　　　　　　D. C 语言中不允许这样的递归调用

答案：B。

分析：函数可以直接或间接调用自己，这种函数称为递归函数。所以 B 是正确的。

【试题 15】有如下程序：

```
long fib(int n)
{ if(n>2)
return(fib(n-1)+fib(n-2));
else
return(2);
}
main()
{
printf("%d\n",fib(3));
}
```

该程序的输出结果是_____。

  A. 2　　　　　　B. 4　　　　　　C. 6　　　　　　D. 8

答案：B。

分析：本题目考查函数的递归调用。第一次调用函数返回的值是 3，执行 fib(n-1)+fib(n-2)时，fib(n-1)为 fib(2)，执行 fib(1)，第二次调用函数返回的值是 4(2+2=4)。

任务 4　数组作为函数参数

一、任务描述

当需要处理多个同类型的参数时，可以借助数组来简化实现。数组由数组名、数组下标、数组值（数组元素）组成，其中数组元素和数组下标可以做函数实参，数组名既可以做实参也可以做形参。

二、相关知识

1. 数组元素作为函数实参

由于实参可以是表达式，数组元素又可以是表达式的组成部分，因此数组元素可以作为函数的实参。其与普通变量作为函数的实参一样，由编译系统分配存储单元。将数组元素作为函数实参的这种值传递方式适合部分数组元素的传递和元素值较小数组的传递。

【例 7-9】 编写一个程序判断一个整型数组元素的值，若大于 0 则输出该值，若小于或等于 0 则输出 0。

分析：本程序首先可以定义一个无返回值的 panduan()函数，并说明其形参 v 为整型变量，然后在函数体中根据 v 的值输出相应的结果。同时，在 main()函数中用一个 for 语句输入数组中的各元素，每输入一个就以该元素作为实参调用一次 panduan()函数，即把 a[i]的值传递给形参 v，供 panduan()函数使用。

编写的程序如下：

```c
#include"stdio.h"
void panduan(int v)
{
if(v>0)
printf("该数大于0,则直接输出自身%d",v);
else
printf("该数小于0,则输出%d\n",0);
}

main()
{
int a[5],i;
printf("input numbers\n");
for(i=0;i<5;i++)
{
scanf("%d",&a[i]);
panduan(a[i]);
}
}
```

运行程序，当分别输入大于 0、等于 0 和小于 0 的不同数时，例 7-9 程序的输出结果如图 7-11 所示。

2. 数组名作为函数参数

数组名作为函数参数时，数组名就是数组的首地址。把用数组名作为函数参数进行的参数传递称为地址传递，也就是说把实参数组的首地址赋予形参数组，形参数组取得首地址后，形参数组和实参数组为同一数组，共同拥有同一段存储空间，因此当形参数组发生变化时，实参数组也随之变化。

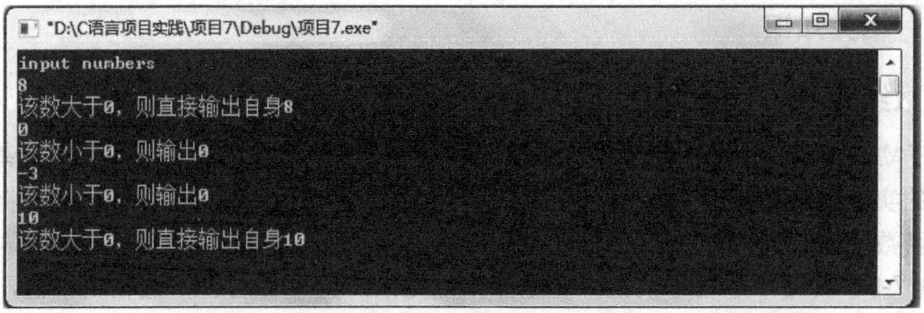

```
"D:\C语言项目实践\项目7\Debug\项目7.exe"
input numbers
8
该数大于0,则直接输出自身8
0
该数小于0,则输出0
-3
该数小于0,则输出0
10
该数大于0,则直接输出自身10
```

图 7-11 例 7-9 程序的输出结果

数组名作为函数参数时要求形参和实参是相同类型的数组,并且有明确的类型说明,因为当形参和实参的类型不一致时会发生错误。形参数组和实参数组的长度可以不同,因为在调用时传递首地址不检查形参数组的长度,但当形参数组的长度与实参数组的长度不一致时,虽然没有语法错误,能够通过编译,但程序的执行结果会与实际不符。

【例 7-10】 编写一个程序,要求将一个学生 5 门课程的成绩存放在数组 a 中,并用函数求平均成绩。

分析:本程序可以定义一个实型函数 aver(),并将实型数组 a 作为形参。用 aver()函数实现把各元素值相加求出平均值并返回给主函数。在主函数中,首先完成数组 scores 的输入,然后以 scores 作为实参调用 aver()函数。

编写的程序如下:

```c
#include"stdio.h"
float aver(float a[3])
{
int i;
float av,s=a[0];
for(i=1;i<5;i++)
s=s+a[i];
av=s/5;
return av;
}
void main()
{
float scores[5],av;
int i;
printf("\ninput 5 scores:\n");
for(i=0;i<5;i++)
scanf("%f",&scores[i]);
av=aver(scores);
printf("average score is %5.2f\n\n",av);
}
```

运行程序,当依次输入 80、85、90、95、100 时,例 7-10 程序的输出结果如图 7-12 所示。

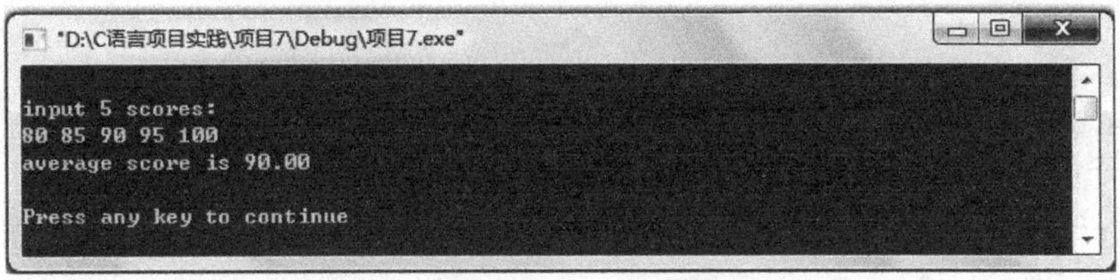

图 7-12 例 7-10 程序的输出结果

三、国考训练课堂 4

【试题 16】当调用函数时，若实参是一个数组名，则向函数传递的是_____。
A. 数组的长度   B. 数组的首地址
C. 数组中每个元素的地址   D. 数组中每个元素的值

答案：B。

分析：数组名作为函数实参时，不是把数组的值传递给形参，而是把实参数组的首地传递给形参数组，两个数组共同占用一段存储单元。

【试题 17】有以下程序：

```
int f(int b[][4])
{ int i,j,s=0;
for(j=0;j<4;j++)
{ i=j;
if(i>2)i=3-j;
s+=b[i][j];
}
return s;
}
main()
{ int a[4][4]={{1,2,3,4},{0,2,4,5},{3,6,9,12},{3,2,1,0}};
printf("%d\n",f(a));
}
```

程序的输出结果是_____。
A. 12   B. 11   C. 18   D. 16

答案：D。

分析：本题是把二维数组作为实参，在调用函数时将数组 a 的首地址传递给形参数组 b，a 和 b 两个数组在内存中占用共同的存储单元。并用循环语句实现部分数组元素求和。分析求得本题的正确选项为 D。

【试题 18】有以下程序：

```
#include"stdio.h"
int f1(int x,int y)
{ return x>y?x:y;}
int f2(int x,int y)
{ return x>y?y:x;}
```

```
main()
{ int a=4,b=3,c=5,d,e,f;
 d=f1(a,b);
d=f1(d,c);
 e=f2(a,b);
e=f2(e,c);
f=a+b+c-d-e;
printf("%d,%d,%d\n",d,f,e);
}
```

程序的输出结果是_____。
A. 3, 4, 5   B. 5, 3, 4   C. 5, 4, 3   D. 3, 5, 4
答案：C。

分析：f1()函数实现输出两数中较大的数；f2()函数实现输出两数中较小的数。在主函数中两次调用 f1()函数实现将 a、b、c 中最大数的值赋给变量 d；同理两次调用 f2()函数实现将 a、b、c 中最小数的值赋给变量 e。故本题的正确选项为 C。

【试题 19】有以下程序：

```
#include"stdio.h"
#include <stdio.h>
void fun(int a[],int n)
{ int i,t;
for(i=0;i<n/2;i++)
{ t=a[i];
a[i]=a[n-1-i];
a[n-1-i]=t;}
}
main()
{ int k[10]={ 1,2,3,4,5,6,7,8,9,10},i;
fun(k,5);
for(i=2;i<8;i++)
printf("%d",k[i]);
printf("\n");
}
```

执行程序，输出结果是_____。
A. 321678   B. 876543   C. 1098765   D. 345678
答案：A。

分析：本题中 fun()函数的功能是将数组 k 中的前 5 个元素倒序，故返回后数组 k 中的元素排序为 5、4、3、2、1、6、7、8、9、10。所以打印输出 k[2]到 k[7]的结果为 321678，因此 A 正确。

【试题 20】有以下程序：

```
#include"stdio.h"
#define N 4
```

```
void fun(int a[][N],int b[])
{ int i;
for(i=0;i<N;i++)
b[i]=a[i][i];
}
main()
{ int  x[][N]={{1,2,3},{4},{5,6,7,8},{9,10}},y[N],i;
fun(x,y);
for(i=0;i<N;i++)
printf("%d,",y[i]);
printf("\n");
}
```

程序的运行结果是_____。

A. 1, 2, 3, 4,　　　　B. 1, 0, 7, 0,　　　　C. 1, 4, 5, 9,　　　　D. 3, 4, 8, 10,

答案：B。

分析：该题目中 fun()函数的功能是将二维数组 a 中行下标和列下标相等的元素，即下标为 00、11、22、33 元素的值 1、0、7、0 赋给一维数组 b。而主函数的功能是将符合条件的一维数组的元素输出。

任务 5　变量的存储类型

一、任务描述

无论是形式参数还是实际参数都有生命周期，可以分别从空间角度和时间角度描述其生命周期的范畴。

二、相关知识

1. 变量的作用域

在 C 语言中，变量的存储类型可以从变量的作用域（空间）角度来划分，作用域是变量作用的有效范围。通常分为局部变量和全局变量。

1）局部变量

局部变量（内部变量）是在函数内部定义的变量，作用域从定义的位置起，到函数体结束的位置止。离开该函数后再使用该变量是非法的，函数调用时的形式参数就是局部变量。

注意：

（1）主函数中定义的变量只能在主函数中使用，其他函数中定义的变量只能在其他函数中使用。

（2）实参是主调函数的局部变量，形参是被调函数的局部变量。

(3) 在不同的函数中使用相同的变量名不会发生混淆。
(4) 在复合语句中定义的变量其作用域只在复合语句范围内。

【例 7-11】 局部变量的应用。

分析：main()函数中定义了 i、j、k 3 个变量，其中 k=i+j，计算得到 k 的初始值为 5。在复合语句内又定义了一个变量 k，并赋初值为 4，而这两个 k 不是同一个变量。在复合语句内 k=4，离开复合语句，k 仍然是 main()函数中的变量，所以最后输出的是 5。

编写的程序如下：

```
#include"stdio.h"
main()
{
int i=2,j=3,k;
k=i+j;
{
int k=4;
if(i==2)printf("我是复合语句中的k值是%d\n",k);
}
printf("我是主函数中的k值是%d\n",k);
}
```

运行程序，例 7-11 程序的输出结果如图 7-13 所示。

```
"D:\C语言项目实践\项目7\Debug\项目7.exe"
我是复合语句中的k值是4
我是主函数中的k值是5
Press any key to continue
```

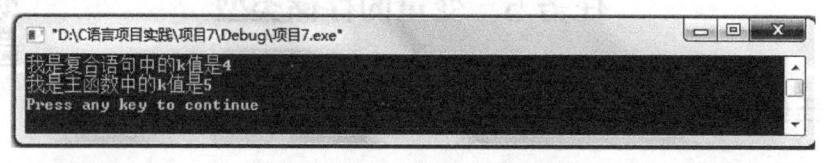

图 7-13 例 7-11 程序的输出结果

2）全局变量

全局变量（外部变量）是在函数外部定义的变量，作用域是整个源程序。

在函数中使用全局变量，一般应做全局变量声明。在函数内声明过的全局变量才能被使用，类型说明符为 extern（可省略）。如果在一个函数前定义全局变量，那么在该函数内使用时可以不再声明。

例如：

```
int a,b;/*a,b为外部变量,在定义f1()函数前声明*/
void f1()/*定义f1()函数*/
{
…
}
float x,y;/*x,y为外部变量,在定义fz()函数前声明*/
int fz()/*定义fz()函数*/
{
…
}
```

```
main()/*主函数*/
{
    …
}
```

a、b、x、y 都是在函数外部定义的外部变量，即全局变量，但定义位置不同，有效范围也不同，x、y 定义在 f1()函数后，在 f1()函数内又没有对 x、y 声明，所以 x、y 在 f1()函数内是无效的。因为在 f1()函数、f2()函数及 main() 函数前定义了 a、b 全局变量，所以函数使用时不需要再声明。

注意：在同源文件中，局部变量和全局变量可以同名，在局部变量作用域内，全局变量不起作用。

【例 7-12】 输入长方体的长、宽、高，即 l、w、h。求体积及 3 个面的面积。

分析： 在源程序前首先可以定义 3 个外部变量 s1、s2、s3 用来存放长方体 3 个面的面积，其作用域为整个程序。vs()函数用于求长方体的体积和 3 个面的面积，函数的返回值为体积 v。由主函数完成长、宽、高的输入及结果的输出。由于 C 语言规定函数的返回值只有一个，因此当需要多个函数返回值时用外部变量是一种方式，外部变量在 vs()函数中求得的 s1、s2、s3 的值在 main()函数中仍然有效，这样就取得了 v、s1、s2、s3 4 个值。外部变量是实现函数间数据通信的有效手段。

编写的程序如下：

```
#include "stdio.h"
int s1,s2,s3;//外部变量
int vs(int a,int b,int c)
{
int v;
v=a*b*c;
s1=a*b;
s2=b*c;
s3=a*c;
return v;
}
main()
{
int v,l,w,h;
printf("\ninput length,width and height\n");
scanf("%d%d%d",&l,&w,&h);
v=vs(l,w,h);
printf("体积 v=%d\n 第一个面的面积 s1=%d\n 第二个面的面积 s2=%d\n 第三个面的面积 s3=%d\n",v,s1,s2,s3);
}
```

运行程序，当依次输入 3、6、8 时，例 7-12 程序的输出结果如图 7-14 所示。

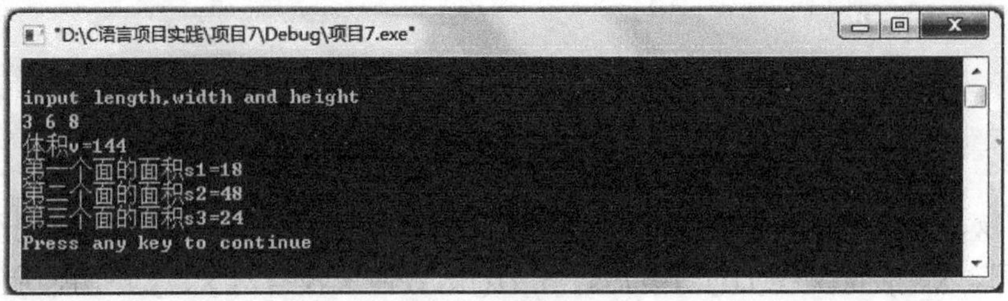

图 7-14 例 7-12 程序的输出结果

2. 变量的生存期

变量的存储类型还可以从变量的生存期（时间）角度来划分，生存期是指变量的有效时间。通常分为静态存储变量和动态存储变量。

1）静态存储变量

静态存储变量是指在变量定义时就分配存储单元并一直保持不变，直到整个程序结束。

2）动态存储变量

动态存储变量是指在程序执行的过程中，使用时才分配存储单元，使用完毕后立即释放其所占用的存储单元。动态存储的变量可能存在，也可能消失。

3. 变量的存储类型

对于一个变量来讲，不能只单纯考虑作用域或只单纯考虑生存期，这两者既有联系，又有区别。一个变量属于哪种存储方式，不能仅从其作用域来判断，还应明确存储类型。

在 C 语言中，每个变量都应从数据类型和存储类型两个方面声明，数据类型在前面的项目中已经学习，而变量的存储类型有自动变量（auto）、寄存器变量（register）、外部变量（extern）和静态变量（static）4 种，其中 auto 和 register 属于动态存储类型，extern 和 static 属于静态存储类型。

变量完整声明的一般形式为：

存储类型说明符 数据类型说明符 变量名，变量名…；

例如，声明变量语句"auto char c1, c2;"说明存储类型为 auto（动态存储类型），数据类型为 char（字符型数据）；又如定义数组语句 static int a[2]={1, 2}说明存储类型为 static（静态存储类型），数组元素类型为 int（整型数据）。

1）自动变量（auto）

自动变量是使用最广泛的一种存储类型，凡未加存储类型说明符的变量均视为自动变量。

例如：

```
{int m,n;
char c;
}
```

与

```
{ auto int m,n;
```

```
auto char c;
}
```

作用相同,变量都是自动变量,分配和释放存储单元均由编译系统自动地动态处理。

对自动变量(auto)的几点说明。

(1)自动变量的作用域若是在函数中定义的则只在函数内有效,若是在复合语句中定义的则只在复合语句内有效。

(2)自动变量的生存期从分配存储单元时开始,在释放存储单元时结束。

(3)自动变量的作用域和生存期都局限于定义的函数或复合语句内,因此不同的函数和复合语句使用相同的自动变量时,系统不会视为是同一个变量。

【例 7-13】自动变量的应用。

分析:程序中定义了 f()函数,声明变量 j 为自动变量并赋予初始值 0。当 main()函数 5 次调用 f()函数时,j 的初值均为 1,执行完++j 语句后 j 的值为 1。

编写的程序如下:

```
#include "stdio.h"
void main()
{
auto int i;
void f();/*函数声明*/
for(i=1;i<=5;i++)
f();/*函数调用*/
}
void f()/*函数定义*/
{
auto int j=0;
++j;
printf("%d\n",j);
}
```

运行程序,例 7-13 程序的输出结果如图 7-15 所示。

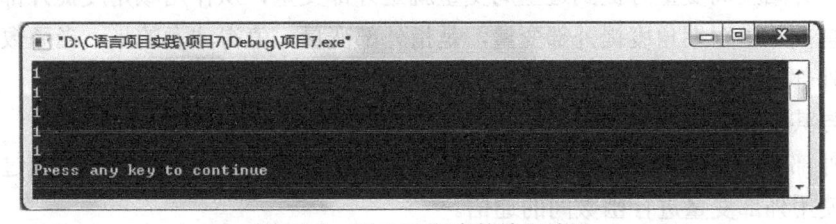

图 7-15 例 7-13 程序的输出结果

2)寄存器变量(register)

在计算机中,从寄存器中直接读写数据比从存储单元中读写数据要快得多。为了提高执行速度可以把那些频繁使用的变量(如控制循环次数的变量)定义成寄存器变量。

存放在 CPU 通用寄存器中的局部变量称为寄存器变量。它的作用域、生存期和初始化与自动变量基本相同。

寄存器变量定义的一般形式：

```
register 类型 变量名；
```

对寄存器变量（register）的几点说明。
（1）只有局部自动变量和形式参数可以定义为寄存器变量。
（2）一个计算机系统中的寄存器数目是有限的。
（3）局部静态变量不能定义为寄存器变量，不能写成"register static a, b, c;"这种形式。
（4）不同系统对寄存器变量的处理方式不同。

【例 7-14】利用寄存器变量求解 1+2+3+…+1000。

分析：本程序要实现 1+2+3+…+1000，需要借助循环重复 1000 次，那么频繁使用的变量 i 和 s 可以定义为寄存器变量，从而大大提高程序的执行速度。

编写的程序如下：

```c
#include "stdio.h"
main()
{
register i,s=0;
for(i=1;i<=500;i++)
s=s+i;
printf("s=%d\n",s);
}
```

运行程序，例 7-14 程序的输出结果如图 7-16 所示。

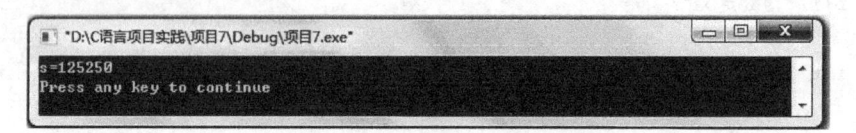

图 7-16 例 7-14 程序的输出结果

3）外部变量（extern）

在前面介绍全局变量时提到过全局变量就是外部变量，从作用域角度提外部变量，是指全局变量；从生存期角度提外部变量，是指外部变量。值得注意的是，当函数内部定义了一个与外部变量同名的自动变量时，自动变量将阻断对同名外部变量的访问，实际上该自动变量与其同名的外部变量占用不同的存储单元。

因为外部变量为各函数所共享，作用域是全程的，所以当函数的返回值超过一个时，可以考虑使用外部变量进行函数间的通信。

【例 7-15】外部变量的实际应用。

分析：外部变量即全局变量，可以增加 extern，也可以省略。

编写的程序如下：

```c
#include "stdio.h"
extern int j=0;
void main()
```

```
{
int i;
void f();
for(i=1;i<=5;i++)
f();
}
void f()
{
++j;
printf("%d\n",j);
}
```

运行程序，例 7-15 程序的输出结果如图 7-17 所示。

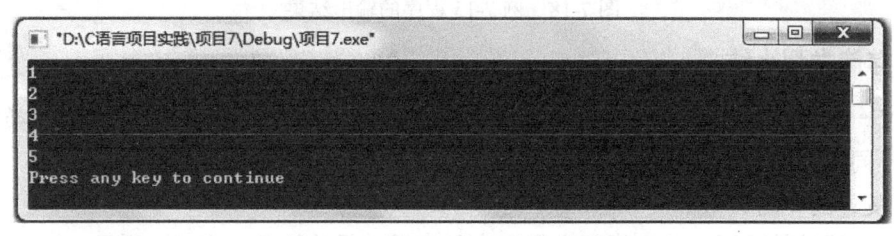

图 7-17　例 7-15 程序的输出结果

4）静态变量（static）

静态变量属于静态存储，但静态存储的变量不一定是静态变量，例如，一个外部变量属于静态存储但不一定是静态变量，必须由 static 定义后才是外部静态变量（静态全局变量）。静态变量分为内部静态变量和外部静态变量。

内部静态变量在函数体内定义，类型说明符为 static，例如，"static int a,b;" 语句中的 a 和 b 就是内部静态变量。

注意：把局部变量改为静态变量是改变了它的存储方式，即改变了生存期；把全局变量改为静态变量是改变了它的作用域，即限制了它的使用范围，因此 static 在不同的地方所起的作用是不同的。

【例 7-16】静态变量的应用。

分析：静态变量用 static 来修饰。

编写的程序如下：

```
#include "stdio.h"
void main()
{
int i;
void f();
for(i=1;i<=5;i++)
f();
}
void f()
{
```

```
static int j=0;
++j;
printf("%d\n",j);
}
```

运行程序，例 7-16 程序的输出结果如图 7-18 所示。

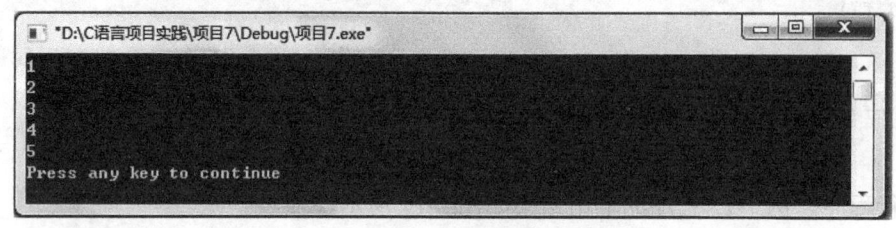

图 7-18　例 7-15 程序的输出结果

4. 存储类型小结

定义一个变量，不仅要定义它的数据类型，还要定义存储类型，不同的数据类型实质上是由不同的存储类型决定的。存储类型可从以下 3 个方面进行划分。

1）变量的作用域

根据作用域的不同可分为局部变量和全局变量，具体情况如表 7-1 所示。

表 7-1　根据作用域的不同划分存储类型

按作用域分	存储类型	将作用域和生存期组合	特点	应用
局部变量	动态存储	自动局部变量	离开函数，值就消失	形参定义
		寄存器局部变量	离开函数，值就消失	形参定义
	静态存储	静态局部变量	离开函数，值仍保留	
全局变量	动态存储	动态全局变量	临时分配和释放内存	其他文件可引用
	静态存储	静态全局变量	编译时初始化	本文件内可引用

2）变量的生存期

根据生存期的不同可分为动态存储和静态存储两种类型，具体情况如表 7-2 所示。

表 7-2　根据生存期的不同划分存储类型

按生存期分	存储类型	特点	应用
动态存储	自动变量	在调用函数时临时分配存储单元	本函数内有效
	寄存器变量		本函数内有效
静态存储	静态局部变量	程序整个运行期都存在	本函数内有效
	静态外部变量		本文件内有效
	外部变量		其他文件可引用

3）变量值的存放位置

根据变量值的存放位置可分为以下几种。

① 内存中静态存储区：静态局部变量、静态外部变量（函数外部静态变量）、外部变

量（可为其他文件引用）。

② 内存中动态存储区：自动变量和形式参数。

③ CPU 中的寄存器：寄存器变量。

三、国考训练课堂 5

【试题 21】在 C 语言中，函数的隐含存储类型是_____。

A. auto　　　　　B. static　　　　　C. extern　　　　　D. 无存储类型

答案：C。

分析：C 语言规定如果在定义函数时省略 extern，就是隐含存储类型，所以 C 是正确的。

【试题 22】以下只有在使用时才为该类型变量分配内存的存储类别是_____。

A. auto 和 static　　　　　　　　B. auto 和 register

C. register 和 static　　　　　　D. extern 和 register

答案：B。

分析：auto 和 register 是动态存储方式，动态存储方式分配和释放存储单元的工作由编译系统自动处理。extern 和 static 是静态存储方式，静态存储方式在编译时赋初值。

【试题 23】以下叙述中正确的是_____。

A. 局部变量为 static 时，其生存期将得到延长

B. 全局变量为 static 时，其作用域将被扩大

C. 任何存储类型的变量在未赋初值时，其值都是不确定的

D. 形参可以使用的存储类型说明符与局部变量完全相同

答案：A。

分析：把局部变量改为静态变量改变的是它的存储方式，即生存期；把全局变量改为静态变量改变的是它的作用域，即限制了它的使用范围，而不是扩大作用域；动态存储的变量在未赋初值时，其值是不确定的；形参与静态局部变量不同，故 A 是正确的。

【试题 24】以下叙述中正确的是_____。

A. 全局变量的作用域一定比局部变量的作用域的范围大

B. 静态变量的生存期贯穿整个程序的运行期间

C. 函数的形参都属于全局变量

D. 未在定义语句中赋初值的 auto 变量和 static 变量的初值都是随机值

答案：B。

分析：静态全局变量和静态局部变量的作用域可能一样，A 不正确，函数的形参可以定义为自动变量和寄存器变量这两种局部变量。只有动态变量（auto 和 register）在未赋初值时，其值是不确定的、随机的，静态变量（static）在编译时赋初值，并且生存期贯穿整个程序的运行期间。本题的正确选项是 B。

【试题 25】有以下程序：

```
#include"stdio.h"
```

```
fun(int x,int y)
{
static int m=0,I=2;
I+=m+1;
m=I+x+y;
return m;}
main()
{int j=1,m=1,k;
k=fun(j,m);
printf("%d",k);
k=fun(j,m);
printf("%d\n",k);
}
```

执行后的输出结果是_____。

A. 5，5　　　　　B. 5，11　　　　　C. 11，11　　　　　D. 11，5

答案：B。

分析：注意本题中变量的存储类型，m、I是静态局部变量，离开函数，值仍然保留。

---| 拓展训练 7 |---

一、实验目的与要求

1. 理解和掌握用户自定义函数的定义和调用。
2. 理解C语言中形式参数和实际参数的作用域和含义，掌握通过参数在函数间传递数据的方法。
3. 区分函数的嵌套调用和递归调用。
4. 掌握数组作为函数参数的两种情况，掌握数组名和数组元素作为函数参数的区别和含义。
5. 深刻理解并从不同角度区分变量的作用域和存储类型。

二、实验内容

1. 定义和灵活调用用户自定义函数。
2. 学会从不同的角度区分变量的作用域和存储类型。
3. 实践并理解利用用户自定义函数求解素数。

```
#include "math.h"
main()
{ int a=0,k;/* a保存素数之和 */
float av;/* av保存1000以内素数的平均值 */
for(k=2;k<=1000;k++)
```

```
if(fun(k))/* 判断 k 是否为素数 */
a+=k;
av=a/1000;
printf("av=%f\n",av);
}
fun(int n)/* 判断输入的整数是否为素数 */
{ int i,y=0;
for(i=2;i<n;i++)
if(n%i==0)y=1;
else y=0;
return y;
}
```

程序的运行结果：_____。

4. 编写一个函数，对输入的整数 k 输出它的全部素数因子。例如，当 k=126 时，素数因子为：2, 3, 3, 7。要求按如下格式输出：126=2*3*3*7。

5. 任意输入一个 4 位的自然数，调用函数输出由该自然数的各位数字组成的最大数。

6. 某人购买的体育彩票猜中了 4 个号码，这 4 个号码按照从大到小的顺序组成一个数字可被 11 整除，将其颠倒过来也可被 11 整除，编写函数求符合这样条件的 4 个号码。

课后习题 7

一、填空题

1. 函数就是可以_____的程序模块。
2. 函数调用的一般形式为_____。
3. 函数参数分为_____和_____两种。
4. C 语言中不允许做_____的函数定义。因此各函数之间是平行的，不存在上一级函数和下一级函数的问题。
5. C 语言允许在一个函数的定义中出现对另一个函数的_____，这样就出现了函数的嵌套调用。
6. 数组作为函数参数有两种形式，一种是把_____；另一种是把_____。
7. C 语言中根据作用域的不同，变量分为_____和_____两种。
8. 变量的存储方式可以分为_____和_____两种。
9. 在 C 语言中，对变量存储类型的说明有 4 种：_____、_____、_____、_____。

二、选择题

1. 以下正确的描述是_____。
   A. 函数的定义可以嵌套，但函数的调用不可以嵌套
   B. 函数的定义不可以嵌套，但函数的调用可以嵌套
   C. 函数的定义和函数的调用均不可以嵌套

D. 函数的定义和函数的调用均可以嵌套

2. 以下正确的说法是，如果在一个函数的复合语句中定义了一个变量，那么该变量_____。

A. 只在该复合语句中有效　　　　　　B. 在该函数中有效
C. 在本程序范围内均有效　　　　　　D. 为非法变量

3. 在 C 语言中，函数的隐含存储类型是_____。

A. auto　　　　　　B. static　　　　　　C. extern　　　　　　D. 无存储类型

4. 下列叙述中正确的是_____。

A. C 语言编译时不检查语法　　　　　B. C 语言的子程序有过程和函数两种
C. C 语言的函数可以嵌套定义　　　　D. C 语言的所有函数都是外部函数

5. 用数组名作为函数调用的实参，传递给形参的是_____。

A. 数组的首地址　　　　　　　　　　B. 数组中第一个元素的值
C. 数组中全部元素的值　　　　　　　D. 数组元素的个数

6. 若使用一维数组名作为函数的实参，则以下正确的说法是_____。

A. 必须在主调函数中说明此数组的大小
B. 实参数组类型与形参数组类型可以不匹配
C. 在被调函数中，不需要考虑形参数组的大小
D. 实参数组名与形参数组名必须一致

7. 以下正确的函数定义形式是_____。

A. DOUBLE FUN(INT X, INT Y);　　　B. DOUBLE FUN(INT X; INT Y)
C. DOUBLE FUN(INT X, INT Y);　　　D. DOUBLE FUN(INT X, Y);

8. C 语言规定，简单变量做实参时，它和对应形参之间的数据传递方式为_____。

A. 地址传递
B. 单向值传递
C. 由实参传给形参，再由形参传回给实参
D. 由用户指定传递方式

9. C 语言允许函数值类型缺省定义，此时该函数值隐含的类型是_____。

A. float　　　　　　B. int　　　　　　C. long　　　　　　D. double

10. 已有以下数组定义和函数调用语句，在函数的说明中，对形参数组 array 的错误定义方式为_____。

```
int a[3][4];
f(a);
```

A. F(INT ARRAY[][6])　　　　　　　B. F(INT ARRAY[3][])
C. F(INT ARRAY[][4])　　　　　　　D. F(INT ARRAY[2][5])

三、程序分析

1. 补充完整空格中的内容。

```
#include <stdio.h>
void swap(int x[]);
```

```
void main()
{
int a[2];
 printf("a[0]=");
 scanf("%d",&a[0]);
 printf("a[1]=");
 scanf("%d",&a[1]);
_____
 printf("交换后 a[0]=%d,a[1]=%d",a[0],a[1]);
}
void swap(int x[])
{
 int t;
 t=x[0];
_____
 x[1]=t;
}
```

2. 分析以下程序的输出结果是_____。

```
main()
{int   a=5,b=-1,c;
c=adds(a,b);
printf("%d",c);
c=adds(a,b);
printf("%d\n",c); }
int adds(int x,int y)
{static int m=0,n=3;
n*=++m;
m=n%x+y++;
return(m);
}
```

 A. 2，3   B. 2，2   C. 3，2   D. 2，4

3. 下列程序执行后输出的结果是_____。

```
int d=1;
fun(int p)
{ int d=5;
d + =p + +;
printf("%d,",d);}
main()
{ int a=3;
fun(a);
d + = a + +;
printf("%d\n",d);}
```

 A. 8，4   B. 9，6   C. 9，4   D. 8，5

4. 下列程序的输出结果是_____。

```
int b=2;
int func(int *a)
{ b += *a;return(b);}
main()
{
int a=2,res=2;
res += func(&a);
printf("%d \n",res);
}
```

A. 4   B. 6   C. 8   D. 10

四、编程题

1. 编写函数计算 kkk…kk（共 n 个 k，n>0）的值。例如，若 k=2、n=3，则值为 222；若 k=5、n=4，则值为 5555。在主函数中调用上述函数，计算并输出下列 s1 和 s2 的值：

s1=2+22+222+2222+22222;

s2=6+66+666+6666+66666+666666。

2. 编写程序按下列公式计算并输出 s 的值，其中的 n 由键盘输入。

s(n)=1*1+2*2+…+n*n

3. 通过调用 fun() 函数计算 m=1-2+3-4+…+9-10 的值。

4. 利用函数的递归调用求 5!。

5. 利用函数的递归调用，将输入的 5 个字符以相反的顺序打印出来。

6. 编写一个函数，求一个字符串的长度，要求在 main()函数中输入字符串，并输出其长度。

项目 8　提优增速——指针

项目导读

指针是 C 语言中广泛使用的一种数据类型。指针极大地丰富了 C 语言的功能。学习指针是学习 C 语言的重要一环，同时，指针也是 C 语言中较难的一部分，在学习中除要正确理解其基本概念外，还应该多上机调试。只要做到这些，指针就不难掌握了。

项目目标

1. 指针部分比较复杂，同学们在调试程序的过程中，需要培养自己的耐心和战胜困难的意志力。

2. 指针是开启 C 语言在数据结构、底层开发等方面重要作用的钥匙，同学们也需要积累自己的知识、能力，为将来做好准备。

3. 同学们在学习指针时可以采用团队合作的方式，培养同学们的集体主义精神。

任务 1　指针的概念

微课视频

一、任务描述

了解指针与指针变量、指针与地址运算符的概念。

二、相关知识

1. 指针与指针变量

在计算机中，所有的数据都是存放在存储器中的，为了方便存放与管理数据，内存区域被划分为若干个存储单元（内存单元），每个内存单元可以存放 8 位二进制数。为了便于访问这些内存单元，系统给每个内存单元编上了号，内存单元的编号就叫作地址。

编写 C 语言程序时所定义的变量，系统会为其分配一个地址，这个地址称为变量的地址。例如，若有定义 int a, float b，则系统会为变量 a 和 b 分配地址。假设系统分配给变量 a 两个内存单元，地址为 1000 和 1001，分配给变量 b 4 个内存单元，地址为 1002、1003、1004、1005，则 a 的起始地址为 1000，即 a 在内存中的地址。同理，b 的起始地址为 1002。

在计算机中,数据是存放在内存单元中的,为了能够正确访问这些内存单元,系统给这些内存单元分配了地址,我们把内存单元的地址称为指针。换句话说,指针实际上就是内存单元的地址。内存、内存单元、地址与数据之间的关系如图 8-1 所示。

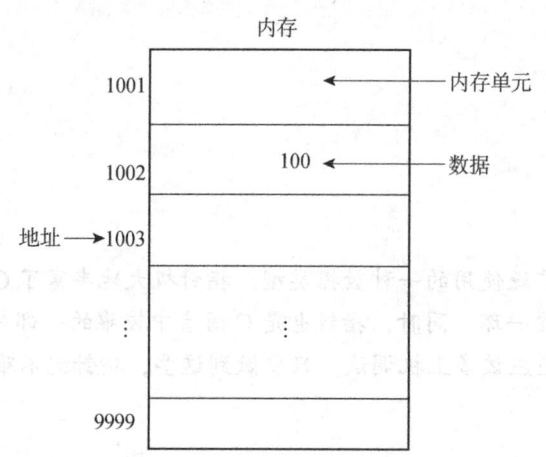

图 8-1　内存、内存单元、地址与数据之间的关系

在访问已经定义的变量 a 时,有两种方式,第一种是直接访问,就是通过变量名来访问;第二种为间接访问,即先定义一个变量 p,用于存放变量 a 的地址,然后通过 p 来访问 a,这时,把存放变量 a 的地址的变量 p 称为指针变量,即存放地址的变量。

2. 指针变量的定义和使用

1) 指针变量的定义

C 语言规定,变量在使用之前必须先定义,指针变量也是如此。

指针变量定义的一般形式:

```
类型说明符 *变量名;
```

其中,"*"表示这是一个指针变量,变量名即为定义的指针变量名,类型说明符表示指针变量所指向的变量的数据类型。

例如:

```
int *p1;
```

表示 p1 是一个指针变量,它的值是某个整型变量的地址,或者说 p1 指向一个整型变量。至于 p1 究竟指向哪一个整型变量,应由给 p1 赋值的地址来决定。

再如:

```
int *p2;      /* p2 是指向整型变量的指针变量*/
float *p3;    /* p3 是指向浮点型变量的指针变量*/
char *p4;     /* p4 是指向字符变量的指针变量*/
```

应该注意的是,一个指针变量只能指向同类型的变量,如 p3 只能指向浮点型变量,不能时而指向浮点型变量,时而又指向字符变量。

2）指针变量的引用

指针变量同普通变量一样，使用之前不仅要先定义，而且必须有具体的值。

两个有关的运算符：

*：指针运算符，用于取指针变量所指向地址中存储的变量。

&：地址运算符。

C 语言中提供了地址运算符来表示变量的地址。其一般形式为：

```
& 变量名；
```

如&a 表示变量 a 的地址，&b 表示变量 b 的地址。变量本身必须预先说明。

设有指向整型变量的指针变量 p，把整型变量 a 的地址赋给 p，有以下两种方法。

（1）指针变量初始化的方法。

```
int a;
int *p = &a;
```

（2）赋值语句的方法。

```
int a;
int *p;
p=&a;
```

在 C 语言中，不允许把一个数直接赋给指针变量，故下面的语句是错误的：

```
int *p;
p=1000;
```

被赋值的指针变量前不能再加"*"，如写为*p=&a 也是错误的。

例如：

```
int i = 200,x;    /*定义了两个整型变量i,x */
int *ip;          /*定义了指向整型数的指针变量ip */
ip=&i;            /* i 的地址赋给 ip */
```

此时指针变量 ip 指向整型变量 i，假设整型变量 i 的地址为 1800，那么指针变量与整型变量之间的关系如图 8-2 所示。

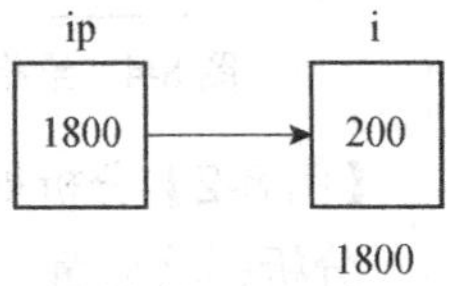

图 8-2 指针变量与整型变量之间的关系

3. 指针的运算

指针的运算与一般整数的运算是有区别的，例如：

```
int a, *p, x;
p= &a; //表示把变量 a 的地址赋给 p
x=*p; //表示将指针变量所指向的内存单元的内容赋给变量 x
```

以上，相当于 x = a。

【例 8-1】分析下面的程序。

分析：指针变量同普通变量一样，使用之前不仅要先定义，而且必须有具体的值。

```
#include<stdio.h>
```

```
void main()
{
int a=5,*p=&a;
 printf("a=%d\n",*p);
}
```

运行程序，例 8-1 程序的输出结果如图 8-3 所示。

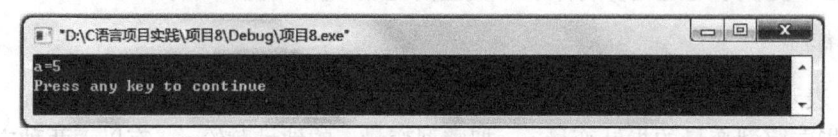

图 8-3　例 8-1 程序的输出结果

1）赋值运算

指针变量和普通变量一样，其值是可以改变的，也就是说可以改变它们的指向，例如：

```
int i,j,*p1,*p2;
i='a';
j='b';
p1=&i;
p2=&j;
```

该程序段建立的联系如图 8-4 所示。

此时，若赋值表达式为"p2=p1;"，则是使 p2 与 p1 指向同一个对象 i，此时*p2 就等价于 i，而不是 j，如图 8-5 所示。

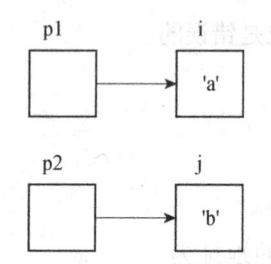

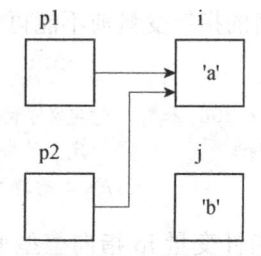

图 8-4　给指针变量赋初值　　　　图 8-5　经过赋值，改变了指针变量的指向

【例 8-2】分析如下程序。

分析：将变量的地址赋给指针，实质上就是借助指针实现获取指针变量所指向的内存单元的内容。

```
#include"stdio.h"
void main()
{int a=100,b=10;
int *p1,*p2;
b=10;
p1=&a;p2 = &b;
printf("a=%d,b = %d\n",a,b);
printf("*p1=%d,*p2=%d\n",*p1,*p2);
```

}

运行程序，例 8-2 程序的输出结果如图 8-6 所示。

图 8-6 例 8-2 程序的输出结果

【例 8-3】输入 a 和 b 两个整数，按先大后小的顺序输出 a 和 b。

分析：输入 a 和 b 两个整数，按先大后小的顺序输出，可以借助指针，通过改变其指向的变量的地址来实现。

```
#include"stdio.h"
void main()
{
int *p1,*p2,*p,a,b;
scanf("%d %d",&a,&b);
p1 = &a,p2 = &b;
if(a<b)
{p = p1;p1 = p2;p2 = p;}
printf("\na=%d,b=%d\n",a,b);
printf("max = %d,min = %d\n",*p1,*p2);
}
```

运行程序，当从键盘输入 6 和 10 时，例 8-3 程序的输出结果如图 8-7 所示。

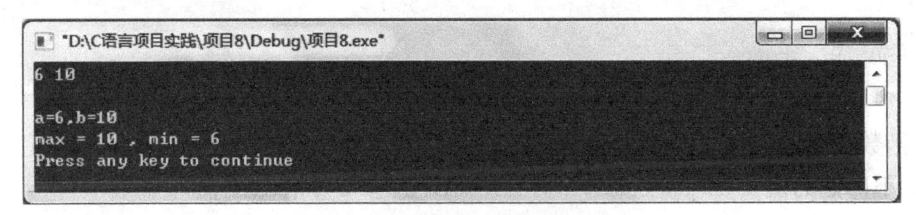

图 8-7 例 8-3 程序的输出结果

2）算术运算

指针变量可以出现在表达式中，例如：

```
int x,y,*px = &x;
```

若指针变量 px 指向整数 x，则*px 可以出现在 x 能出现的任何地方。例如：

```
y = *px +5;    /*表示给 px 的值加 5 并赋给 y */
y = ++ *px;    /*表示给 px 的值加 1 并赋给 y,++ *px 相当于++(*px) */
y = * px++;    /*相当于 y = *px,px++ */
```

此外，还可以出现指针变量±n 的形式，不过，只有在指针变量指向数组时才有意义，具体内容在后面的相关项目中会介绍。

三、国考训练课堂 1

1. 有以下程序：

```
main()
{int a=1,b=3,c=5;
 int *p1=&a,*p2=&b,*p=&c;
 *p=*p1*(*p2);
 printf("%d\n",c);
}
```

执行后的输出结果是_____。

A. 1   B. 2   C. 3   D. 4

答案：C。

分析：本题目中，p1 指向 a 的地址，p2 指向 b 的地址，所以*p1*(*p2)=1*3=3。

2. 设有定义 int n1=0，n2，*p=&n2，*q=&n1，以下赋值语句中与 n2=n1 语句等价的是_____。

A. *p=*q;   B. p=q;   C. *p=&n1;   D. p=*q;

答案：A。

分析：本题是把 n1 的值赋给 n2，因为指针 p 指向 n2 的地址，指针 q 指向 n1 的地址，所以 p 指向的变量是*p，q 指向的变量是*q，因此 n2=n1 等价于*p=*q，选项 B、C、D 只是让 p 也指向 n1 的地址，都没有将 n1 的值赋给 n2。

3. 已定义如下函数：

```
fun(int *p)
{
return *p;
}
```

该函数的返回值是_____。

A. 不确定的值
B. 形参 p 中存放的值
C. 形参 p 所指向内存单元的值
D. 形参 p 的地址值

答案：C。

分析：fun()函数的形参是指针变量，*p 表示的是指针变量 p 所指向内存单元的内容，因此选择 C。

4. 若有说明 int n=2，*p=&n，*q=p，则以下非法的赋值语句是_____。

A. p=q;   B. *p=*q;   C. n=*q;   D. p=n;

答案：D。

分析：n 为一个整型变量，变量 p 和 q 为指向整型数据的指针变量，且 p 和 q 都指向变量 n。选项 A 是将 q 中存放的地址赋给 p；选项 B 是将 q 所指向的内存单元的内容赋给 p 所指向的内存单元；选项 C 是将 q 所指向的内存单元的内容赋给变量 n；选项 D 是错误的，不能将一个整型数据赋给一个指针变量。

5. 若有以下定义和语句：

```
#include
int a=4,b=3,*p,*q,*w;
p=&a;q=&b;w=q;q=NULL;
```

则以下选项中错误的语句是_____。

A. *q=0;　　　　　　B. w=p;　　　　　　C. *p=a;　　　　　　D. *p=*w;

答案：A。

分析：因为 q 为 NULL，即为空指针，所以再对空指针所指的内容赋值是没有意义的。

任务 2　指针与函数

微课视频

一、任务描述

掌握通过指针引用变量、数组、字符串、函数等各类数据；了解指向函数的指针和指针型函数的区别和使用方法。

二、相关知识

1. 指针作为函数的参数

函数的参数不仅可以是整型、实型、字符型，还可以是指针。指针作为参数的作用是将一个变量的地址传送到另一个函数中。

【例 8-4】题目同例 8-3，即输入的两个整数按大小顺序输出。本例题要求用函数处理，并且用指针作为函数的参数。

分析：要将两个数按大小顺序输出，可以借助用户自定义函数中的指针变量，这种方法方便，且执行速度快。

```
#include<stdio.h>
void swap(int *p1,int *p2)
{
  int temp;
  temp= *p1;
  *p1 = *p2;
  *p2 = temp;
}
void main()
{
  int a,b;
  int *pointer_1,*pointer_2;
  scanf("%d%d",&a,&b);
  pointer_1 = &a;
  pointer_2 = &b;
```

```
    if(a<b)
    swap(pointer_1,pointer_2);
    printf("\nmax = %d,min=%d\n",a,b);
}
```

运行程序,当从键盘输入 6 和 10 时,例 8-4 程序的输出结果如图 8-8 所示。

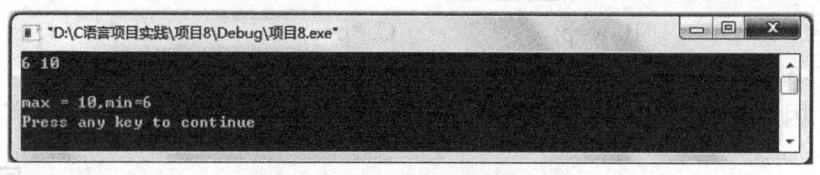

图 8-8 例 8-4 程序的输出结果

对程序的说明:swap()函数是用户自定义函数,它的作用是交换两个变量 a 和 b 的值。swap()函数的形参 p1、p2 是指针变量。程序运行时,先执行 main()函数,输入 a 和 b 的值。然后将 a 和 b 的地址分别赋给指针变量 pointer_1 和 pointer_2,即让 pointer_1 指向 a,pointer_2 指向 b,如图 8-9 所示。

接着执行 if 语句,由于 a<b,因此执行 swap()函数。注意实参 pointer_1 和 pointer_2 是指针变量,在函数调用时,将实参变量的值传递给形参变量,依然采取值传递的方式。因此形参 p1 的值为&a,p2 的值为&b。这时 p1 和 pointer_1 指向变量 a,p2 和 pointer_2 指向变量 b,如图 8-10 所示。

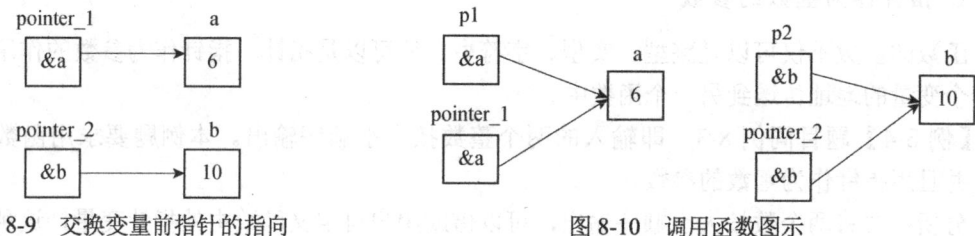

图 8-9 交换变量前指针的指向　　　　图 8-10 调用函数图示

然后执行 swap()函数的函数体,将*p1 和*p2 的值互换,也就是使 a 和 b 的值互换,如图 8-11 所示。

函数调用结束后,p1 和 p2 不复存在,如图 8-12 所示。

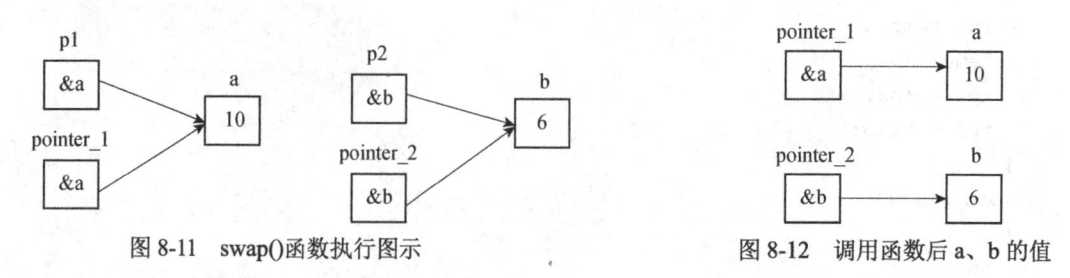

图 8-11 swap()函数执行图示　　　　图 8-12 调用函数后 a、b 的值

【例 8-5】与例 8-4 相同,将输入的两个整数按大小顺序输出。请注意,无法通过改变指针形参的值来改变指针实参的值。

分析:前面的项目中是借助第三个变量实现两个数的交换的,这里借助指针来实现两个数的交换。实现的原理是先定义两个指针，并分别指向要交换的两个数，然后交换两个数的指针指向的地址。

```c
#include<stdio.h>
void swap(int *p1,int *p2)
{
  int *p;
  p= p1;
  p1 = p2;
  p2 = p;
}
void main()
{
  int a,b;
  int *pointer_1,*pointer_2;
  scanf("%d%d",&a,&b);
  pointer_1 = &a;
  pointer_2 = &b;
  if(a<b)
    swap(pointer_1,pointer_2);
  printf("\na=%d,b=%d\n",a,b);
  printf("\nmax = %d,min=%d\n",*pointer_1,*pointer_2);
}
```

运行程序，当从键盘输入 6 和 10 时，例 8-5 程序的输出结果如图 8-13 所示。

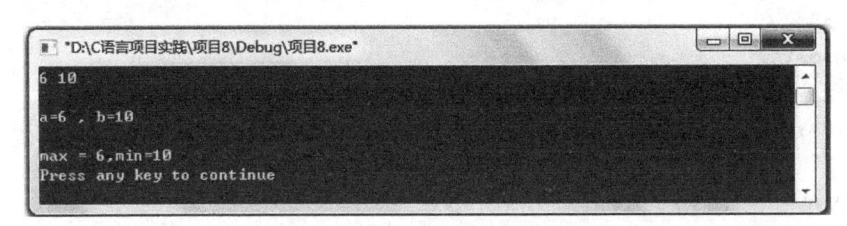

图 8-13 例 8-5 程序的输出结果

2. 指针型函数

前面我们介绍过，函数类型是指函数返回值的类型。在 C 语言中允许一个函数的返回值是一个指针，这种返回值是指针的函数称为指针型函数。

定义指针型函数的一般形式为：

```
类型说明符 *函数名(形参表)
{
    /*函数体*/
}
```

其中函数名之前加了"*"，表明这是一个指针型函数，即返回值是一个指针。类型说明符表明返回的指针所指向的数据类型。

例如：

```
int *ap(int x,int y)
{
… /*函数体*/
}
```

表示 ap 是一个指针型函数,并且它返回的指针指向一个整型变量。

【例 8-6】通过指针型函数,输入一个 1~7 之间的整数,要求输出其对应的星期名。

分析:用户自定义函数除可以定义一个普通的函数外,还可以定义一个指针型函数,实现返回的指针指向一个变量。

```
#include<stdio.h>
void main()
{
int i;
char *day_name(int n);
printf("请输入 1~7 的整数:\n");
scanf("%d",&i);
if(i <0)return;
printf("对应的星期:%2d --> %s \n",i,day_name(i));
}
char *day_name(int n)
{
static char *name[] = {
"error day",
"Monday",
"Tuesday",
"Wednesday",
"Thursday","Friday",
"Saturday",
"Sunday" };
return((n<1 || n>7)? name[0]:name[n]);
}
```

运行程序,当从键盘上输入 3 时,例 8-6 程序的输出结果如图 8-14 所示。

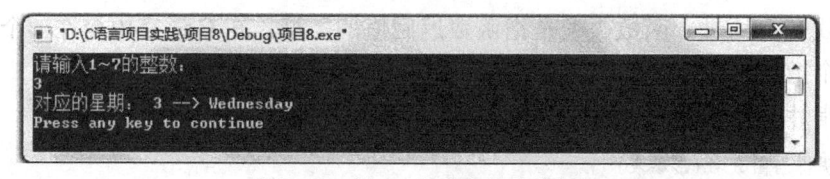

图 8-14 例 8-6 程序的输出结果

说明:

本例中定义了一个指针型函数 day_name(),它的返回值指向一个字符串。在该函数中,又定义了一个静态指针数组 name[]。对该数组初始化,将其赋值为 8 个字符串,分别表示各个星期名及出错提示。

形参 n 表示与星期名对应的整数。在主函数中,把输入的整数 i 作为实参,在 printf

语句中调用 day_name() 函数并把 i 的值传送给形参 n。

day_name() 函数中的 return 语句中包含一个条件表达式，若 n 大于 7 或小于 1 则把 name[0]返回主函数，并输出出错提示字符串"error day"。否则返回主函数，输出对应的星期名。

3. 函数指针变量

在 C 语言中，一个函数总是占用一段连续的内存区，而函数名就是该函数所占用内存区的首地址。可以把函数的这个首地址（或称入口地址）赋给一个指针变量，使该指针变量指向该函数，然后通过指针变量就可以找到并调用这个函数。把这种指向函数的指针变量称为函数指针变量。

定义函数指针变量的一般形式为：

类型说明符（*指针变量名）()；

其中"类型说明符"表示被指函数的返回值的类型。"(*指针变量名)"表示"*"后面的变量是定义的指针变量。最后的空括号表示指针变量所指的是一个函数。

例如：

int(*pf)()表示 pf 是一个指向函数的指针变量，该函数的返回值（函数值）是整型。

【例 8-7】 用指针实现对函数的调用。

分析：定义一个函数指针变量指向函数的首地址，然后通过指针变量就可以找到并调用这个函数的方式实现对函数的调用。

```
#include<stdio.h>
int max(int a,int b)
{
if(a>b)return a;
else return b;
}
void main()
{
int max(int a,int b);
int(*pmax)(int,int);
int x,y,z;
pmax = max;
printf("input two numbers:\n");
scanf("%d%d",&x,&y);
z =(*pmax)(x,y);
printf("max = %d\n",z);
}
```

运行程序，当从键盘上输入 15 和 25 时，例 8-7 程序的输出结果如图 8-15 所示。

使用函数指针变量还应注意以下两点：

函数指针变量不能进行算术运算，这与数组指针变量不同。数组指针变量加或减一个整数可以使指针移动从而指向后面或前面的数组元素，而函数指针的移动是毫无意义的。

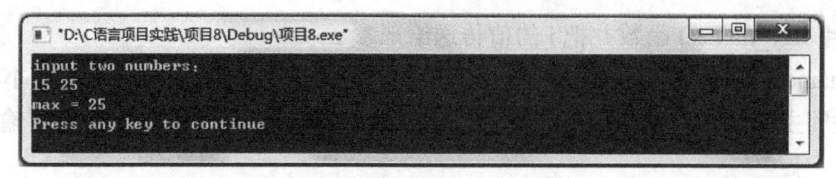

图 8-15 例 8-7 程序的输出结果

函数调用中"(*指针变量名)"两边的括号不可少，其中的"*"不应该理解为是求值运算符，在此处它只是一种表示符号。

应该特别注意的是，函数指针变量和指针型函数这两者在写法和意义上的区别。例如，"int(*p)()"和"int *p()"是两个完全不同的量。"int(*p)()"是一个变量说明，说明 p 是一个指向函数的指针变量，该函数的返回值是整型量，"(*p)"两边的括号不能少。"int *p()"不是变量说明而是函数说明，说明 p() 是一个指针型函数，其返回值是一个指向整型量的指针。作为函数说明，在括号内最好写入形式参数，这样便于与变量区分。对于指针型函数的定义形式，"int *p()"只是函数头部分，一般还应该有函数体部分。

三、国考训练课堂 2

【试题 6】有如下程序：

```c
#include<stdio.h>
void fun(int *a,int n)/*fun() 函数的功能是将 a 所指的数组元素从大到小排序*/
{int t,i,j;
for(i=0;i<n-1;i++)
for(j=i+1;j<n;j++)
if(a[i]<a[j]){t=a[i];a[i]=a[j];a[j]=t;}
}
main()
{int c[10]={1,2,3,4,5,6,7,8,9,0},i;
fun(c+4,6);
for(i=0;i<10;i++)
printf("%d,",c[i]);
printf("\n");
}
```

程序运行的结果是_____。
A. 1, 2, 3, 4, 5, 6, 7, 8, 9, 0　　B. 0, 9, 8, 7, 6, 5, 1, 2, 3, 4
C. 0, 9, 8, 7, 6, 5, 4, 3, 2, 1　　D. 1, 2, 3, 4, 9, 8, 7, 6, 5, 0
答案：D。
分析：fun() 函数的功能是将 a 所指的数组元素从大到小排序，由于 fun(c+4, 6)表示将数组的后 6 个元素按从大到小排序，然后输出，所以 D 正确。

【试题 7】有以下程序：

```c
#include <stdio.h>
void fun(int n,int *p)
```

```
{  int    f1,f2;
if(n==1||n==2)
*p=1;
else
{
fun(n-1,&f1);
fun(n-2,&f2);
*p=f1+f2;
}
}
main()
{  int  s;
   fun(3,&s);
printf("%d\n",s);
}
```

程序的运行结果是_____。

A. 2　　　　　　　B. 3　　　　　　　C. 4　　　　　　　D. 5

答案：A。

分析：该题目考查的是函数的递归调用，由于 main() 函数中调用的是 fun(3, &s)，因此先调用 fun(2, &f1)，再递归调用。

【试题 8】阅读以下函数：

```
fun(char *s1,char *s2)
{ int i=0;
while(s1[i]==s2[i]&& s2[i]!= '\0')i++;
return(s1[i]== && s2{i}!=='\0');
}
```

此函数的功能是_____。

A. 将 s2 所指字符串赋给 s1

B. 比较 s1 和 s2 所指字符串的大小，若 s1 比 s2 大，则函数值为 1；否则函数值为 0

C. 比较 s1 和 s2 所指字符串是否相等，若相等，则函数值为 1；否则函数值为 0

D. 比较 s1 和 s2 所指字符串的长度，若 s1 比 s2 长，则函数值为 1；否则函数值为 0

答案：C。

分析：fun() 函数中通过 i 进行数组的遍历并通过循环比较两个字符串的大小。

【试题 9】有以下程序：

```
#include"stdio.h"
void fun(char *a,char *b)
{a=b;(*a)++;}
main()
{ char c1='A',c2='a',*p1,*p2;
p1=&c1;p2=&c2;fun(p1,p2);
printf("%c%c\n",c1,c2);
```

}

程序运行后的输出结果是 _____。

A. Ab   B. aa   C. Aa   D. Bb

答案：A。

分析：p1 指向 c1，p2 指向 c2，调用 fun() 函数把 p1 和 p2 作为实参传递。在 fun() 函数中先把实参 p2 的值赋给 p1，再对 p1 的内容进行加 1 操作，由于 p1 的内容是字符，因此是 "a" 加 1 是 "b"。

【试题 10】 以下函数的功能是删除字符串 s 中的所有数字字符，请填空。

```
void dele(char *p)
{ int n=0,i;
for(i=0;s[i];i++)
 if(_____)
s[n++]=s[i];
s[n]=(_____);
}
```

答案：!s[i]>= '0'&&s[i]<= '9'   '\0'

分析：在 for 循环中删除字符串 s 中的所有数字字符，通过 if 语句判断当前字符是否为数字字符，在字符串的最后添加结束标志 "\0"。

任务 3 指针与数组

一、任务描述

一个数组包含若干个元素，每个数组元素都在内存中占用内存单元，它们都有相应的地址。所谓数组的指针是指数组的起始地址，数组元素的指针是数组元素的地址。本任务需要同学们掌握如何通过指针引用数组元素及指针数组的用法。

二、相关知识

1. 指向数组元素的指针变量

数组是由连续的内存单元组成的。数组名就是这块连续内存单元的首地址。数组也是由各个数组元素（下标变量）组成的。数组元素的首地址是指它所占用的连续内存单元的首地址。

定义一个指向数组元素的指针变量的方法，与以前介绍的指针变量相同。例如：

```
int a[10];    /* 定义 a 为包含 10 个整型数据的数组 */
int *p;       /* 定义 p 为指向整型变量的指针 */
```

下面是对指针变量赋值：

```
p = &a[0];
```

表示把 a[0]元素的地址赋给指针变量 p。也就是说，p 指向数组 a 的第 0 号元素，如图 8-16 所示。

C 语言规定，数组名代表数组的首地址，也就是第 0 号元素的地址。因此，下面两个语句等价：

```
p = &a[0];
p = a;
```

在定义指针变量时可以直接赋初值：

```
int *p = &a[0];
```

它等效于：

```
int *p;
p = &a[0];
```

当然定义时也可以写成：

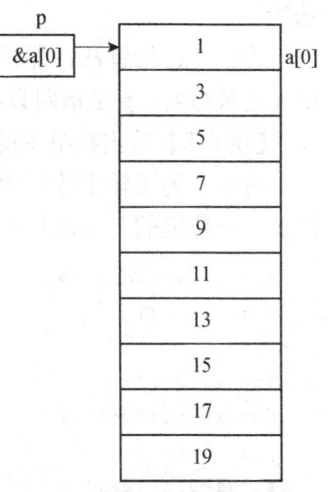

```
int *p = a;
```

图 8-16 指针指向数组元素

从图 8-16 中可以看出，p、a[0]、&a[0]均指向同一个内存单元，它们是数组 a 的首地址，也是第 0 号元素 a[0]的首地址。应该说明的是 p 是变量，而 a[0]、&a[0]都是常量。所以在程序设计中，p++是对的，而 a[0]++或&a[0]++是错误的。

定义数组指针变量的一般形式为：

```
类型说明符 *指针变量名;
```

其中类型说明符表示所指数组的类型。从一般形式可以看出，指向数组的指针变量和指向普通变量的指针变量的定义方式是相同的。

2. 通过指针引用数组元素

C 语言规定：如果指针变量 p 指向数组中的一个元素，那么 p+1 指向同一个数组中的下一个元素。

引入指针变量后，就可以用两种方法来访问数组元素了。

如果 p 的初始值为&a[0]，那么 p+i 和 a+i 就是 a[i]的地址，或者说它们指向数组 a 的第 i 个元素，如图 8-17 所示。

(p+i)或(a+i)是 p+i 或 a+i 所指向的数组元素，即 a[i]。例如，*(p+5)或*(a+5)就是 a[5]。

指向数组的指针变量也可以带下标，如 p[i]与*(p+i)等价。

根据以上叙述，引用一个数组元素有以下两种方法。

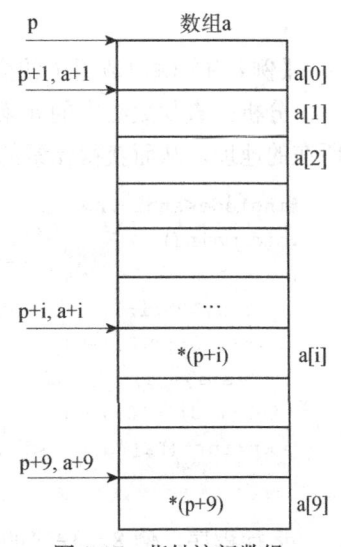

图 8-17 指针访问数组 a

方法一：下标法，即用 a[i]的形式访问数组元素。在前面介绍数组时都是采用这种方法的。

方法二：指针法，即采用*(p+i)或*(a+i)形式，用间接访问的方法来访问数组元素，其中 a 是数组名，p 是指向数组的指针变量，即 p=a。

【例 8-8】 输出数组中的全部元素（下标法）。

分析：为了输出数组中的全部元素，可以借助循环，通过引用下标的方法实现，并且需要注意数组的下标是从 0 开始的。

```
#include<stdio.h>
void main()
{
int a[10],i;
for(i=0;i<10;i++)
a[i] = i;
for(i=0;i<10;i++)
printf("a[%d] = %d\n",i,a[i]);
}
```

运行程序，例 8-8 程序的输出结果如图 8-18 所示。

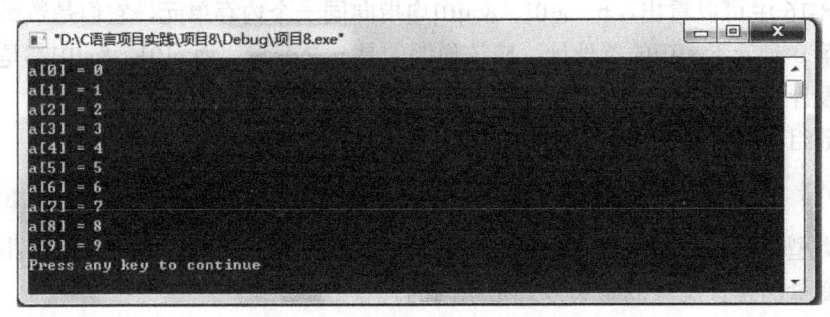

图 8-18　例 8-8 程序的输出结果

【例 8-9】 输出数组中的全部元素（通过数组名计算元素的地址，找出元素的值）。

分析：查找数组中的元素除可以通过引用元素的下标外，还可以通过数组名计算元素所在的地址，从而获得元素的值。

```
#include<stdio.h>
void main()
{
  int a[10],i;
  for(i=0;i<10;i++)
    *(a+i)= i;
  for(i=0;i<10;i++)
    printf("a[%d] = %d\n",i,*(a+i));
}
```

运行程序，例 8-9 程序的输出结果如图 8-18 所示。

【例 8-10】 输出数组中的全部元素（用指针变量指向元素）。

分析：查找数组中的元素还可以借助指针变量。定义一个指针指向数组的起始地址，通过指针位置的移动从而找出数组元素。

```
#include<stdio.h>
void main()
{
int a[10],i,*p;
p = a;
for(i=0;i<10;i++)
*(p+i)= i;
for(i=0;i<10;i++)
printf("a[%d] = %d\n",i,*(p+i));
}
```

程序的运行结果同例 8-8。

【例 8-11】输出数组中的全部元素（借助指针的累加变化找出元素的值）。

```
#include<stdio.h>
void main()
  {
    int a[10],i,*p = a;
    for(i=0;i<10;i)
    {
      *p = i;
      printf("a[%d] = %d\n",i++,*p++);
    }
  }
```

程序的运行结果同例 8-8。

需要注意以下问题。

（1）指针变量可以实现本身的值的改变。如 p++是合法的，而 a++是错误的。因为 a 是数组名，它是数组的首地址，是常量。

（2）由例 8-11 可以看出，虽然定义数组时指定它包含 10 个元素，但指针变量可以指到数组以后的内存单元。

（3）*p++，由于++和*同优先级，并且结合方向自右向左，因此等价于*(p++)。

（4）*(p++)和*(++p)的作用不同。若 p 的初值为 a，则*(p++)等价于 a[0]，*(++p)等价于 a[1]。

（5）(*p)++表示 p 所指向的元素值加 1。

（6）如果 p 当前指向数组 a 中的第 i 个元素，那么：

*(p--)相当于 a[i--]；

*(++p)相当于 a[++i]；

*(--p)相当于 a[--i]。

要注意指针变量当前的值，请看下面的程序。

【例 8-12】阅读下面的程序，分析程序输出的结果，查找出错的原因。

分析：指针可以指向数组的起始地址，其中*p++ = i 和*p = i 的作用不同。*p++，由于++和*同优先级，并且结合方向自右向左，因此等价于*(p++)。

```
#include<stdio.h>
void main()
{
int a[10],i,*p;
p = a;
for(i=0;i<10;i++)
*p++ = i;
for(i=0;i<10;i++)
printf("a[%d] = %d\n",i,*p++);
}
```

运行程序，例 8-12 程序的输出结果如图 8-19 所示。

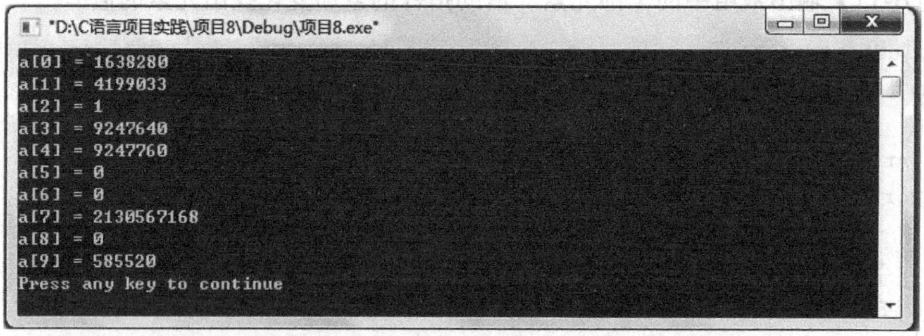
"D:\C语言项目实践\项目8\Debug\项目8.exe"
a[0] = 1638280
a[1] = 4199033
a[2] = 1
a[3] = 9247640
a[4] = 9247760
a[5] = 0
a[6] = 0
a[7] = 2130567168
a[8] = 0
a[9] = 585520
Press any key to continue

图 8-19　例 8-12 程序的输出结果

3. 数组名作为函数参数

数组名可以作为函数的实参和形参。数组名就是数组的首地址，实参向形参传送数组名实际上就是传送数组的地址，形参得到该地址后也指向同一个数组。这就像同一件物品有两个不同的名称一样。

【例 8-13】数组名作为函数参数的实例。

```
#include<stdio.h>
void data_put(int *str,int n)
{
  int i;
  for(i=0;i<n;i++)
    printf("%3d",*(str+i));
  printf("\n");
}
void main()
{
  int a[6] = {1,2,3,4,5,6};
  data_put(a,6);
}
```

运行程序，例 8-13 程序的输出结果如图 8-20 所示。

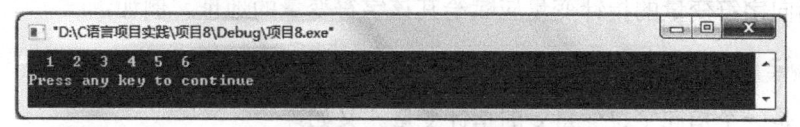

图 8-20　例 8-13 程序的输出结果

由于数组名是数组的首地址，因此，函数的实参和形参都可以使用指向数组的指针或数组名。归纳起来，实参与形参的对应关系有以下 4 种，如表 8-1 所示。

表 8-1　数组名作函数参数时实参与形参的对应关系

实参	形参
数组名	数组名
数组名	指针变量
指针变量	数组名
指针变量	指针变量

4. 字符指针

在 C 语言中，可以用两种方法访问一个字符串。

方法一：用字符数组存放一个字符串，然后输出该字符串。

方法二：用字符指针指向一个字符串。

【例 8-14】用字符数组存放一个字符串。

```
#include<stdio.h>
void main()
{
   char string[] = "I love China!";/*字符数组存放字符串*/
   printf("%s\n",string);/*整体引用输出 */
}
```

运行程序，例 8-14 程序的输出结果如图 8-21 所示。

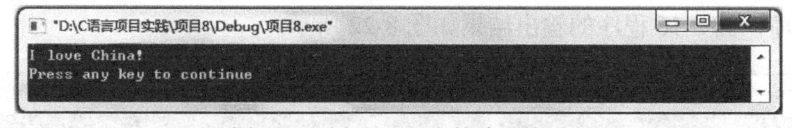

图 8-21　例 8-14 程序的输出结果

说明：和前面介绍的数组的属性一样，string 是数组名，它代表字符数组的首地址。

【例 8-15】字符指针的应用。

```
#include<stdio.h>
void main()
{
   char *str = "I love China!";/*字符指针 str 指向字符串*/
   printf("%s\n",str);/*整体引用输出 */
}
```

运行结果同例 8-14。

对于指向字符变量的指针变量应赋给其该字符变量的地址。例如：

```
char c,*p = &c;
```

表示 p 是一个指向字符变量 c 的指针变量。又如：

```
char *s = "C Language";
```

表示 s 是一个指向字符串的指针变量，并且把字符串的首地址赋给了 s。

上例中，首先定义 s 是一个字符指针变量，然后把字符串的首地址赋给了 s（应写出整个字符串，以便编译系统把该字符串装入一块连续的内存单元），并把首地址送入 s。程序中：

```
char *s = "C Language";
```

等效于：

```
char *s;
s = "C Language";
```

【例 8-16】输出字符串中 n 个字符后的所有字符。

```
#include<stdio.h>
void main()
{
  char *p,*ps = "this is a book";/*把字符串的首地址赋给ps */
  int i,n = 10;
  p = ps;/*把ps的原值保存下来*/
  ps = ps + n;    /*pa + 10后,指向字符"b" */
  printf("%s\n",ps);
  for(i=0;p[i]!='\0';i++)
    printf("%c",p[i]);/* 逐个引用*/
  printf("\n");
}
```

运行程序，例 8-16 程序的输出结果如图 8-22 所示。

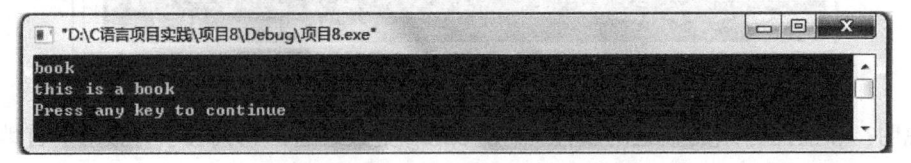

```
"D:\C语言项目实践\项目8\Debug\项目8.exe"
book
this is a book
Press any key to continue
```

图 8-22　例 8-16 程序的输出结果

【例 8-17】用指针求字符串的长度。

```
#include<stdio.h>
void main()
{
  char *p,str[80];
```

```
    int n;
    printf("输入字符串:");
    gets(str);
    p = str;
    while(*p != '\0')p++;
    n = p - str;
    printf("字符串:%s 的长度=%d\n",str,n);
}
```

运行程序，当输入的字符串为"This is C language!"时，例 8-17 程序的输出结果如图 8-3 所示。

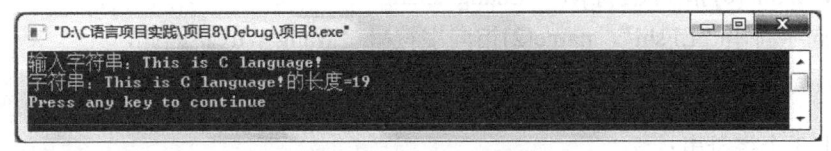

图 8-23 例 8-17 程序的输出结果

用字符数组和字符指针都可实现字符串的存储和运算。但是两者是有区别的。在使用时应注意以下几个问题。

（1）字符指针变量本身是一个变量，用于存放字符串的首地址。而字符串本身是存放在以该首地址为起始地址的一块连续的内存空间中的，并且以"\0"结束。字符数组是由若干个数组元素组成的，它可以用来存放整个字符串。

（2）用字符指针存储字符串时：

```
char *ps = "C Language";
```

可以写为：

```
char *ps;
ps = "C Language";
```

（3）用字符数组存储字符串时：

```
static char st[] = {"C Language"};
```

不能写为：

```
char st[20];
st = {"C Language"};
```

只能对字符数组的各个元素逐个赋值。

5. 指针数组

若一个数组中的元素是指针，则这个数组是指针数组。指针数组是一组有序指针变量的集合。指针数组中的所有元素都必须是具有相同存储类型和指向相同数据类型的指针变量。

定义指针数组的一般形式为：

```
说明符 *数组名[数组长度]
```

例如：

```
int *pa[3];
```

表示 pa 是一个指针数组，它有 3 个数组元素 pa[0]、pa[1]、pa[2]，并且均为指针变量。

在定义指针数组的同时也可以进行初始化，例如，char *name[] = {"Zhang shang", "Li shi", "Wang Wu"}，从中可以看出，指针数组 name[]中共有 3 个元素，并且每个元素都是一个字符指针，如图 8-24 所示。

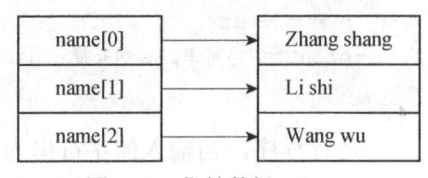

图 8-24 指针数组 name[ ]

其中，name[0]指向字符串"Zhang shang"，name[1]指向字符串"Li shi"，name[2]指向字符串"Wang Wu"。因此，

```
printf("%s,%s,%s\n",name[0],name[1],name[2]);
```

将输出 3 个字符串：

```
Zhang shang,Li shi,Wang Wu
```

【例 8-18】利用指针数组显示数组处理菜单信息：File Edit Search Option。

```
#include<stdio.h>
void main()
{
  char *name[] = {"File","Edit","Search","Option"};
  int i;
  for(i=0;i<4;i++)
    printf("%s ",name[i]);
  printf("\n");
}
```

运行程序，例 8-18 程序的输出结果如图 8-25 所示。

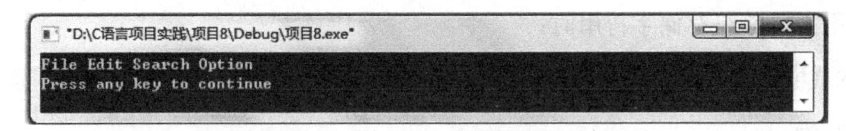

图 8-25 例 8-18 程序的输出结果

6. main() 函数的参数

前面介绍的 main() 函数都是不带参数的，因此 main 后的括号都是空括号。实际上，main() 函数可以带参数，这个参数可以认为是 main() 函数的形参。C 语言规定 main() 函数的参数只能有两个，习惯上将这两个参数写为 argc 和 argv。因此，main() 函数的函数头可以写为：

```
main(int argc,char *argv[ ])
```

C 语言还规定，argc（第一个形参）必须是整型变量，argv（第二个形参）必须是指向字符串的指针数组。

由于 main() 函数不能被其他函数调用，因此 main() 函数的参数是从操作系统的命令行上获得的。当我们要运行一个可执行文件时，在 DOS 提示符下键入文件名，再输入参数，即可以把这些参数传送到 main() 函数的形参中去。

例如有命令行为：

```
C:\>Page24 word excel Foxpro
```

由于文件名 Page24 本身也算一个参数，因此共有 4 个参数，因此 argc 取得的参数为 4。argv 取得的参数是字符串指针数组，其各元素值为命令行中各字符串（参数均按字符串处理）的首地址。指针数组的长度即为参数的个数，数组元素的初值由系统自动赋予，如 8-26 图所示。

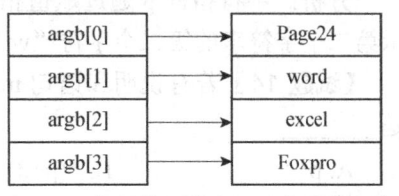

图 8-26　指针数组的应用：命令行参数

三、国考训练课堂 3

【试题 11】若有定义 int w[3][5]，则以下不能正确表示该数组元素的表达式是_____。
A. *(*w+3)　　　　B. *(w+1)[4]　　　　C. *(*(w+1))　　　　D. *(&w[0][0]+1)
答案：B。

分析：选项 A 中，w 表示数组的首地址，*w 表示数组的首地址所对应的值，*(*w+3)表示 w[0][3]；选项 C 中，*(*(w+1)) 表示 w[0][1]；选项 D 中，*(&w[0][0]+1)同样表示 w[0][1]。而选项 B 中的*(w+1)[4]，应该表示为(*(w+1))[4]，这样表示的才是 w[1][4]，即第一行的第 4 个元素。

【试题 12】有以下程序：

```
#include"stdio.h"
#include<stdio.h>
void fun(char **p)
{++p;printf("%s\n",*p);}
main()
{char *a[]={"Morning","Afternoon","Evening","Night"};
fun(a);
}
```

程序的运行结果是_____。
A. Afternoon　　　　B. fternoon　　　　C. Morning　　　　D. orning
答案：A。

分析：指针 p 指向数组 a 的首地址，++p 指向数组 a 的第二个元素，因此选 A。

【试题 13】有以下程序：

```
#include"stdio.h"
main()
{ char *s[]={"one","two","three"},*p;
p=s[1];
```

```
printf("%c,%s\n",*(p+1),s[0]);
}
```

程序执行后的输出结果是_____。

A. n，two   B. t，one   C. w，one   D. o，two

答案：C。

分析：字符指针 p 通过赋值指向字符指针数组 s 中的第二个字符串"two"。*(p+1)表示第二个字符串的第二个字符"w"，s[0]表示第一个字符串"one"的首地址。

【试题 14】若有说明和语句 int c[4][5]，(*p)[5]，p=c，则能正确引用数组 c 中元素的是_____。

A. p+1   B. *(p+3)   C. *(p+1)+3   D. *(p[0]+2)

答案：D。

分析：p 是指向一个一维数组的指针，A、B、C 表示的都是地址，而非数组元素，所以 D 正确。

【试题 15】有以下定义和语句：

```
int a[3][2]={1,2,3,4,5,6,},*p[3];
p[0]=a[1];
```

则*p[0]+1 代表的数组元素是_____。

A. a[0][1]   B. a[1][0]   C. a[1][1]   D. a[1][2]

答案：C。

分析：p 指向一个指针数组，p[0]指向数组 a[1][0]，*(p[0]+1)代表数组 a[1][1]。

拓展训练 8

一、实验目的与要求

1. 掌握指针的概念和定义。
2. 掌握指针的操作符和指针的运算。
3. 掌握指针与数组的关系。
4. 掌握指针与字符串的关系。
5. 熟悉指针作为函数的参数及返回指针的函数。
6. 了解函数指针变量。

二、实验内容

实验 8.1

1. 问题描述：

（1）定义一个整型指针变量 p，使它指向一个整型变量 a；定义一个浮点型指针 q，使它指向一个浮点型变量 b；同时定义另外一个整型变量 c 并赋初值 3。

(2) 使用指针变量,调用 scanf 函数分别输入 a 和 b 的值。
(3) 通过指针间接访问并输出 a、b 的值。
(4) 按十六进制方式输出 p、q 的值及 a、b 的地址。
(5) 使 p 指向 c,通过 p 间接访问 c 的值并输出。
(6) 输出 p 的值及 c 的地址,并与上面的结果进行比较。
2. 实验代码:

```
#include<stdio.h>
int main()
{
    int *p,a,c=2;
    float *q,b;
    p=&a;
    q=&b;
    printf("please input the value of a,b:");
    scanf("%d%f",&a,&b);//使用指针p和q输入a和b的值
    printf("result:\n");
    printf("____%d,%f\n",a,b);
    printf("____%d,%f\n",*p,*q);//指针p和q间接输出a和b的值
    printf("The Address of a,b:%p,%p\n",&a,&b);
    printf("The Address of a,b:%p,%p\n",p,q);//输出p和q的值并与上行输出结果进行比较
    p=&c;
    printf("c=%d\n",*p);
    printf("The Address of c:%x,%x\n",*p,p);//输出p的值及c的地址
    return 0;
}
```

程序执行后的运行结果:_____。

实验 8.2

1. 问题描述:
(1) 定义两个函数 swap1 和 swap2 用于交换 a 和 b 的值。
(2) 从主函数中分别输入两个整型变量 a、b。
(3) 从主函数中分别调用上述两个交换函数,并打印输出交换后 a、b 的结果。
2. 实验代码:

```
#include<stdio.h>
void swap1(int x,int y);
void swap2(int *x,int *y);
int main()
{
    int a,b;
    printf("please input a=:");
    scanf("%d",&a);
    printf("\n____b=:");
    scanf("%d",&b);
```

```
    swap1(a,b);
    printf("\nAfter Call swap1:a=%d n=%d\n",a,b);
    swap2(&a,&b);
    printf("\nAfter Call swap2:a=%d n=%d\n",a,b);
    return 0;
}
void swap1(int x,int y)
{
    int temp;
    temp=x;
    x=y;
    y=temp;
}
void swap2(int *x,int *y)
{
    int temp;
    temp=*x;
    *x=*y;
    *y=temp;
}
```

课后习题 8

一、单选题

1. 设 int i，*p = &i，以下语句中正确的是_____。
   A. *p=10;   B. i=p   C. i+=p;   D. p=2*p+1
2. 设 char s[10]，*p = s，以下语句中不正确的是_____。
   A. p=s+5;   B. s = p+s;   C. a[2] = p[4]; D. *p=s[0];
3. 设 int a[3] = {1, 2}，*p=a，则*p 与*(p+2)的值分别是_____。
   A. 1 和 0   B. 0 和 1   C. 1 和 2   D. 2 和 0
4. 设 static int a[5] = {1, 2, 3}，*p = &a[2]，则*++p 的值是_____。
   A. 1   B. 0   C. 3   D. 4
5. 设 int a[] = {10, 11, 12}，*p=&a[0]，则执行完*p++和*p+=1 后，a[0]、a[1]、a[2]的值依次是_____。
   A. 10，11，12   B. 11，12，12   C. 10，12，12   D. 11，11，12
6. 设 char *str = "ab\0cd"，则执行 printf("%s", str)后的输出结果是_____。
   A. abcd   B. ab\0cd   C. ab   D. ab0cd
7. 设 char ch，str[4]，*strp，正确的赋值语句是_____。
   A. strp = "who"; B. ch = "who"; C. str="who";   D. str[1] = "who"
8. 已知 char s[10]，则不能表示 s[1]地址的选项是_____。
   A. s+1   B. ++s   C. &s[0]+1   D. &s[1]

9. 有以下程序段：

```
int a[10] = {1,2,3,4,5,6,7,8,9,10},*p=&a[3],b;
b = p[5];
```

执行该程序段后，b 中的值是_____。
A. 5　　　　　　B. 6　　　　　　C. 8　　　　　　D. 9

10. main()函数的参数表经常为空，表明主函数_____。
A. 不可能有形参，更不可能有对应的实参
B. 可以有形参和对应的实参
C. 可以有形参，但不可能有对应的实参，它的参数值是从操作系统的命令行上获得的

二、填空题

1. 写出程序的运行结果_____。

```
#include <stdio.h>
void main()
{
int a[] = {1,2,3,4,5,6};
int *p;
p = a;
*(p+3) += 2;
printf("%d,%d\n",*p,*(p+3));
}
```

2. 以下 fnStrcopy() 函数的功能是将字符串 t 复制到字符串 s。请阅读程序，并写出运行结果_____。

```
#include <stdio.h>
char *fnStrcopy(char &s,char *t)
{
char *p = s;
for(;*t;s++,t++)
 *s = *t;
*s = '\0';
return p;
}
void main()
{
char s1[20] = "abc",*ch;
char s2[10] = "def12356";
ch = fnStrcopy(s1,s2);
printf("%s",ch);
}
```

3. 写出下列程序的输出结果_____。

```
#include <stdio.h>
```

```
void main()
{
int *p;
int a[2]={1};
p=&a[0];
*p=2;
p++;
printf("%d",p);
p--;
printf("%d\n",p);
}
```

4. 写出下列程序的输出结果_____。

```
#include <stdio.h>
void main()
{
int a=3,b=5;
int *p1=&a,*p2=&b,*p;
printf("%d,%d\n",*p1,*p2);
p=p1, p1=p2,p2=p1;
printf("%d,%d\n",*p1,*p2);
printf("%d,%d\n",a,b);
}
```

5. 写出下列程序的输出结果_____。

```
#include <stdio.h>
void main()
{
int a[5] = {1,3,5,7,9},*p,i;
for(p=a;p<a+5;p++)
printf("%3d",*p);
printf("\n");
for(p=a,i=0;i<5;i++)
printf("%3d",*p+i);
printf("\n");
}
```

项目 9　思前想后——预处理功能

项目导读

学习和掌握 C 语言提供的多种预处理功能,如宏定义、文件包含、条件编译等。使用预处理命令编写的程序便于阅读、修改、移植和调试,也有利于模块化程序设计。

项目目标

1. 学习和使用预处理命令,培养学生进行分析总结的能力,鼓励学生砥砺奋进。
2. 学习和理解带参数宏定义和不带参数宏定义的作用和意义,使学生养成精益求精、匠心即我心的好心态、好习惯。
3. 学习文件包含的格式和功能,让学生学会保存资料、资源共享,并帮助学生养成规范保存文件的习惯。
4. 利用不同格式的条件编译实现不同的功能效果,让学生懂得无论是代码的规范性还是个人的行为习惯都应遵守一定的规则。
5. 通过学习 C 语言的预处理命令,培养学生懂得"工欲善其事,必先利其器"的哲理。

任务 1　预处理

一、任务描述

为了方便读取和调用程序,需要对程序进行预处理。因此只有正确认识了预处理命令的作用,并将预处理命令与 C 语言语句、编译语句区别开来,才能真正用好预处理命令。

二、相关知识

1. 预处理简介

所谓预处理就是指在进行编译的第一遍扫描(词法扫描和语法分析等)之前所做的工作。预处理命令是以"#"开头的代码行,"#"必须是该行除任何空白字符外的第一个字符。"#"后是命令关键字,在关键字和"#"之间允许存在任意个数的空白字符。整行语句构成了一条预处理命令。由于预处理命令并不是 C 语言本身的组成部分,编译系统不能识别它们,因此不能对预处理命令进行编译。这就需要在对 C 语言源程序编译之前对这些特殊的命令进行预处理。

合理地使用预处理命令可以改进程序设计的环境及提高编程的效率，有利于模块化程序设计。

2. 预处理命令

在前面的项目编程中，已多次使用过以"#"开头的预处理命令。凡是以"#"开头的语句均为预处理命令。如文件包含命令#include "stdio.h"和#include "math.h"，宏定义命令#define PI 3.14 等都是预处理命令。

上述这些操作都是在编译之前完成的，经过预处理之后源程序中不再包含相应的预处理命令。预处理过程会先删除程序中的注释和多余的空白字符，再由编译系统对已经预处理过的源程序文件进行编译，经编译后生成目标代码。现在使用的许多的 C 语言编译系统都包括预处理、编译和连接等部分，但它们在编译时一气呵成，因此很多用户就误认为预处理命令是 C 语言的一部分，甚至认为它们是 C 语言语句，这是错误的。预处理命令之所以都是以"#"开头是为了与其他 C 语言语句区分。

C 语言提供的预处理功能主要有 3 种，即宏定义、文件包含和条件编译。这 3 种功能分别使用宏定义命令、文件包含命令和条件编译命令来实现。

三、国考训练课堂 1

【试题1】以下叙述中正确的是_____。
A. 预处理命令必须位于源文件的开头
B. 在源文件的一行上可以有多条预处理命令
C. 宏名必须用大写字母表示
D. 宏替换不占用程序的运行时间

答案：D。

分析：本题考查的是 C 语言的预处理。以"#"开头的语句是预处理命令，它不一定必须放在文件的开头，因此 A 不正确。每条预处理命令必须单独占一行，因此 B 不正确。一般的宏名用大写字母表示，为的是与一般变量名等区分，但不是必须为大写字母，因此 C 不正确。宏替换是在预处理阶段进行的，不占用程序的运行时间，因此 D 是正确的。

【试题2】以下程序运行后的输出结果是_____。

```
#define S(x)4*x*x+1
main()
{int i=6,j=8;
 printf("%d\n",S(i+j));
}
```

答案：81。

分析：本题考查 C 语言中带参数的宏。宏替换是在编译阶段完成的，因为它只是简单的字符串替换，没有任何的运算功能，所以替换后 S(i+j)=4*x*x+1=4*i+j*i+j+1=4*6+

8*6+8+1=81。

【试题 3】有以下程序：

```
#include"stdio.h"
#define f(x)x*x
main()
{int i;
 i=f(4+4)/f(2+2);
printf("%d\n",i);
}
```

执行后输出结果是_____。

A. 28　　　　　B. 22　　　　　C. 16　　　　　D. 4

答案：A。

分析：本题考查带参数的宏调用。在程序的开始处定义了带参数的宏 f(x)，编译时宏替换的结果是：i=f(4+4)/f(2+2)=4+4*4+4/2+2*2+2=28。本题的关键在于是否能够正确地将实参按原样直接替换到宏名对应字符串的形参中，宏定义时由于字符串没有加括号，因此替换时不能将实参看作整体自动加括号。

【试题 4】以下叙述中正确的是_____。

A. 在 C 语言中，预处理命令行都以"#"开头

B. 预处理命令行必须位于 C 语言源程序的起始位置

C. #include <stdio.h>必须放在 C 语言程序的开头

D. C 语言的预处理不能实现宏定义和条件编译的功能

答案：A。

分析：预处理命令是以"#"开头的语句，它们不是 C 语言的可执行命令，这些命令应该在函数之外书写，一般在源文件的最前面书写，但不是必须在起始位置书写，所以 B、C 错误。C 语言的预处理能够实现宏定义和条件编译等功能，所以 D 也是错误的。

【试题 5】有以下程序：

```
#include<stdio.h>
#define S(x)4*(x)*x+1
main()
{ int k=5,j=2;
printf("%d\n",S(k+j));
}
```

程序运行后的输出结果是_____。

A. 197　　　　　B. 143　　　　　C. 33　　　　　D. 28

答案：B。

分析：宏定义的格式为"#define 标识符 字符串"，其中的标识符就是所谓的符号常量，也称"宏名"。宏的预处理也称宏展开，即将宏名替换为字符串。本题中把 S(k+j)替换成 4*(k+j)*k+j+1，计算结果为 143。

任务 2 宏

一、任务描述

为了在程序中简化输入、易于纠错,常对程序中反复使用的表达式进行宏定义。在 C 语言中,"宏"分为带参数和不带参数两种。

二、相关知识

1. 宏简介

在 C 语言源程序中允许用一个标识符来表示一个字符串,该标识符被定义为"宏"。被定义为"宏"的标识符称为"宏名"。在预处理时,将程序中所有出现的"宏名"都用宏定义中的字符串去替换的做法称为"宏替换"或"宏展开"。

宏定义是由预处理中的宏定义命令#define 来完成的。而宏替换是由预处理程序自动完成的。

2. 不带参数的宏定义

不带参数宏定义的一般形式为:

```
#define  标识符  字符串
```

其中的"#"表示这是一条预处理命令。"define"为宏定义命令。"标识符"为所定义的宏名。"字符串"不加双引号,它可以是常量、表达式、格式串等。

例如,#define PI 3.14159 表示用标识符 PI 来替换字符串 3.14159。在编写程序时,所有用到 3.14159 的地方均可用 PI 来替换。系统在对源程序进行编译之前,首先使用预处理程序对源程序中的预处理部分进行预处理。本例中的预处理就是先进行宏替换,即用 3.14159 来替换源程序中的所有宏名 PI,再进行编译。这样做会使程序易于修改、阅读,增强程序的可移植性。

再例如,#define M(y*y+3*y)的含义是用标识符 M 替换表达式(y*y+3*y)。在编写源程序时,所有的(y*y+3*y)都可以用 M 替换。对源程序编译时,会先由预处理程序进行宏替换,即用表达式(y*y+3*y)去替换所有的宏名 M,再进行编译。

【例 9-1】输入圆的半径,求圆的直径、周长和面积。

分析: 由于圆周率需要在程序中多次使用,并且其数值位数较多,因此可将其以宏定义的方式替换。把在程序中所有用到圆周率的位置用它的宏名替换,便于程序的阅读和修改。

编写的程序如下:

```
#include"stdio.h"
#define PI 3.14159
main()
{
float r,d,s,l;
```

```
    printf("please input r:");
    scanf("%f",&r);
    d=2*r;
    l=2.0*PI*r;
    s=PI*r*r;
    printf("d=%f\nl=%8.2f\ns=%10.2f\n",d,l,s);
}
```

运行程序，当输入10时，例9-1程序的输出结果如图9-1所示。

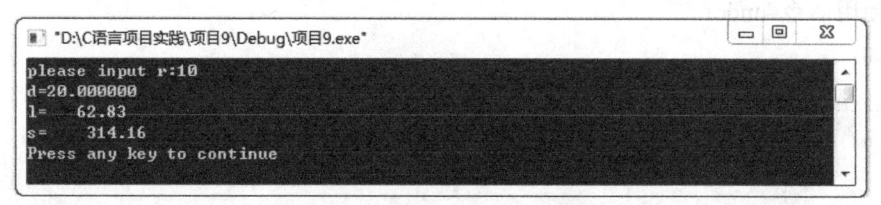

图9-1 例9-1程序的输出结果

【例9-2】编写程序计算 x=2+(y*y+3*y)+3*(y*y+3*y)+4*(y*y+3*y)+5−(y*y+3*y)。

分析：当表达式 y*y+3*y 在程序中多次被使用时，可以用宏定义一个符号来替代表达式 y*y+3*y，从而简化程序。

编写的程序如下：

```
#include"stdio.h"
#define M(y*y+3*y)          /*定义M来替代表达式(y*y+3*y)*/
main()
{
  int x,y;
  printf("input a number: ");
  scanf("%d",&y);
  x=2+M+3*M+4*M+5-M;
  printf("x=%d\n",x);
}
```

运行程序，例9-2程序的输出结果如图9-2所示。

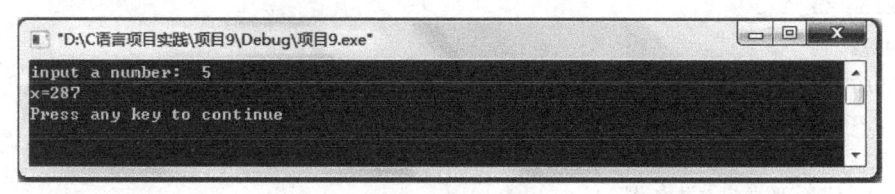

图9-2 例9-2程序的输出结果

上例中首先进行宏定义，定义M来替代表达式(y*y+3*y)，然后在 x=2+M+3*M+4*M+5−M 中进行宏调用。在预处理时经宏展开后原语句变为 x=2+(y*y+3*y)+3*(y*y+3*y)+4*(y*y+3*y)+5−(y*y+3*y)。

注意：

（1）在宏定义中表达式(y*y+3*y)两边的括号不能少，否则会发生错误。例如，定义

#difine M y*y+3*y 后，在宏展开时将得到语句 x=2+y*y+3*y+3*y*y+3*y+4*y*y+ 3*y+5−y*y+3*y，这显然与题意要求不符，因此在做宏定义时应保证在宏替换之后不发生错误。

（2）宏定义是用宏名来表示一个字符串，在宏展开时又用该字符串替换宏名。这只是一种简单的替换，字符串中可以包含任何字符，并且字符串可以是常量或表达式。

（3）宏定义不是说明或语句，在行末尾不应加 C 语言的语句结束标志（分号）。若加分号，则应连分号一起替换。

（4）宏定义必须写在函数之外，其作用域从宏定义命令起到源程序结束，要终止其作用域可使用命令#undef。

例如：

```
#define PI 3.14159
main()
{
…
}                    ⎫
#undef PI            ⎬  PI 的有效作用范围
f1()                 ⎭
{
…
}
```

由于#undef 的作用是使 PI 的作用范围到#undef 处终止，因此 PI 只在 main() 函数中有效，在 f1() 函数中无效。

（5）宏名习惯上用大写字母表示，便于与一般变量区分。

（6）宏名在源程序中若带引号，则预处理程序不对其作宏替换。

【例 9-3】被定义的宏名在源程序中带引号的情况。

分析：定义宏名 OK 代表字符串"123"。该程序中 printf 语句中的 OK 若带引号，则表示字符串"OK"，因此不做宏替换，只把"OK"当字符串处理。

编写的程序如下：

```
#include"stdio.h"
#define OK 123
main()
{    printf("当 OK 不带引号时输出");
     printf("%d",OK);
printf("\n");
printf("当 OK 带引号时输出");
printf("%s\n","OK");
}
```

运行程序，例 9-3 程序的输出结果如图 9-3 所示。

```
"D:\C语言项目实践\项目9\Debug\项目9.exe"
当OK不带引号时输出123
当OK带引号时输出OK
Press any key to continue
```

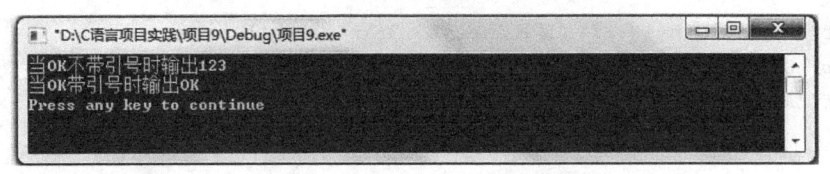

图 9-3 例 9-3 程序的输出结果

3. 带参数的宏定义

在 C 语言中，允许宏带有参数。在宏定义中的参数被称为形式参数（形参），在宏调用中的参数被称为实际参数（实参）。带参数的宏定义不是简单的字符串替换，而是参数的替换，也就是在调用过程中进行宏展开时，用实参去替换形参。

带参数的宏定义的一般形式为：

```
#define  标识符（形参表）字符串
```

带参数的宏调用的一般形式为：

```
标识符(实参表);
```

其中标识符就是宏名。

例如：

```
#define PI 3.14159        /*宏定义*/
#define S(r)PI*(r)*(r)
…
area=S(10);               /*程序中的宏调用*/
```

首先定义了不带参数的宏 PI，然后又定义了带参数的宏 S(r)，其中 r 是宏 S 的形参。语句 area=S(10)嵌套调用了宏 PI 和宏 S，同时用宏 S 的实参 10 替换了宏定义中的形参 r，故经预处理宏展开后的语句"area=S(10)"被替换为"area=3.14159*10*10"。

【例 9-4】输入圆的半径，使用带参数的宏定义求圆的周长、圆的面积及两者的比值。

分析：在程序中可以将圆的周长和面积都定义为宏，并将半径作为宏的参数，这样就可以在进行宏展开的同时进行参数的替换。

编写的程序如下：

```
#include"stdio.h"
#define PI 3.1415926
#define L(r)2.0*PI*(r)/*宏定义中形参名为r*/
#define S(r)PI*(r)*(r)/*宏定义中形参名为r*/

main()
{
  float r,length,area,pr;
  printf("input number to r:");
  scanf("%f",&r);
length=L(r);
area=S(r);
```

```
    printf("周长 length=%6.2f\n 面积 area=%5.3f\n",length,area);
    pr=L(r)/S(r);
    printf("周长和面积的比值是%f\n",pr);
}
```

运行程序，从键盘上输入 10 时，例 9-4 程序的输出结果如图 9-4 所示。

图 9-4 例 9-4 程序的输出结果

该程序输出的圆的周长和面积是正确的，但周长和面积的比值是错误的。因为在计算周长和面积的比值时，其使用的是当前的宏定义，即 pr= PI*(a)*(a)/2.0*PI*(a)，这显然与题目的原意不符。解决的方法是使用括号将整个字符串括起来。

【例 9-5】 例 9-4 的改进。

分析：为了计算出正确的周长与面积的比值，需要在宏定义的时候增加括号。

编写的程序如下：

```
#include"stdio.h"
#define PI 3.1415926
#define L(r) (2.0*PI*(r))/*宏定义中形参名为 r*/
#define S(r) (PI*(r)*(r))/*宏定义中形参名为 r*/
main()
{
  float r,length,area,pr;
  printf("input  number to r:");
  scanf("%f",&r);
length=L(r);
area=S(r);
printf("周长 length=%6.2f\n 面积 area=%5.3f\n",length,area);
pr=L(r)/S(r);
printf("周长和面积的比值是%f\n",pr);
}
```

运行程序，从键盘上输入 10 时，例 9-5 程序的输出结果如图 9-5 所示。

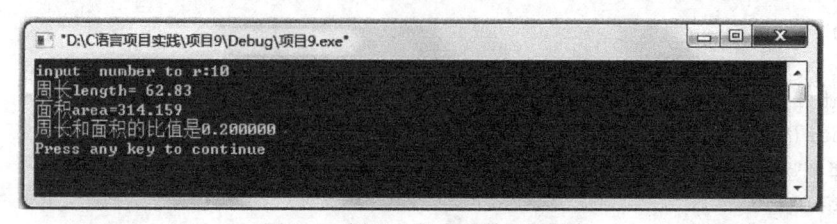

图 9-5 例 9-5 程序的输出结果

4. 宏定义的嵌套

在宏定义的字符串中可以使用已经定义的宏名，也就是说，宏定义可以相互嵌套，在宏展开时由预处理程序层层替换。

【例 9-6】 宏定义的嵌套使用。

分析：宏定义的嵌套是在宏定义中使用已经被定义的宏，在使用的时候需要逐级展开。

编写的程序如下：

```
#include"stdio.h"
#define PI 3.14159
#define S PI*y*y         /* PI 是已定义的宏名*/
main()
{float y;
printf("please input y:");
scanf("%f",&y);
printf("对应的面积是%f\n",S);    /*本语句中的 S 经宏展开为 3.14159*y*y */
}
```

运行程序，从键盘上输入 10 时，例 9-6 程序的输出结果如图 9-6 所示。

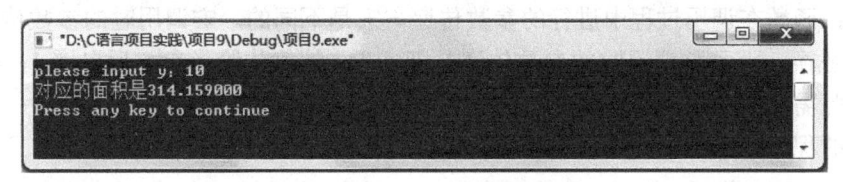

图 9-6　例 9-6 程序的输出结果

注意：

（1）在带参数的宏定义中，宏名和形参表之间不能有空格。

例如，#define L(r)　(2.0*PI*(r))如果写为#define L　r)(2.0*PI*(r))将被认为是无参数的宏定义，宏名 L 代表字符串"(r)(2.0*PI*(r))"。此时，在宏展开时，宏调用语句 Length=L(a)将变为 Length=(a)(2.0*PI*(a))(a)，这显然是错误的。

（2）在带参数的宏定义中，形参和实参可以用不同的名字来表示，并且由于形参不占用内存单元，因此不必做类型说明。而宏调用中的实参需要有具体的值，并且要用它们去替换形参，因此必须做类型说明。这与函数有所不同，在函数中，形参和实参是两个不同的量，各有自己的作用域，调用时要把实参的值赋给形参，进行值传递。而在带参数的宏中，只是符号替换，不是值传递。

（3）对于带参数的宏展开，只是将实参作为字符串，通过简单的字符串替换来代替形参，这与函数的调用不同，因此用户应该注意宏展开后的正确性。

例如：

```
#define S(r)PI*r*r     /*宏定义*/
…
area=S(a+b);      /*程序中的宏调用语句*/
```

宏展开后 area=PI*a+b*a+b，这显然不符合题意，因此为了避免这种错误的发生，应在宏定义时给所有的形参都加上括号。

例如：

```
#define S(r)PI*(r)*(r)
…
area=S(a+b);
```

宏展开后 area=PI*(a+b)*(aା+b)，这才符合题目的本意。

（4）宏调用中的实参可以是表达式。

例如：

```
#define S(r)PI*r*r    /*宏定义*/
…
area=S(a+b);          /*程序中的宏调用语句*/
```

（5）带参数的宏和带参函数很相似，但有本质上的不同。除上面介绍的几点外，把同一个表达式用函数处理与用宏处理两者的结果可能是不同的。

【例 9-7】带参函数的应用。

分析：函数在调用过程中进行的参数传递与宏是不同的。宏调用时的参数传递只是简单的字符替换，而函数调用时的参数传递是把实参 i 的值传给形参 y 后自增 1，再输出函数值。因此需要循环 4 次，才能依次输出 1~4 的平方值。

编写的程序如下：

```
#include"stdio.h"
main()
{int bj(int y);/*在主函数中声明用户自定义函数bj()*/
int i=1;
while(i<=4)
printf("%d\n",bj(i++));/*函数名通常用小写*/
}
bj(int y)/*函数名通常用小写*/
{
  return((y)*(y));
}
```

运行程序，例 9-7 程序的输出结果如图 9-7 所示。

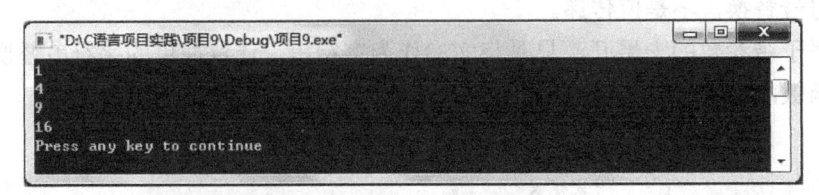

```
1
4
9
16
Press any key to continue
```

图 9-7　例 9-7 程序的输出结果

【例 9-8】带参数的宏的应用。

分析：用带参数的宏对例 9-7 进行修改。由于宏调用只做简单的字符串替换，因此

BJ(i++)被替换为((i++)*(i++))。在第一次循环时，i 等于 1，其计算过程为：由于表达式中前一个 i 的初值为 1，然后 i 自增 1 变为 2，因此表达式中第二个 i 的初值为 2，相乘的结果也为 2，最后输出 2，然后 i 的值再自增 1 变为 3。在第二次循环时，由于 i 的初值为 3，因此表达式中的前一个 i 为 3，后一个 i 为 4，乘积为 12，输出为 12，而此时由于 i 的值已为 4，因此这是最后一次循环，本程序只循环两次。之后 i 的值自增 1 变为 5，不再满足循环条件，程序的循环终止。

编写的程序如下：

```
#include"stdio.h"
#include"stdio.h"
#define BJ(y)((y)*(y))/*宏名习惯用大写*/
main()
{
  int i=1;
  while(i<=4)
    printf("%d\n",BJ(i++));/*宏名习惯用大写*/
}
```

运行程序，例 9-8 程序的输出结果如图 9-8 所示。

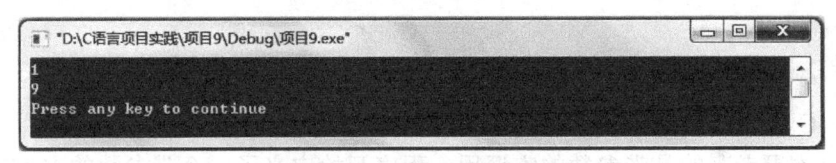

图 9-8 例 9-8 程序的输出结果

例 9-7 中的函数名为 bj，形参为 y，函数体表达式为((y)*(y))。例题 9-8 中宏名为 BJ，形参为 y，字符串表达式为((y)*(y))。虽然表达式相同，但输出结果不相同。

5. 其他用法

在 C 语言中除可以利用宏定义实现值的替换外，还可以使用宏定义来表示输出格式、数据类型等，从而简化程序。

【例 9-9】对"输出格式"做宏定义。

分析：在程序中经常会多次使用输入输出语句，因此可对输入输出格式做宏定义，以简化程序。

编写的程序如下：

```
#include"stdio.h"
#define P printf           /*定义3个宏*/
#define D "%d "
#define F "%f\n"
main()
{
  int x=1,y=2,z=3;
  float a=1.5,b=3.6,c=11.9;
```

248 / C语言项目化教程

```
  P(D  F,x,a);          /*使用已定义的宏,进行宏展开*/
  P(D  F,y,b);
  P(D  F,z,c);
}
```

运行程序，例 9-9 程序的输出结果如图 9-9 所示。

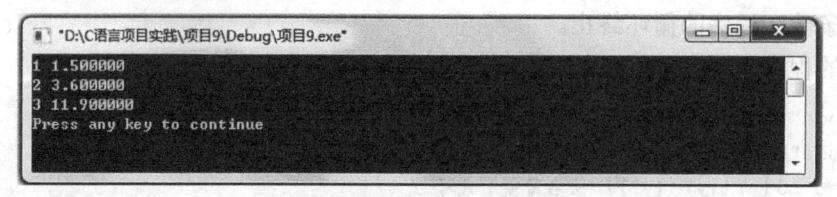

```
"D:\C语言项目实践\项目9\Debug\项目9.exe"
1 1.500000
2 3.600000
3 11.900000
Press any key to continue
```

图 9-9 例 9-9 程序的输出结果

三、国考训练课堂 2

【试题 6】设有如下宏定义：

```
#define MYSWAP(Z,X,Y){z=x;x=y;y=z;}
```

以下程序段通过宏调用实现变量 a、b 值的交换，请填空。

```
float a=5,b=16,c;
MYSWAP(_____,a,b);
```

答案：C。

分析：本题考查的是带参数的宏调用。程序开始定义了一个带参数的宏 MYSWAP，它有 3 个参数 x、y、z，题目指出该程序通过调用宏来实现变量 a、b 值的交换，并且因为宏调用语句中已经放入了右边的两个参数 a 和 b，所以程序的空白处应填变量 c，即将 c 作为中间变量来交换 a 和 b 的值。

【试题 7】以下程序的输出结果是_____。

```
#define MCRA(m)2*m
#define MCRB(n,m)2*MCRA(n)+m
main()
{int i=2,j=3;
 printf("%dn",MCRB(j,MCRA(i)));
}
```

答案：16。

分析：本题考查了带参数的宏的嵌套调用。在程序中进行宏展开时，首先，将 MCRA(i) 进行替换得到 MCRA(i)=2*i=2*2=4，再将 MCRB(j, 4)进行替换得到 MCRB(j, 4)=2*MCRA(j)+4=2*2*j+4=12+4=16。

【试题 8】下面程序的运行结果是_____。

```
#include"stdio.h"
#define  N  10
```

```
#define s(x)x*x
#define f(x)(x*x)
main()
{
int i1,i2;
 i1=1000/s(N);
 i2=1000/f(N);
 printf("%d %d\n",i1,i2);
}
```

答案：1000 10。

分析：本题考查宏调用。在程序的开始处定义了 3 个宏，其中 N 表示 10，s(x)表示 x*x，f(x)表示(x*x)，将语句 i1=1000/s(N)和 i2=1000/f(N)展开后可得 i1=1000/s(N)=1000/10*10=1000，i2=1000/f(N)=1000/(10*10)=10，因此输出为 1000 10。

【试题 9】有以下程序：

```
#include<stdio.h>
#define F(X,Y)(X)*(Y)
main()
{int a=3,b=4;
 printf("%d\n",F(a++,b++));
}
```

程序运行后的输出结果是_____。

A. 12　　　　　B. 15　　　　　C. 16　　　　　D. 20

答案：A。

分析：本题考查带参数的宏调用及自增自减运算符的使用。在程序的开始处定义了带参数的宏 F(X, Y)，其表示(X)*(Y)，对语句 F(a++, b++)进行宏展开后可得：F(a++, b++)=(a++)*(b++)=3*4=12。

【试题 10】以下程序中，for 循环体执行的次数是_____。

```
#define N 2
#define M N+1
#define K M+1*M/2
main()
{int i;
 for(i=1;i<K;i++)
   {……}
}
```

A. 28　　　　　B. 22　　　　　C. 16　　　　　D. 4

答案：D。

分析：本题考查 C 语言中宏定义的嵌套。该类型的题需要使用倒推的方法求解。首先 K=M+1*M/2，其中的 M=N+1，因此 K=(N+1)+1*(N+1)/2，然后用 2 替换 N，最终可得：K=2+1+1*(2+1)/2=5.5。由于 i 被定义为整型，因此 i 的值是 5 而不是 5.5。因为循环条件是 i<K，也就是 i<5，所以可知 for 循环的次数为 4。

任务 3　文件包含

一、任务描述

文件包含命令是把指定的文件插入该命令行位置取代该命令行，从而把指定的文件和当前的源文件连成一个源文件。这样，就不用在每个文件的开头都去书写那些公用量，从而避免程序设计者的重复性劳动。

二、相关知识

1. 概念

所谓"文件包含"是指一个源文件可以将另一个源文件的全部内容包含进来，即将另外的文件包含到本文件之中。在 C 语言中，用"#include"命令来实现"文件包含"的操作。

2. 格式

文件包含命令的格式一般有两种。

格式一：

```
#include "文件名"
```

当用双引号（""）将文件名引起来时，编译器会先在当前目录下查找该文件。如果没有找到，就再到系统路径下查找。

格式二：

```
#include <文件名>
```

当用尖括号（<>）将文件名括起来时，编译器会直接到系统路径下查找所需要的文件。

3. 功能

通常情况下被包含的文件总位于其他文件之前，称为"标题文件"或"头文件"，常以"h"为后缀，也就是头（head）的缩写。当然，不用"h"做后缀用"c"做后缀也是可以的，但很显然用"h"做后缀更能表明该文件的性质。文件包含示意图如图 9-10 所示。

如图 9-10（a）所示，文件 file1.c 中有一条文件包含命令#include <file2.h>。在编译时，文件 file2.h 的全部内容将先被复制到#include<file2.h>命令处，再将其作为一个源文件进行编译。

在程序设计中，文件包含是很有用的。可以将有些公用的符号常量或宏定义等单独组成一个文件，在其他文件的开头用包含命令包含该文件即可使用。

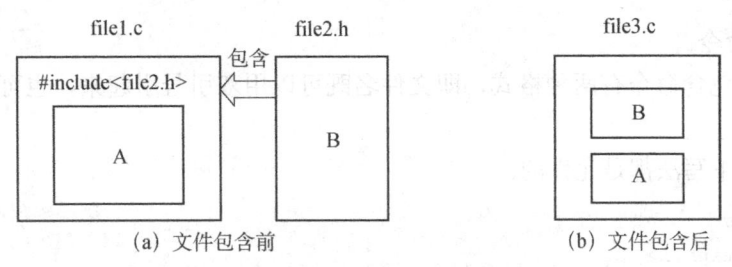

图9-10 文件包含示意图

【例9-10】利用文件包含命令实现输入圆的半径,并计算圆的周长和面积。

分析:如果一些宏定义是用来解决一些实际问题的公共量,在多个程序中都要用到,那么最好将这些公共量放入一个文件,这样,通过文件包含命令就可以使用这些公共量。

编写的程序如下:

文件 file2.h 源程序如下:

```
#define PI 3.14159
#define P printf
#define L(r)(2.0*PI*(r))
#define S(r)(PI*(r)*(r))
```

文件 file1.c 源程序如下:

```
#include<file2.h>
main()
{
  float a,length,area;
  P("input a number to r:");
  scanf("%f",&a);
  length=L(a);
  area=S(a);
  P("利用文件包含实现");
  P("当圆的半径是%5.2f 时\n",a);
  P("对应的周长 length=%6.2f\n 面积是 area=%6.2f\n",length,area);
}
```

运行程序,从键盘上输入 10 时,例 9-10 程序的输出结果如图 9-11 所示。

```
"D:\C语言项目实践\项目9\Debug\项目9.exe"
input a number to r:10
利用文件包含实现当圆的半径是10.00时
对应的周长length= 62.83
面积是area=314.16
Press any key to continue
```

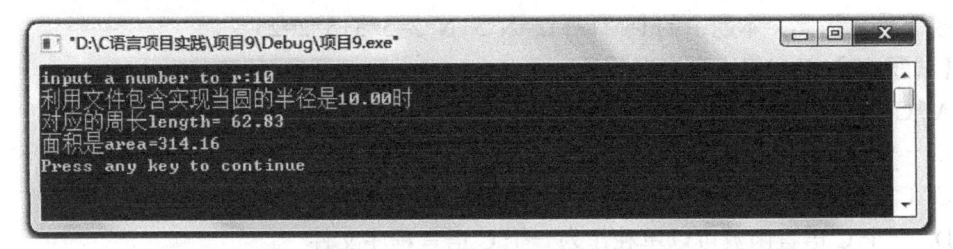

图9-11 例9-10程序的输出结果

注意:

(1) 一个#include 命令只能指定一个被包含文件,如果要包含 n 个头文件,就要使用

n 个#include 命令。

（2）文件包含命令有两种格式，即文件名既可以用双引号引起来，也可以用尖括号括起来。

例如，以下写法都是允许的。

```
#include"stdio.h"
#include<math.h>
```

但是这两种写法是有区别的：双引号表示先在当前的源文件目录中查找需要的头文件，若未找到，则到包含文件目录（用户在配置环境时设置的）中查找。尖括号表示直接在包含文件目录中查找，而不在源文件目录中查找。

（3）文件包含命令允许出现嵌套，即在一个被包含的文件中又可以包含另一个文件，标准的 C 编译器至少支持八重嵌套包含。

三、国考训练课堂 3

【试题 11】程序中头文件 type1.h 的内容是：

```
#define N 5
#define M1 N*3
```

编写的程序如下：

```
#include "type1.h"
#define M2 N*2
main()
{int i;
 i=M1+M2;
printf("%dn",i);}
```

程序编译运行后的输出结果是_____。
A. 10   B. 20   C. 25   D. 30
答案：C。

分析：本题用 type1.h 文件中的内容替换了命令"#include "type1.h""。C 语言中的宏定义就是用宏名代表一个字符串，编译时只要程序中出现宏名的地方都被其所代表的字符串替换下来，因此，本题中的 i=M1+M2=N*3+N*2=5*3+5*2=25。

【试题 12】下列叙述中错误的是_____。
A. C 语言程序可以由多个程序文件组成
B. 一个 C 语言程序只能实现一种算法
C. C 语言程序可以由一个或多个函数组成
D. 一个 C 语言函数可以单独作为一个 C 语言程序文件
答案：B。

分析：一个 C 语言程序可以实现多种算法，并且对算法的个数没有规定，所以 B 错误。

【试题 13】下面程序由两个源程序文件 t4.h 和 t4.c 组成，程序编译运行的结果是_____。

t4.h 的源程序为：

```
#define N 10
#define f2(x) (x*N)
```

t4.c 的源程序为：

```
#include<stdio.h>
#define M 8
#define f(x) ((x)*M)
#include "t4.h"
main()
{ int i,j;
i=f(1+1);
j=f2(1+1);
printf("%d%d\n",i,j);
}
```

  A. 920   B. 1611   C. 911   D. 1610

  答案：B。

  分析：本题用 t4.h 文件中的内容替换了命令 "#include "t4.h""。分析程序可以得出 i＝f(1+1)展开后为 i=(1+1)*M=(1+1)*8=16，j=f2(1+1)展开后为 j＝1＋1＝1＋1*10=11。

  【试题 14】有两个源程序文件 file1.c 和 file2.c。

  file1.c 源程序：

```
int max(int x,int y)
{
    int z;
    if(x>y)z=x;
    else z=y;
    return z;
}
```

  file2.c 源程序：

```
#include<stdio.h>
#include "file1.c"
void main()
{
    int a,b,c;
    printf("Input a,b:");
    scanf("%d,%d",&a,&b);
    c=max(a,b);
    printf("c=%d\n",c);
}
```

  当输入 3 和 5 时，该程序输出的结果是 c=_____。

A. 3　　　　　　B. 5　　　　　　C. 8　　　　　　D. 2

答案：B。

分析：本题用 file1.c 文件中的内容替换了命令"#include "file1.c""。分析程序可以发现，该程序是求两个数中的最大值，当从键盘上输入 3 和 5 时，输出应为 5，因此选择 B。

【试题 15】有关文件包含的描述，以下说法正确的是_____。

A. 文件包含中使用尖括号和双引号的区别在于头文件的搜索路径不同

B. #include 的处理过程是将头文件的内容插入该命令所在的位置，从而把头文件和当前源文件连接成一个源文件

C. 一个#include 命令只能包含一个头文件，多个头文件需要使用多个#include 命令

D. 以上说法都正确

答案：D。

分析：在 C 语言中，文件包含中一个#include 命令只能包含一个头文件，如果要包含 n 个头文件，就要使用 n 个#include 命令。并且文件包含中，如果使用尖括号，编译器就会到系统路径下查找头文件；如果使用双引号，编译器会先在当前目录下查找该头文件，没有找到时，就再到系统路径下查找，即使用双引号比使用尖括号多了一个查找路径，它的功能更为强大。

任务 4　条件编译

一、任务描述

为了实现按不同的条件编译不同的程序段，从而产生不同的目标代码，C 语言的预处理程序提供了条件编译的功能，这对程序的调试和移植都是非常有用的。

二、相关知识

条件编译是指预处理器根据条件编译指令，有条件地选择源程序代码中的一部分代码作为输出，送给编译器进行编译。主要是为了有选择性地执行相应操作，防止宏替换内容（如文件等）的重复包含。常见的条件编译指令如表 9-1 所示。

表 9-1　常见的条件编译指令

条件编译指令	说　　明
#if	若条件为真，则执行相应操作
#elif	若前面条件为假，而该条件为真，则执行相应操作
#else	若前面条件均为假，则执行相应操作
#endif	结束相应的条件编译指令
#ifdef	若该宏已定义，则执行相应操作
#ifndef	若该宏没有定义，则执行相应操作

条件编译主要有 4 种形式，下面分别介绍。

1. #ifdef…#else…#endif

其语法格式为：

```
#ifdef   标识符
  程序段 1
#else
  程序段 2
#endif
```

它的功能是若标识符已被#define 命令定义过，则对程序段 1 进行编译；否则对程序段 2 进行编译。若没有程序段 2（为空），即没有本格式中的#else 部分，则也可以写为：

```
#ifdef   标识符
  程序段
#endif
```

【例 9-11】利用条件编译的第一种形式输出学生的学号和成绩。

分析：通过条件编译可以根据情况选择需要编译的程序段，以便得到较为简短的目标代码。

编写的程序如下：

```
#include"stdio.h"
#include"malloc.h"
#define NUM hello
main()
{
  struct stu
  {
    int num;
    char *name;
    char sex;
    float score;
  } *ps;
  ps=(struct stu*)malloc(sizeof(struct stu));
  ps->num=10258;
  ps->name="ZhangLi";
  ps->sex='F';
  ps->score=453.5;
  #ifdef NUM   //条件编译预处理命令
  printf("Number=%d\nScore=%f\n",ps->num,ps->score);
  #else
  printf("Name=%s\nSex=%c\n",ps->name,ps->sex);
  #endif   //条件编译预处理命令结束
  free(ps);
}
```

运行程序，例 9-11 程序的输出结果如图 9-12 所示。

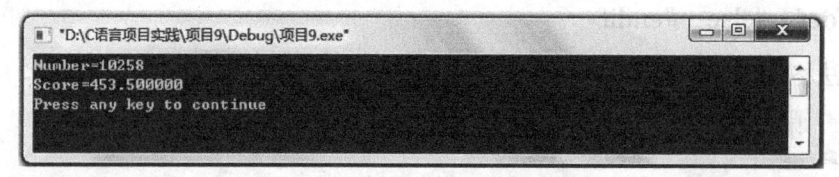

```
"D:\C语言项目实践\项目9\Debug\项目9.exe"
Number=10258
Score=453.500000
Press any key to continue
```

图 9-12　例 9-11 程序的输出结果

由于程序的第十八行插入了条件编译预处理命令，因此要根据 NUM 是否被定义来决定编译哪一条 printf 语句。而在程序的第一行已对 NUM 做过宏定义，因此应编译第一条 printf 语句，故运行结果是输出学号和成绩。

在程序的宏定义中，定义 NUM 为字符串 hello，其实也可以为任意字符串。甚至没有字符串，如#define NUM 也具有同样的意义。

2. #ifndef…#else…#endif

其语法格式为：

```
#ifndef 标识符
程序段 1
#else
程序段 2
#endif
```

在书写上同第一种形式的区别是将"ifdef"改为"ifndef"。其功能是若标识符未被#define 命令定义过，则对程序段 1 进行编译；否则对程序段 2 进行编译。这与第一种形式的功能正好相反。

【例 9-12】利用条件编译的第二种形式输出学生的姓名和性别。

编写的程序如下：

```
#include"stdio.h"
#include"malloc.h"
#define NUM hello
main()
{
  struct stu
  {
    int num;
    char *name;
    char sex;
    float score;
  } *ps;
  ps=(struct stu*)malloc(sizeof(struct stu));
  ps->num=10258;
  ps->name="ZhangLi";
  ps->sex='F';
```

```
    ps->score=453.5;
    #ifndef NUM    //条件编译预处理命令的第二种形式
    printf("Number=%d\nScore=%f\n",ps->num,ps->score);
    #else
    printf("Name=%s\nSex=%c\n",ps->name,ps->sex);
    #endif    //条件编译预处理命令结束
    free(ps);
}
```

运行程序，例 9-12 程序的输出结果如图 9-13 所示。

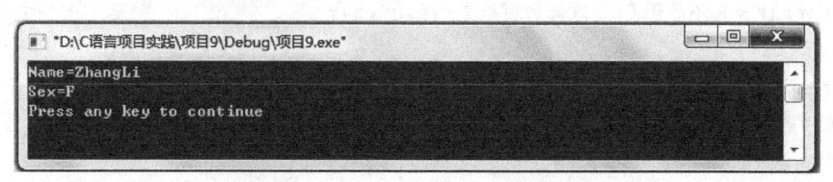

图 9-13　例 9-12 程序的输出结果

3. #if…#else…#endif

其语法格式为：

```
#if 常量表达式
程序段 1
#else
程序段 2
#endif
```

它的功能是，若常量表达式的值为真（非 0），则对程序段 1 进行编译；否则对程序段 2 进行编译。

4. #if…#elif…#else…#endif

```
#if 条件表达式 1
    程序段 1
#elif 条件表达式 2
    程序段 2
#else
    程序段 3
#endif
```

它的功能是，先判断条件表达式 1，若为真，则对程序段 1 进行编译；若为假，而条件表达式 2 为真，则对程序段 2 进行编译。否则，对程序段 3 进行编译。

【例 9-13】利用条件编译的第三种形式，完成根据情况选择是计算圆面积还是计算正方形面积的操作。

分析：利用条件编译的第三种形式选择计算圆面积还是正方形面积，主要是对 #if 后面的常量表达式进行判断。

编写的程序如下：

```c
#include"stdio.h"
#include"malloc.h"
#define R 1
main(){
    float r,s;       /*C语言对保留字区分大小写,R与r不会发生冲突*/
    printf("input a number to r: ");
    scanf("%f",&r);
    #if R
        s=3.14159*r*r;
        printf("若R不等于0,则求圆的面积是:%f\n",s);
    #else
        s=r*r;
printf("若R等于0,则正方形的面积是:%f\n",s);
    #endif
}
```

运行程序，例 9-13 程序的输出结果如图 9-14 所示。

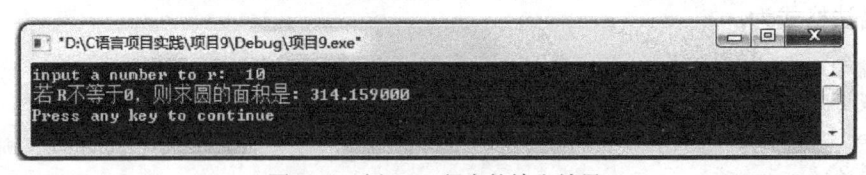

图 9-14　例 9-13 程序的输出结果

三、国考训练课堂 4

【试题 16】以下叙述中正确的是_____。

A. 条件编译中#ifdef 和#ifndef 的功能完全相反

B. 条件编译中#ifdef 和#ifndef 的书写格式基本相同

C. 条件编译中#ifdef 和#ifndef 都可以没有#else 部分

D. 以上都正确

答案：D。

分析：条件编译的#ifdef 和#ifndef 两种格式，书写格式相同，功能相反，并且可以没有#else 部分。

【试题 17】有关条件编译，正确的是_____。

A. 条件编译中#endif 用于结束相应的条件编译指令

B. #ifndef 的用法是若该宏没有定义，则执行相应操作

C. 条件编译是指预处理器根据条件编译指令，有条件地选择源程序代码中的一部分代码作为输出，送给编译器进行编译

D. 以上都正确

答案：D。

分析：在 C 语言中，条件编译用于有条件地选择源程序代码中的一部分代码作为输出。

【试题 18】有以下程序：

```c
#include"stdio.h"
#define LETTER 1
    #include"stdio.h"
#define LET 1
void main()
   {
     char str[20]="C LANguage\n";
    char c;
     int i=0;
     while((c=str[i])!='\0')
 {
     i++;
     #if LET
     if(c>='A'&& c<='Z')c=c+32;
     #else
     c=c-32;
     #endif
     printf("%c",c);
     }
     }
```

程序的输出结果是_____。

答案：c language。

分析：题目中宏定义 LET 的值为 1，即表示条件为真，若#if LET 为真，程序则执行 if(c>='A'&& c<='Z')c=c+32，即将大写字母转换成小写字母，所以结果为小写的 c language。

【试题 19】条件编译前 3 种形式的区别是_____。

A. #ifdef 和#ifndef 后面跟的只能是一个宏名，而#if 后面跟的是常量表达式

B. #if 后面跟的只能是一个宏名，而#ifdef 和#ifndef 后面跟的是常量表达式

C. #ifdef、#ifndef 和#if 后面跟的可以是一个宏名，也可以是常量表达式

D. 以上都正确

答案：A。

分析：在条件编译的前 3 种形式中，前两种#ifdef 和#ifndef 后面跟的只能是宏名，不能是其他变量或常量表达式，而#if 后面跟的必须是常量表达式，因此 A 正确。

【试题 20】以下说法中正确的是_____。

A. #if 命令要求判断条件可以是任意类型的表达式

B. #if 命令要求判断条件可以是变量

C. #if 命令要求判断条件是整型常量

D. #if 命令要求表达式必须是整型常量表达式，且表达式中不能包含变量，结果必须是整数

答案：D。

分析：#if 命令要求表达式必须是整型常量表达式，不能是变量且表达式中不能包含变量，并且结果必须是整数。

──┤ 拓展训练 9 ├──

一、实验目的与要求

1. 掌握带参数的宏定义与不带参数的宏定义的命令格式及应用。
2. 了解"文件包含"的含义并且能够正确使用"文件包含"命令。
3. 了解条件编译的不同格式及其作用。

二、实验内容

1. 编辑输入如下程序，观察输出结果并分析该程序。

```c
#include"stdio.h"
#define LET 1

   #define RESULT 0    //定义 RESULT 为 0
   int main(void)
   {
      #if !RESULT    //或者 0==RESULT
         printf("It's False!\n");
      #else
         printf("It's True!\n");
      #endif    //标志结束#if
         return 0;
   }
```

程序执行后的输出：_____。

2. 编辑输入如下程序，观察输出结果并分析该程序。

```c
#include"stdio.h"
#define num 1
int main()
{
#ifdef num
 printf("已经宏定义");
#else
 printf("没有宏定义");
#endif
 getchar();
 return 0;
}
```

程序执行后的输出：_____。

3. 编辑输入如下程序，观察输出结果并分析该程序。

```
# #include"stdio.h"
#define TWO
void main()
{
  #ifdef ONE
        printf("1\n");
  #elif defined TWO
        printf("2\n");
  #else
        printf("3\n");
  #endif
}
```

程序执行后的输出：_____。

4. 编辑输入如下程序，观察输出结果并分析该程序。

```
#include"stdio.h"
int main(){
#ifdef _DEBUG
printf("正在使用 Debug 模式编译程序\n");
#else
printf("正在使用 Release 模式编译程序\n");
#endif
return 0;
}
```

程序执行后的输出：_____。

课后习题 9

一、选择题

1. C 语言编译系统对宏定义的处理是_____。
   A. 和其他 C 语言语句同时进行 B. 在其他 C 语言语句正式编译之前进行
   C. 在程序执行时进行   D. 在程序连接时进行

2. 以下对宏替换的叙述不正确的是_____。
   A. 宏替换只是字符的简单替换
   B. 宏替换不占用运行时间
   C. 宏名无类型，其参数也无类型
   D. 宏替换先求实参表达式的值，再代入形参运算求值

3. 下列选项中不会引起二义性的宏定义是_____。
   A. #define square(x)x*x   B. #define square(x)(x)*(x)

C. #define square(x)(x*x)   D. #define square(x)((x)*(x))

4. 下面描述中正确的是_____。
A. C 语言中的预处理是指完成宏替换和文件包含指定文件的调用
B. 预处理命令只能位于 C 语言源程序文件的首部
C. 凡是 C 语言源程序文件中行首用"#"标识的控制行都是预处理命令
D. 预处理就是编译程序对源程序的第一遍扫描

5. 以下叙述中不正确的是_____。
A. 一个#include 命令只能指定一个被包含文件
B. 文件包含是可以嵌套的
C. 一个#include 命令可以指定多个被包含文件
D. 在#include 命令中，文件名可以使用双引号引起来或尖括号括起来

6. 以下叙述中正确的是_____。
A. 被包含文件不一定以".h"作为后缀
B. 在程序的一行上可以出现多个预处理命令行
C. 预处理命令行是 C 语言的合法语句
D. 在以下定义中 CR 被称为"宏名"：#define CR 37.6921

7. 若有如下宏定义：

```
#define MOD(x,y)x%y
```

则执行以下语句后的输出为_____。

```
  int z,a=15,b=100;
  z=MOD(b,a);
  printf("%dn",z++);
```

A. 11   B. 10   C. 6   D. 宏定义不合法

8. 若在下述程序执行时输入 5，则程序的运行结果为_____。

```
#define N 2
main()
{
#if N>0
  printf("a\n");
#else
  printf("b\n");
#endif
#ifdef N
  printf("a\n");
#else
  printf("b\n");
#endif
  }
```

A. a   b   B. a   a   C. b   a   D. b   b

二、填空题

1. 设有以下宏定义：

```
#define A 10
#define B A+20
```

则执行赋值语句 c=A*B（c 为 int 型变量）后，c 的值为_____。

2. 将程序补充完整，实现 a、b 值的互换。

```
  #define swap(a,b,t)t=a,a=b,b=t
  main()
  {int a,b,t;
scanf("%d%d",&a,&b);
_____
printf("%d,%d",a,b);
  }
```

三、程序分析题

1. 以下程序的运行结果是_____。

```
#define  PR  printf
#define  NL  "\n"
#define  D   "%d"
#define  D1  D NL
#define  D2  D D NL
main()
{int x=1,y=2;
PR(D1,x);
PR(D2,x,y);
}
```

2. 执行文件 file2.c 后，运行结果是_____。

文件 file1.c 的内容如下：

```
#define PI 3.14
float circle(float r)
{float area=PI*r*r;
return(area);
}
```

文件 file2.c 的内容如下：

```
#include <file1.c>
#define PI 3.14
main()
{
float r=1;
printf("area=%f\n",circle(r));
}
```

项目 10　整合资源——结构体与联合

项目导读

学习了 C 语言的基本数据类型（或称简单数据类型）、指针类型等，现在开始学习复杂数据类型。复杂数据类型主要包括数组、结构体、联合（共用体）等。数组是一组同类型数据的集合，但有时需要将不同类型的数据组合成一个有机的整体，那么就需要借助结构体和联合数据类型来实现。

项目目标

1. 学习结构体，让学生明白一个集体是由多个成员组成的，且各个成员间是密不可分的。

2. 理解和使用 C 语言程序的结构体，塑造学生求真务实、细致专研的品格。

3. 学习使用结构体指针处理链表，鼓励学生之间互相帮助，建立和营造"传、帮、带"的激励制度和学习氛围。

4. 熟悉并掌握联合的意义和用法，鼓励学生制订短期的学习目标，并深刻理解 $365^{0.1}$、$365^{0.01}$、$365^{0.001}$ 间的区别。

5. 学习和使用枚举类型，教导学生应合理制订学习计划，并学习使用列举的方法将自己的成果一一展示出来。

任务 1　结构体

微课视频

一、任务描述

前面学习了数组，它是一组具有相同类型的数据的集合。但在实际的编程过程中，往往还需要一组类型不同但又相互关联的数据。例如，一个学生的基本信息中有姓名（name）、学号（num）、性别（sex）、出生日期（csrq）、年龄（age）、成绩（score）等内容，若将 name、num、sex、csrq、age、score 分别定义为互相独立的简单变量，则难以反映它们之间的内在联系。因此，应当将它们合成一个组合项，在这个组合项中包含若干个类型不同（当然也可以相同）的数据项。

二、相关知识

1. 结构体

C 语言允许用户指定由多种不同的数据类型组成的数据结构作为一个整体，即结构体。结构体是一种集合，它包含了多个变量或数组，它们的类型可以相同，也可以不同，相当于其他高级语言中的"记录"。

2. 结构体类型的定义

结构体既然是一种"构造"数据类型，那么在说明和使用之前就必须先进行定义。如同在使用简单变量之前要进行定义，说明和调用函数之前要进行定义一样，以便编译系统对它们的使用做好准备。

定义一个结构体类型的一般形式为：

```
struct 结构体类型名
{
数据类型说明符    成员名；
        ⋮           ⋮
};
```

结构体类型名及成员名的命名应符合标识符的书写规定。

例如：

```
struct stu
{
  int num;        //学号
  char name[20];  //姓名
  char sex;       //性别
  int age;        //年龄
  float score;    //成绩
};
```

其中 stu 为结构体类型名，它包含了 5 个成员，分别是 num、name、sex、age、score。结构体成员的定义方式与变量和数组的定义方式相同，只是不能初始化。

注意：

（1）成员名后面及大括号后面的分号不要省略。在结构体的定义中，struct 为结构体类型说明的关键字，stu 为结构体类型名，该结构体由 5 个成员组成。第一个成员为 num，整型变量；第二个成员为 name，字符数组；第三个成员为 sex，字符变量；第四个成员为 age，整型变量；第五个成员为 score，实型变量。

（2）系统不为定义的结构体类型分配内存单元。定义了一个结构体类型只是告诉编译系统该结构体由哪些数据类型组成，每个数据类型占了多少字节，以什么形式存储，并将他们作为一个整体来处理。就如同定义了 int、char 等数据类型，但系统并不为其分配内存单元，是定义类型并不是定义变量。只有定义了变量，系统才会根据相应的数据类型分配相应字节的内存单元。为了能够在程序中使用结构体类型的数据，应当定义结构体类型的变量，并在其中存放具体的数据。

(3) 结构体成员的类型既可以是基本数据类型，也可以是复杂数据类型（如结构体类型等）。

3. 声明结构体变量

声明结构体变量的方法有以下 3 种。均以上面定义的结构体类型 stu 为例进行说明。

(1) 先定义结构体类型，再说明结构体变量。

例如：

```
struct stu
{
   int num;
   char name[20];
   char sex;
   int age;
   float score;
};
struct stu stu1,stu2;
```

首先定义了结构体类型 stu，然后使用了该结构体类型来定义变量。本例中定义了两个变量 stu1 和 stu2 为 stu 结构体类型。

定义了一个结构体类型之后，有时需要多次使用该结构体来定义结构体变量。为了方便可以使用宏定义，用一个符号常量来表示一个结构体类型。

例如：

```
#define STU struct stu          /*符号常量习惯用大写字母表示*/
STU
   {
       int num;
       char name[20];
       char sex;
       int age;
       float score;
   };
STU stu1, stu2;
```

上例中，STU 和 struct stu 等价，可以直接用 STU 来定义结构体变量。

(2) 在定义结构体类型的同时定义结构体变量。

例如：

```
struct stu
{
  int num;
  char name[20];
  char sex;
  int age;
```

```
    float score;
}stu1,stu2;
```

这种定义方式的一般形式为:

```
struct 结构体类型名
{
数据类型说明符    成员名;
         ⋮              ⋮
}变量名列表;
```

（3）直接定义结构体变量。

例如:

```
struct
   {
      int num;
      char name[20];
      char sex;
      int age;
      float score;
}stu1,stu2;
```

这种定义方式的一般形式为:

```
struct
{
数据类型说明符    成员名;
         ⋮              ⋮
}变量名列表;
```

这种定义结构体变量的方式是通过直接定义两个结构体类型的变量 stu1 和 stu2 来说明这两个变量是花括号里所定义的结构体类型的。这里并没有定义该结构体类型的名字，因此不能再次使用它来定义其他变量。例如，"struct stu3, stu4;"是错误的。

第三种方法与第二种方法的区别在于第三种方法省去了结构体类型名，直接给出了结构体变量。3 种方法定义的变量 stu1 和 stu2 都具有如图 10-1 所示的结构。

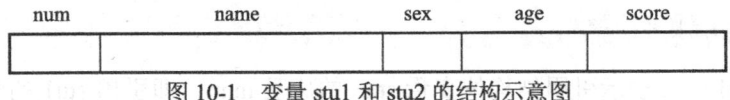

num	name	sex	age	score

图 10-1 变量 stu1 和 stu2 的结构示意图

在定义了变量 stu1 和 stu2 的类型后，即可给这两个变量中的各个成员赋值。在上述定义的 stu 中，所有的成员都是基本数据类型或数组类型。

其实成员也可以是一个结构体，这就构成了结构体的嵌套。例如，如图 10-2 所示是结构体类型嵌套定义示意图。

num	name	sex	birthday			score
			month	day	year	

图 10-2 结构体类型嵌套定义示意图

图 10-2 的程序结构如下所示：

```
struct date
{
    int month;
    int day;
    int year;
};
struct stu
{
    int num;
    char name[20];
    char sex;
    struct date birthday;
    float score;
}stu1,stu2;
```

首先定义了一个结构体类型 date，其由 month（月）、day（日）、year（年）3 个成员组成。然后定义了一个结构体类型 stu，同时定义了该类型的变量 stu1 和 stu2。此时，结构体类型 stu 中的成员 birthday 被定义为结构体类型 date，这样就形成了结构体的嵌套。

注意：若在一个结构体中嵌套了另一个结构体，则必须事先声明另一个结构体的类型。如同结构体 date 被事先声明了一样，并且成员名可以与程序中的其他变量同名。例如，程序中可以定义另一个变量 "int num"，这里的 num 与 stu 中的 num 不同。

4. 结构体变量的引用

对于结构体变量，可以通过以下两种方式引用。
（1）对结构体变量整体赋值。
例如：

```
stu1=stu2;//将结构体变量 stu2 整体赋给结构体变量 stu1
& stu1;//取结构体变量 stu1 的地址
```

（2）引用结构体变量成员。
结构体变量中成员引用的一般形式是：

```
结构体变量名.成员名
```

例如，stu1.num 表示引用结构体变量 stu1 的成员 num，即引用 stu1 的学号；stu2.sex 表示引用结构体变量 stu2 的成员 sex，即引用 stu2 的性别。
若成员本身又是一个结构体，则必须逐级找到最低级的成员才能使用。例如：

```
stu1.birthday.month   /*stu1 出生的月份*/
```

5. 结构体变量的初始化

与其他数据类型的变量一样，在 C 语言中，既可以在定义结构体变量的同时指定初始值，也可以在定义结构体变量后指定初始值。需要注意的是，结构体变量的初始化在数据类型、顺序上要和结构体类型定义中的成员相匹配,数据间用逗号分隔,所有的数据写在一个花括号内,最后以分号结尾。

【例 10-1】定义一个包含学生基本信息的结构体并使用两种方法对结构体变量进行初始化。

分析:本题中的结构体变量 stu1 是在定义结构体类型的同时进行初始化,而结构体变量 stu2 的初始化是在定义结构体后。

编写的程序如下:

```c
#include"stdio.h"
main()
{
    struct stu     /*定义结构体类型*/
    {
      int num;
      char name[20];
      char sex;
      int age;
      float score;
    }stu1={10168,"Chen Shengli",'M',20,660.6};
    struct stu  stu2={10258,"LiMing",'F',21,453.5};
    printf("Number=%d,Name=%s,Sex=%c,Age=%d,Score=%f\n",stu1.num,stu1.name,stu1.sex,stu1.age,stu1.score);
    printf("Number=%d,Name=%s,Sex=%c,Age=%d,Score=%f\n",stu2.num,stu2.name,stu2.sex,stu2.age,stu2.score);
}
```

运行程序,例 10-1 程序的输出结果如图 10-3 所示。

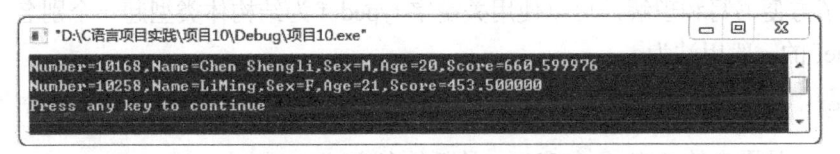

```
"D:\C语言项目实践\项目10\Debug\项目10.exe"
Number=10168,Name=Chen Shengli,Sex=M,Age=20,Score=660.599976
Number=10258,Name=LiMing,Sex=F,Age=21,Score=453.500000
Press any key to continue
```

图 10-3 例 10-1 程序的输出结果

【例 10-2】结构体变量的整体使用。

分析:除可以给结构体变量赋值及对结构体变量进行取地址的操作外,还可以引用结构体变量,当然也包含赋值操作。

编写的程序如下:

```c
#include"stdio.h"
main()
{
    struct stu     /*定义结构体*/
    {
      int num;
      char *name;/*定义字符串指针变量name*/
```

```
        char sex;
        int age;
        float score;
     }stu1,stu2={10258,"LiMing",'F',21,453.5};   /*结构体变量的初始化*/
stu1=stu2;                      /*给结构体变量整体赋值*/
stu1.num=10259;                 /*给结构体变量赋值,即给结构体变量的成员赋值*/
stu1.name= "ZhangLei";          /*给结构体变量赋值,即给结构体变量的成员赋值*/
printf("please input score:");
scanf("%f",&stu1.score);
printf("Number=%d\nName=%s\nScore=%f\n",stu1.num,stu1.name,stu1.score);
printf("Number=%d\nName=%s\nSex=%c\nAge=%d\nScore=%f\n",stu2.num,stu2.name,stu2.sex,stu2.age,stu2.score);
}
```

运行程序，当从键盘输入 96 时，例 10-2 程序的输出结果如图 10-4 所示。

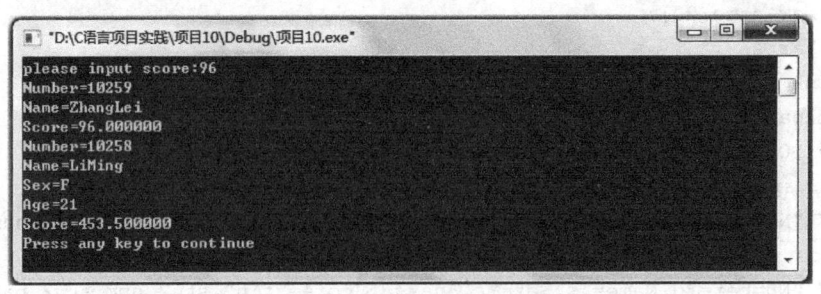

图 10-4　例 10-2 程序的输出结果

6. 结构体类型的别名

学习了定义结构体类型和引用结构体变量，在书写时很容易混淆结构体类型和结构体变量。为了方便书写和理解，可以使用关键字 typedef 为结构体类型起一个别名。

typedef 的一般用法为：

```
typedef  oldName  newName;
```

oldName 是原来的名字，newName 是新的名字。

例如：

```
typedef struct stu
{
  char name[20];
  int age;
  char sex;
} STU;
```

表示 STU 为 struct stu 的别名，可以用别名 STU 来定义结构体变量。例如，STU a1，a2 等价于 struct stu a1，a2。

【例 10-3】定义一个包含学生基本信息的结构体类型并对其重新命名。

分析：利用关键字 typedef 可以对结构体类型重新命名。

编写的程序如下:

```c
#include"stdio.h"
main()
{
    typedef struct stu      /*利用 typedef 对结构体类型重新命名*/
    {
      int num;
      char name[20];
      char sex;
      int age;
      float score;
    } STU;//对结构体类型 stu 重新命名为 STU
    STU stu1={10168,"Chen ling",'F',20,700.5};
    STU  stu2={10258,"Wang Yue",'M',21,688.8};printf("Number=%d,Name=%s,Sex=%c,Age=%d,Score=%f\n",stu1.num,stu1.name,stu1.sex,stu1.age,stu1.score);
    printf("Number=%d,Name=%s,Sex=%c,Age=%d,Score=%f\n",stu2.num,stu2.name,stu2.sex,stu2.age,stu2.score);
}
```

运行程序,例 10-3 程序的输出结果如图 10-5 所示。

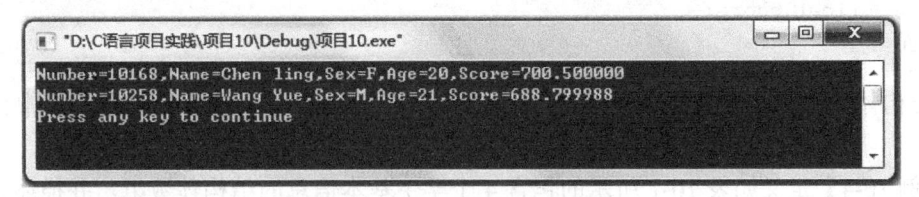

图 10-5 例 10-3 程序的输出结果

7. 结构体数组

结构体数组的定义方法和结构体变量相似,只需说明它为数组类型即可,方法也有 3 种。

(1) 先定义结构体类型,再说明结构体数组。

例如:

```c
struct  stu
{
    int num;
    char name[20];
    char sex;
    int age;
    float score;
};
struct stu stu[4];
```

定义了一个结构体数组 stu,共 4 个元素,stu[0]~stu[3]。每个数组元素都具有 struct

stu 的结构体形式。

(2) 在定义结构体类型的同时定义结构体数组。

例如：

```
struct stu
{
    int num;
    char name[20];
    char sex;
    int age;
    float score;
}stu[4];
```

(3) 直接定义结构体数组。

例如：

```
struct
{
    int num;
    char name[20];
    char sex;
    int age;
    float score;
}stu[4];
```

结构体数组在存储方式上与之前学习的数组相同，数组中的各元素在内存中会连续存放。

【例 10-4】定义如表 10-1 所示的包含 4 个学生基本信息的结构体数组，并描述其在内存中的存储结构。

表 10-1 4 个学生的基本信息

num	name	sex	age	score
10258	LiMing	F	21	453.5
10259	ZhangLei	F	20	462.5
10260	LiuPing	T	19	492
10261	ChenFei	T	19	487

分析：可以借助前面阐述的任意一种方法定义一个包含学生基本信息的结构体数组，并分别描述如表 10-1 所示的 4 个学生的基本信息。

编写的程序如下：

```
//第一种形式：
struct stu
{
    int num;
    char name[20];
```

```
        char sex;
        int age;
        float score;
}stu[4]={
        {10258,"LiMing",'F',21,453.5},
        {10259,"ZhangLei",'F',20,462.5},
        {10260,"LiuPing",'T',19,492},
        {10261,"ChenFei",'T',19,487}
    };
```

或者写成:

```
//第二种形式:
struct  stu
{
    int num;
    char name[20];
    char sex;
    int age;
    float score;
};
struct stu stu[4]={{10258,"LiMing",'F',21,453.5},
                   {10259,"ZhangLei",'F',20,462.5},
                   {10260,"LiuPing",'T',19,492},
                   {10261,"ChenFei",'T',19,487} };
}
```

无论用上述哪种方法定义和初始化的结构体数组，其在内存中的存储结构均如图 10-6 所示。由图 10-6 可知结构体数组在定义后会在内存中连续存放。

【例 10-5】 使用结构体数组计算学生的平均成绩。

分析：首先在 main() 函数之外定义一个外部结构体数组，将学生的信息存放到该数组的相应元素当中，然后分别定义存放总成绩和平均成绩的变量，利用循环语句对每位学生（变量）的成绩（成员项）进行累加，计算总成绩，进而求出平均成绩并输出。

编写的程序如下：

```
#include "stdio.h"
struct  stu
{
    int num;
    char *name;
    char sex;
    int age;
    float score;
```

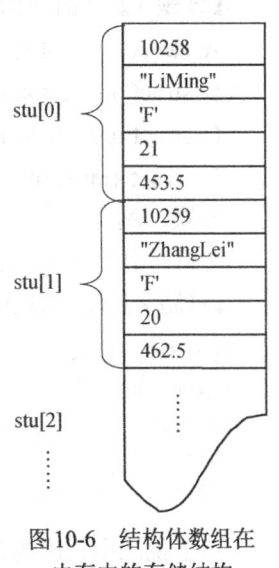

图 10-6 结构体数组在内存中的存储结构

```
}stu[4]={{10258,"LiMing",'F',21,453.5},
         {10259,"ZhangLei",'F',20,462.5},
         {10260,"LiuPing",'T',19,492},
         {10261,"ChenFei",'T',19,487} };
void main()
{
   int i;
   float average,sum=0;
   for(i=0;i<=3;i++)
     sum=sum+=stu[i].score;
   printf("sum=%f\n",sum);
   average=sum/4;
   printf("average=%f\n ",average);
}
```

运行程序，例 10-5 程序的输出结果如图 10-7 所示。

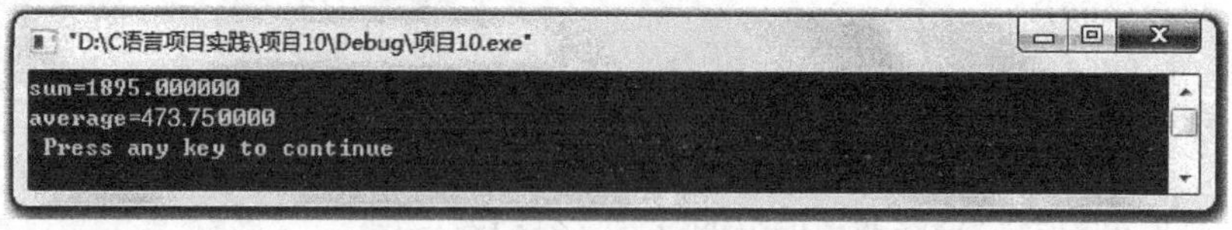
"D:\C语言项目实践\项目10\Debug\项目10.exe"
sum=1895.000000
average=473.750000
Press any key to continue

图 10-7　例 10-5 程序的输出结果

三、国考训练课堂 1

【试题 1】下面结构体的定义语句中，错误的是________。

A. struct ord {int x; int y; int z;} struct ord a;

B. struct ord {int x; int y; int z;};struct ord a;

C. struct ord {int x; int y; int z;} a;

D. struct {int x; int y; int z;} a;

答案：A。

分析：由于不能在定义结构体类型的同时，又用结构体类型名定义变量，因此 A 错误。

【试题 2】设有如下说明：

```
typedef struct ST
{ long a;
int b;
char c[2];
}NEW;
```

以下说法中正确的是________。

A. NEW 是一个结构体变量　　B. NEW 是一个结构体类型

C. ST 是一个结构体类型　　D. 以上说明形式非法

答案：B。

分析：本题目定义 NEW 为 ST 的结构体类型，可以用 NEW 来说明结构体变量，因此 B 正确。

【试题 3】 设有以下说明语句：

```
struct ex
{ int x;float y;char z;} example;
```

则下面的叙述中不正确的是_____。

A. struct 是结构体类型的关键字　　B. example 是结构体类型名

C. x、y、z 都是结构体成员名　　D. struct ex 是结构体类型名

答案：B。

分析：本题中的 struct ex 是结构体类型名，example 是结构体变量名。

【试题 4】 有以下程序：

```
# include  <stdio.h>
#include"stdio.h"
# include  <stdio.h>
typedef struct { int b,p;} A;
void f(A  c)/* 注意:c是结构变量名*/
{
c.b+=1;c.p+=2;
}
main()
{ int  i;
A a={1,2};
f(a);
printf("%d,%d\n",a.b,a.p);
}
```

运行后的输出结果是_____。

A. 2，4　　　　B. 1，2　　　　C. 1，4　　　　D. 2，3

答案：B。

分析：结构体变量可以作为函数的参数和返回值。作为函数的实参时，可以实现函数的传值调用。当使用结构体变量作为函数的形参时，实参也应该是结构体变量名以实现传值调用，实参将拷贝副本给形参，改变被调函数中的形参值。所以本题选择 B。

【试题 5】 分析程序，输出结果_____。

```
#include"stdio.h"
#include <string.h>
typedef struct {char name[9];char sex;float score[2];}STU;
void f(STU a)
{
 STU b={"Zhao",'m',85.0,90.0};
int i;
strcpy(a.name,b.name);
a.sex=b.sex;
for(i=0;i<2;i++)
```

```
        a.score[i]=b.score[i];

}
main()
{STU c={"Qian",'p',95.0,92.0};
f(c);
printf("%s,%c,%2.0f,%2.0f\n",c.name,c.sex,c.score[0],c.score[1]);
}
```

A. Zhao, m, 85, 90　　　　　　　　B. "Zhao", 'm', 85.0, 90.0
C. Qian, p, 95, 92　　　　　　　　D. "Qian", 'p', 95.0, 92.0
答案： C。
分析： 在 f 函数内发生了结构体类型变量 b 和 a 之间的复制操作，但主函数中的实参 c 并没有发生改变，因此按其指定格式将结构体变量 c 的值输出。

任务 2　使用结构体指针处理链表

一、任务描述

在需要存储数量比较多的相同类型或相同结构的数据时，总是会想到数组。但是，在使用数组存放数据时，又必须事先定义固定的长度（也就是数组元素的个数）。例如，如果使用一个数组来存放不同班级学生的成绩，并且事先又难以确定这些班级学生的人数，就需要将数组定义的足够大，以便能够存放人数最多班级学生的成绩，这样显然会浪费内存。而且即使知道班级学生的人数，但是学生的人数如果因某种原因发生更改，就必须重新修改程序，调整数组内存的大小，这种分配固定大小内存的方法被称为静态内存分配。如何能够动态地实现内存分配，以解决上述不足，可以借助链表。

二、相关知识

1. 链表

由于数据元素在内存中是分散存储的，因此为了能够体现数据元素之间的逻辑关系，就需要使用链表。链表中的数据元素在存储的同时，会被分配一个指针，用于指向它的后继元素，即每个数据元素都指向下一个数据元素（最后一个指向 NULL）。

链表是一种常见的数据结构，使用链表这一数据结构可以动态地进行数据的存储和分配，可以方便地对数据进行插入、删除等操作。

链表中的数据元素是按照一定的原则相连接的，只有通过前一个元素才能找到下一个元素，链表中的每个数据元素被称为"结点"。

2. 链表中数据元素的构成

链表中的每个数据元素都由两部分组成：数据域和指针域。这两部分组成数据元素的存储结构，如图 10-8 所示。

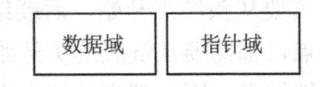

```
┌──────┐  ┌──────┐
│ 数据域 │  │ 指针域 │
└──────┘  └──────┘
```

图 10-8　链表中数据元素的构成

链表中的一个数据元素是一个结点，n 个结点通过指针域连接，组成一个链表。在 C 语言中，链表分为单向链表和双向链表两种，本任务主要介绍单向链表。

3. 单向链表

单向链表中的各结点都只包含一个指针（游标），且都统一指向直接后继结点。单向链表是最简单的一种链表，单向链表的结构图如图 10-9 所示。

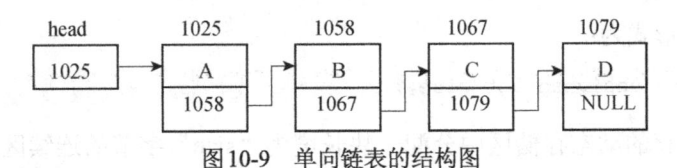

图 10-9　单向链表的结构图

每个单向链表都有一个"头指针"变量（head），即"头结点"，它用于存放一个地址，该地址指向下一个结点。在链表中，除头结点外的其他结点都包含两部分内容，一部分是结点数据本身，另一部分是一个地址，常把它称为指针域，用于指向下一个结点。最后一个结点被称为"尾结点"，它不再指向任何结点，在它的指针域存放的是"NULL"（表示"空地址"），链表到此结束。

使用链表可以方便地进行数据的插入、删除等操作。若要在结点 B 之后插入结点 P，则只需将结点 P 指向结点 C，再将结点 B 指向结点 P，如图 10-10 所示。

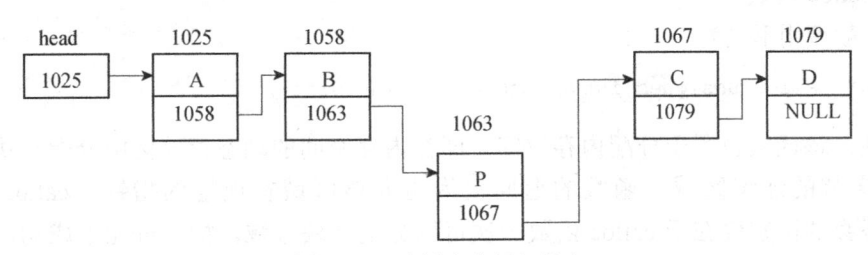

图 10-10　在链表中插入结点

若要删除结点 B，则只需让结点 A 指向结点 C，并且将结点 B 所占用的内存空间释放即可，如图 10-11 所示。

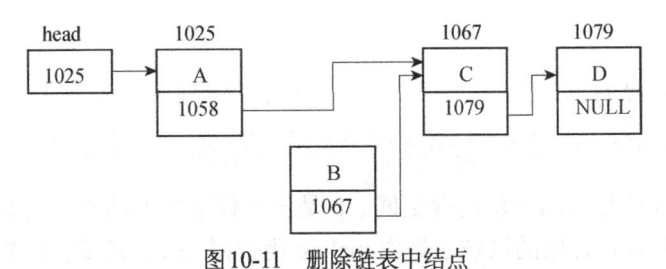

图 10-11　删除链表中结点

注意：

（1）单向链表对结点的访问需要从头结点开始，后续结点的地址由当前结点给出。即无论访问单向链表中的哪一个结点，都需要从链表的头开始，顺序向后查找。

（2）链表的尾结点由于无后续结点，因此其指针域为空，写作 NULL。

4. 处理动态链表的函数

C 语言提供了一些内存管理函数，这些内存管理函数可以根据需要动态地分配内存空间，并且可以把不再使用的内存空间回收待用。这些函数都是编译系统提供的库函数，这些函数的原型都放在文件 stdlib.h 中。

常用的内存管理函数有以下 3 个。

1）malloc 函数

其一般调用形式为：

```
void * malloc(unsigned int size);
```

功能：在内存的动态存储区中分配一块长度为"size"字节的连续区域。函数的返回值为指向该区域首地址的指针。该函数的参数类型是无符号整型。若由于某种原因，如内存中没有足够的待分配内存空间而使该函数未能成功执行时，则该函数返回空指针。

该函数的返回值是一个地址指针，这个指针指向 void 类型，也就是不规定指向任何具体的类型。若想将这一指针的值赋给其他类型的指针变量，则应进行强制类型转换。

例如，p=(int *)malloc(5)表示开辟了一个长度为 5 字节的内存空间。如果系统分配给此段内存空间的起始地址为 1025，那么 malloc(5)函数的返回值为 1025，这个返回值是 void 类型。如果想将此地址赋给一个 int 类型的指针变量 p，就应进行强制类型转换。

2）calloc 函数

其一般调用形式为：

```
void * calloc(unsigned int num,unsigned int size);
```

功能：该函数也用于分配内存空间，即在内存空间的动态存储区中分配 n 块长度为"size"字节的连续区域。函数的返回值为指向该区域首地址的指针。calloc 函数与 malloc 函数的区别仅在于 calloc 函数一次可以分配 n 块区域。如果分配不成功，就也返回空指针。

例如，p=(struet stu*)calloc(2, sizeof(struct stu))中的 sizeof(struct stu)是求 stu 的长度。该语句的含义是按 stu 的长度分配 2 块连续区域，强制转换成 stu 类型，并把首地址赋给指针变量 p。

3）free 函数

其一般调用形式为：

```
void free(void *p);
```

功能：释放 p 所指向的一块内存空间。p 是一个任意类型的指针变量，它指向被释放区域的首地址，并且被释放的区域应是由 malloc 函数或 calloc 函数分配的区域。

5. 链表的基本操作

对链表的操作主要有以下几种：建立链表、链表的输出、插入一个结点和删除一个结点。

【例 10-6】 建立一个简单链表，它由 3 个包含学生数据的结点组成，要求输出各结点中的数据。

分析：建立链表首先需要定义一个结构体，此结构体通常包含数据域和指针域两大部分。

编写的程序如下：

```c
#include"stdio.h"
#define NULL 0
struct student
{long num;
  float score;
struct student * next;
};
main()
{ struct student a,b,c,*head,*p;
a.num=202001;a.score=88;
b.num=202002;b.score=90;
c.num=202003;c.score=86;/*对结点的num和score成员赋值*/
head=&a;              /*将结点a的起始地址赋给头指针head*/
a.next=&b;            /*将结点b的起始地址赋给a结点的next成员*/
b.next=&c;            /*将结点c的起始地址赋给b结点的next成员*/
c.next=NULL;          /*c结点的next成员不存放其他结点地址*/
p=head;               /*使p指针指向a结点*/
do
  { printf("%ld %4.1f\n",p->num,p->score);
                      /*输出p指向的结点的数据*/
  p=p->next;
  }
while(p!=NULL);
}
```

运行程序，例 10-6 程序的输出结果如图 10-12 所示。

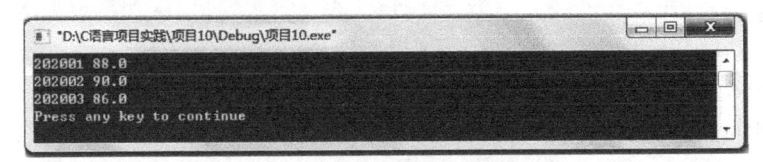

图 10-12 例 10-6 程序的输出结果

【例 10-7】 创建一个可以动态变化的单向链表。

分析：需要先建立一个链表，并且在建立链表时，至少需要 3 个结点，分别是头结点、尾结点和待插入结点。

编写的程序如下:

```c
#include"stdio.h"
#include"stdlib.h"
typedef struct Array //定义一个结构体 包含一个数据域和一个指针域
{
 int val;//数据域
 struct Array* next;//指针域
}*Node;
void main()
{
 Node head,last,p;
 int n,number;
 head=(Node)malloc(sizeof(struct Array));
 printf("请输入建立的链表长度:");
 scanf("%d",&n);
 for(int i = 0;i < n;i++)
 {
     p=(Node)malloc(sizeof(struct Array));
     printf("请输入第%d个结点的元素值:\n",i+1);
     scanf("%d",&number);
     p->val=number;
     if(i==0)
     {
         head=p;
         last=head;//此步骤很关键
     }
     else
     {
         last->next=p;
         last=p;
         last->next=NULL;
     }
 }
 while(head)
 {
     printf("%d ",head->val);
     head=head->next;
 }
}
```

运行程序,当按提示依次输入链表长度和各个结点的元素值时,例10-7程序的输出结果如图10-13所示。

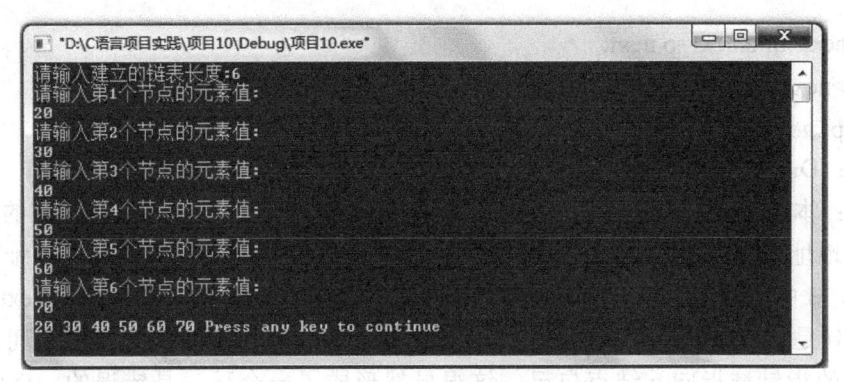

图 10-13 例 10-7 程序的输出结果

三、国考训练课堂 2

【试题 6】若指针 p 已正确定义，则要使 p 指向两个连续的整型动态内存单元，不正确的语句是_____。

A. p=2*(int *)malloc(sizeof(int));   B. p=(int *)malloc(2*sizeof(int));
C. p=(int *)malloc(2*2);   D. p=(int *)calloc(2,sizeof(int));

答案：C。

分析：本题考查的是 malloc 函数和 calloc 函数的应用，这两个函数的功能是在程序运行期间向系统申请分配内存空间。B、D 中的语句都可以满足使 p 指向两个连续的整型内存单元的要求，其中 B 选项语句中的 malloc(2*2)也是正确的，因为 C 语言中一个整型变量占 2 字节的内存单元，而这 3 个选项中的(int *)表示进行强制类型转换，由于 malloc 函数和 calloc 函数的返回值都是 void 类型，而指针 p 需要指向整型内存单元，因此必须进行强制类型转换才能满足要求。

【试题 7】若有以下定义语句，且变量 a 和变量 b 之间有如图 10-14 所示的链表结构，指针 p 指向变量 a，指针 q 指向变量 c，则能够把变量 c 插入到变量 a 和变量 b 之间并形成新的链表的语句组是_____。

```
struct link
{int data;struct link *next;}a,b,c,*p,*q;}
```

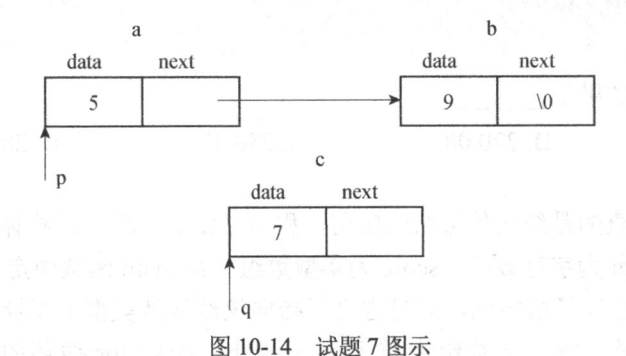

图 10-14 试题 7 图示

A. a.next=c; c.next=b;

B. p.next=q; q.next=p.next;

C. p->next=&c; q->next=p->next;

D. (*p).next=q; (*q).next=&b;

答案：D。

分析：本题考查的是对链表的操作。A 中的语句组有语法错误，两个语句的赋值号右边都不是地址，也就是赋值号两边的数据类型不匹配，应将 c 和 b 写成取地址形式，即 &c 和&b。B 中的语句组也有语法错误，p.next 和 q.next 应为(*p).next 和(*q).next。C 中的第一个语句是使 a.next 指向 c 结点，第二个语句是使 c.next 指向 c 结点，由图可知也就是将 c 结点的指针域指向 c 结点自己，这很显然形成了一个环，是错误的。D 中的语句组是正确的，其中第一个语句是使 a.next 指向 c 结点，第二个语句是使 c.next 指向 b 结点。

【试题 8】以下定义的结构体类型拟包含两个成员，其中成员变量 info 用于存放整型数据，成员变量 link 是指向自身结构体的指针。请将定义补充完整：

```
struct node
{int info;
    _____link;
};
```

答案：struct node *。

分析：本题考查的是结构体类型的定义，题目指出结构体有两个成员，其中 link 是指向本结构体类型的指针变量，因此程序中的空白处应填 struct node *。

【试题 9】有以下程序：

```
struct STU
{char num[10];float score[3];};
main()
{struct STU s[3]={{ "20021",90,95,85},{"20022",95,80,75},{"20023",100,95,90}},*p=s;
int i;float sum=0;
for(i=0;i<3;i++)
sum=sum+p->score[i];
printf("%6.2f\n",sum);
}
```

程序运行后的结果是_____。

A. 260.00			B. 270.00			C. 280.00			D. 285.00

答案：B。

分析：本题考查的是结构体数组的应用。程序中定义了外部结构体类型 struct STU，它有两个成员，num 为字符数组，score 为实型数组。在 main 函数中定义了该结构体类型的数组 s[3]，并且进行了初始化，同时定义了指向该结构体类型的指针变量 p，执行语句 *p=s 后，指针变量 p 指向 s 数组中首元素的地址，因此 for 循环的功能是计算 s[0]*score[0]+s[0]*score[1]+s[0]*score[2]，最终 sum 的值为 90+95+85=270。

【试题 10】 有如下定义：

```
struct sk
{int a;
 float b;
}data;
 int *p;
```

若要使 p 指向 data 中的 a 域，则正确的赋值语句是_____。

A. p=&a;   B. p=data.a;   C. p=&data.a;   D. *p=data.a;

答案：C。

分析：本题考查的是结构体成员的引用。程序中定义了结构体类型变量 data，它有两个成员分别是 int a 和 float b，定义了指向整型数据的指针变量 p。要想使指针变量指向谁就需要给指针变量赋值，并且其值一定是地址，故选项 B 中的赋值语句是错误的。而选项 A 中的语句虽然取了地址，但若要引用成员的域则应写为"data.a"，故选项 A 中的赋值语句也是错误的。选项 D 中语句的功能是将 data.a 的值赋给 p 所指向的内存单元，虽然在语法上没有错误，但与题目的要求不符，因此也是错误的。

任务 3 联合

一、任务描述

在实际的问题中经常需要将几种不同类型的变量存放到同一段内存单元中。例如，如表 10-2 所示，教师和学生共用一个表格存放数据。

表 10-2 某学校教师和学生数据

num	name	sex	job	department office/class
10273	LiTing	F	Student	403
30701	WeiDong	T	Teacher	computer
10396	ChenLi	T	Student	309
10902	BiXin	F	student	610

由表 10-2 可以看出，教师和学生共用同一个表格存放数据，其中在表格的最后一列中，学生填入的是班级，教师填入的是教研室。班级用整型数据来表示，而教研室则用字符串来表示。如果想要将上述这两种类型都放入同一列（department 变量）中，就必须将 department 定义为能够包含整型和字符数组这两种不同类型的"共用"变量。

二、相关知识

1. 共用体类型的定义

共用体又称联合，是由数据类型不相同的若干个成员组成的。

定义共用体类型的一般形式如下:
```
union 共用体类型名
{
成员表;
};
```
其中,union 是保留字,共用体类型的定义方式与结构体很相似,区别在于共用体类型的成员表中的所有成员在内存中都是从同一个地址开始存放的。

例如:
```
union department
{
int class;
char office[10];
};
```
表示定义了一个名为 department 的共用体类型。它包含两个成员,一个为整型,成员名为 class;另一个为字符数组,成员名为 office。共用体类型定义后,就可以进行共用体变量的定义,被定义为 department 共用体类型的变量,就可以存放整型变量 class 或存放字符数组 office。

2. 共用体变量

定义共用体变量的方法有 3 种。

(1) 先定义共用体类型,再定义共用体变量。
```
union department
{
int class;
char office[10];
};
union department a,b;/*说明 a,b 变量为 department 的共用体类型*/
```

(2) 在定义共用体类型的同时定义共用体变量。
```
union department
{ int class;
char office[10];
}a,b;
```

(3) 直接定义共用体变量。
```
union
{ int class;
char office[10];
}a,b
```

共用体变量中各成员的内存分配示意图如图 10-15 所示。其中,变量 a、b 的长度应等于 department 成员中长度的最大值,即等于 office 数组的长度,共 10 字节。从图 10-15

中可以看出，变量 a、b 如果被赋予整型值时，就占用 2 字节，如果被赋予字符数组时，就占用 10 字节。也可看出各成员在内存中的起始地址都是相同的。

3. 共用体变量的引用

共用体变量的引用与结构体变量的引用一样，不能把一个共用体变量作为一个整体来引用，只能引用其中的成员。

共用体变量引用的一般形式为：

```
共用体变量名.成员名；
```

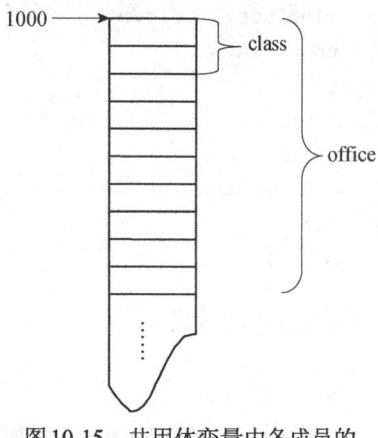

图 10-15　共用体变量中各成员的内存分配示意图

例如，a、b 都已被说明为是 department 类型的变量之后，就可以进行如下操作：

```
a.class;
b.office;
```

在此，也可以通过指针变量来引用共用体变量的成员。
例如：

```
union department *p,a,b;
p=&a;
p->class;
p->office;
```

在这里，p 是指向 union department 共用体类型的指针变量，首先将变量 a 的地址赋给 p，也就是让 p 指向变量 a。此时，"p->class"相当于"a.class"。同结构体变量一样，也可以写为"(*p).class"这种形式。

4. 共用体变量的赋值和使用

对共用体变量赋值即是对共用体变量的成员赋值，同时不允许对共用体变量做初始化赋值，赋值只能在程序中进行。

例如，a 被说明是 department 类型的变量之后可以进行如下操作。

```
a.class=403;
```

共用体变量是用同一块内存空间来存放几种不同数据类型的成员的，但它并不是指可以将所有的成员都同时存放到一个共用体变量当中，而是指该共用体变量可以被赋予任何一个成员的值，但是每次只能赋予其中一个成员的值。换句话说，一个共用体变量的值就是共用体变量中某一个成员的值，并且赋予的新值还会取代旧值。因此，共用体变量当中起作用的成员总是最后一次进行赋值的成员。

【例 10-8】共用体变量的赋值与使用。

分析：对共用体变量的各个成员赋值，观察其输出结果。
编写的程序如下：

```
#include "stdio.h"
union data
{
  int x;
  char y;
  float z;
}a;
main()
{
a.x=10;
a.y='a';
a.z=123.45;
printf("a.x=%d\n a.y=%c\n",a.x,a.y);
printf("a.z=%5.2f\n",a.z);
}
```

运行程序，例 10-8 程序的输出结果如图 10-16 所示。

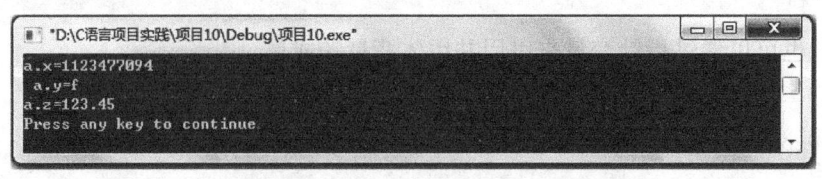

图 10-16 例 10-8 程序的输出结果

【例 10-9】设有一个教师与学生通用的表格，教师数据有姓名、年龄、职业和教研室 4 项。学生数据有姓名、年龄、职业和班级 4 项。编写程序输入人员数据，再以表格形式输出。

分析：由题目可知教师和学生信息的前 3 项相同，第四项不同。可以根据人员的各项信息定义结构体类型，并对其中不同的项指定为共用体类型，再利用结构体数组对各变量的成员值进行输入和输出操作。

编写的程序如下：

```
#include "stdio.h"
main()
{
struct
{
char name[10];
int age;
char job;
union
{
int class1;
char office[10];
}depa;
}body[2];
```

```
    int n,i;
    for(i=0;i<2;i++)
    {
    printf("please input Name,Age,Job or Department\n");
    scanf("%s %d %c",body[i].name,&body[i].age,&body[i].job);
    if(body[i].job=='s')
    scanf("%d",&body[i].depa.class1);
    else
    scanf("%s",body[i].depa.office);
    }
    printf("name\t age job class/office\n");
    for(i=0;i<2;i++)
    {
    if(body[i].job=='s')
    printf("%s\t%3d %3c %d\n",body[i].name,body[i].age,body[i].job,body[i].depa.class1);
    else
    printf("%s\t%3d %3c %s\n",body[i].name,body[i].age,body[i].job,body[i].depa.office);
    }
    }
```

运行程序，当从键盘依次输入对应信息时，例 10-9 程序的输出结果如图 10-17 所示。

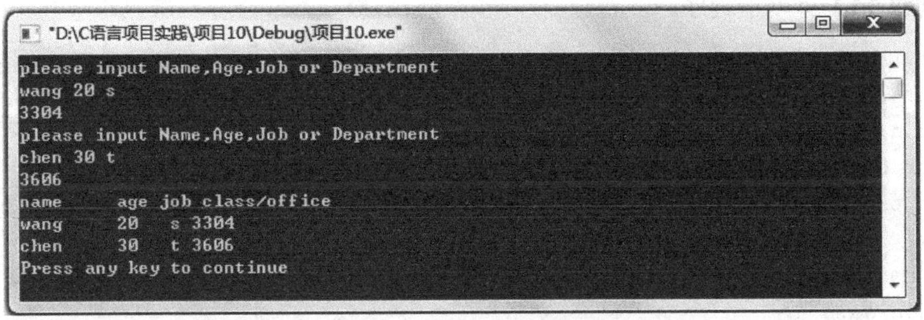

图 10-17　例 10-9 程序的输出结果

本例题是结构体与共用体的一个综合应用。其中，depa 是一个共用体类型，这个共用体类型又包含了两个成员，一个为整型变量 class1，另一个为字符数组 office。在程序的第一个 for 语句中，输入人员的各项数据，先输入结构体前 3 个成员的 name、age 和 job，然后对 job 进行判断，若为's'，则对 depa 中的成员 class1 进行输入（对学生赋班级编号），否则对 depa 中成员的 office 进行输入（对教师赋教研室编号）。

在用 scanf 语句输入时要注意，凡是数组类型的成员，无论是结构体类型还是共用体类型，在该项前不能再加取地址运算符（&）。例如，body[i].name 是一个数组，body[i].depa.office 也是一个数组，因此在这两项前不能再加取地址运算符（&）。

三、国考训练课堂 3

【试题 11】 联合数据类型的关键字是_____。
A. struct　　　　　B. union　　　　　C. Union　　　　　D. 以上都不正确
答案：B。
分析：联合数据类型即共用体类型，关键字是小写的 union。

【试题 12】 有关共用体变量的引用，下列说法中正确的是_____。
A. 可以直接把一个共用体变量作为一个整体来引用
B. 不能把一个共用体变量作为一个整体来引用
C. 与结构体类型变量一样，可以直接把一个共用体变量作为一个整体来引用
D. 以上都不正确
答案：B。
分析：在 C 语言中，共用体变量和结构体变量一样，不可以作为一个整体被引用。

【试题 13】 有关共用体，下列说法中正确的是_____。
A. union 中可以定义多个成员，union 的大小由最大的成员的大小决定
B. union 的成员共享同一块内存空间，并且一次只能使用其中的多个成员
C. 共用体中的所有成员都是从低地址开始存放的
D. 以上都不正确
答案：D。
分析：共用体中的成员是按地址存放的，共享同一块内存空间，且一次只能使用其中的一个成员。

【试题 14】 有以下程序：

```c
#include <stdio.h>
union data{
 int n;
 char ch;
 short m;
};
int main(){
 union data a;
 printf("%d,%d\n",sizeof(a),sizeof(union data));
 a.n = 0x40;
 printf("%X,%c,%hX\n",a.n,a.ch,a.m);
}
```

程序运行的结果是_____。
A. 4，4
　　40，@，40
B. 4，5
　　40，@，40

C. 4，4

  40，@，50

D. 5，4

  40，@，40

答案：A。

分析：共用体类型占用 4 字节，共用体成员之间会相互影响，修改一个成员的值会影响其他成员。

【试题 15】有关共用体变量，下列说法中正确的是_____。

A. 必须在定义共用体的同时创建变量

B. 只能在定义共用体的同时创建变量

C. 只能先定义共用体，再创建变量

D. 既可以先定义共用体，再创建变量，也可以在定义共用体的同时创建变量

答案：D。

分析：定义共同体变量时，既可以先定义共用体，再创建变量，也可以在定义共用体的同时创建变量。

任务 4 枚举

微课视频

一、任务描述

现实生活中，有些变量的取值被限定在一个有限的范围内。如一个星期只有 7 天，一年只有 12 个月等。如果把这些量定义为整型、字符型或其他类型显然是不恰当的。为此，C 语言提供了一种称为"枚举"的数据类型。该数据类型会将所有可能的取值一一列举出来，被说明为是该"枚举"类型的变量其取值不能超过定义的范围。

二、相关知识

1. 枚举类型的定义

枚举类型定义的一般形式为：

```
enum 枚举类型名{ 枚举值列表 };
```

在枚举值列表中应列出所有可能的取值，这些值被称为枚举元素。

例如：

```
enum weekday{ sun,mon,tue,wed,thu,fri,sat };
```

其中，枚举类型名为 weekday，枚举元素共 7 个，即一周中的 7 天。凡被说明为是 weekday 类型的变量，其取值只能是 7 个枚举元素中的一个。所有的枚举元素用花括号括起来，各元素之间用逗号分隔。

注意：枚举类型是一种基本数据类型，而不是一种构造数据类型。

2. 枚举类型变量的定义

同结构体和共用体一样，枚举类型的变量也可以用不同的方式定义，即先定义后说明、同时定义和说明或直接说明。

（1）先定义枚举类型，再定义变量。

```
enum weekday{ sun,mon,tue,wed,thu,fri,sat };
enum weekday a,b,c;
```

（2）在定义枚举类型的同时定义变量。

```
enum weekday{ sun,mon,tue,wed,thu,fri,sat }a,b,c;
```

（3）直接定义枚举类型变量。

```
enum { sun,mon,tue,wed,thu,fri,sat }a,b,c;
```

【例 10-10】枚举类型变量的应用。

分析：首先定义枚举类型并指定其包含的所有值为枚举元素，同时定义变量，并对变量进行引用。

编写的程序如下：

```
#include <stdio.h>
main()
{
    enum weekday
    { sun,mon,tue,wed,thu,fri,sat } a,b,c;
    a=sun;
    b=mon;
    c=tue;
    printf("%d,%d,%d\n",a,b,c);
}
```

运行程序，例 10-10 程序的输出结果如图 10-18 所示。

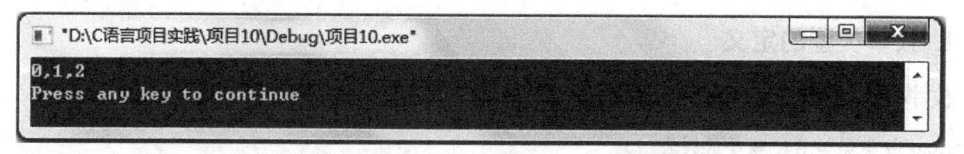

```
"D:\C语言项目实践\项目10\Debug\项目10.exe"
0,1,2
Press any key to continue
```

图 10-18　例 10-10 程序的输出结果

三、国考训练课堂 4

【试题 16】枚举类型的关键字是_____。

A. struct　　　　B. enum　　　　C. Enum　　　　D. enum a

答案：B。

分析：C 语言中枚举类型的关键字是 enum。

【试题 17】枚举类型可以像整数一样进行大小的比较和算术运算，其枚举值列表中的第一个元素的默认值为_____。

A. 1　　　　　　B. 2　　　　　　C. 0　　　　　　D. 任意数值

答案：C。

分析：枚举类型成员的默认值是从 0 开始的，后续成员依次增加 1。

【试题 18】有以下程序：

```
#include <stdio.h>
int main()
{
  enum Season{spring,summer,autumn,winter};
  enum Season s = winter;
  printf("%d\n",s);
  return 0;
}
```

程序运行的结果是_____。

A. winter　　　　B. 3　　　　　　C. 2　　　　　　D. 1

答案：B。

分析：枚举类型成员的默认值是从 0 开始的，后续成员依次增加 1，因此 winter 对应的数值为 3。

【试题 19】有以下程序：

```
#include <stdio.h>
int main()
{
 enum Season {spring,summer,autumn,winter}s;
 s=autumn;
printf("%d\n",s);
}
```

程序运行的结果是_____。

A. 2　　　　　　B. 1　　　　　　C. 0　　　　　　D. autumn

答案：A。

分析：枚举类型成员的默认值是从 0 开始的，后续成员依次增加 1，因此 summer 对应的值为 1，autumn 对应的值为 2。

---|　拓展训练 10　|---

一、实验目的与要求

1. 掌握结构体类型及结构体变量的定义和使用。
2. 掌握结构体数组的应用。
3. 进一步掌握指针、结构体的应用，并进行综合练习。

4. 掌握内存的动态分配和释放技术。

二、实验内容

1. 编辑输入如下程序，观察输出结果并对该程序进行分析。

```c
#include<stdio.h>
struct ord
{int x,y;
}dt[2]={11,12,13,14};
main()
{
struct ord*p=dt;
printf("%d,",++(p->x));
printf("%d\n",++(p->y));
}
```

程序执行后的输出：_____。

2. 编辑输入如下程序，观察输出结果并对该程序进行分析。

```c
#include <stdio.h>
int main()
{
    struct{
        char *name;
        int num;
        int age;
        char group;
        float score;
    } stu1;
    stu1.name = "Cfen";
    stu1.num = 2001;
    stu1.age = 20;
    stu1.group = 'A';
    stu1.score = 200;
    printf("%d,%d,%c,%.1f\n",stu1.name,stu1.num,stu1.age,stu1.group,stu1.score);
}
```

程序执行后的输出：_____。

3. 编辑输入如下程序，观察输出结果并对该程序进行分析。

```c
#include <stdio.h>
union Test {
    char a;
    short b;
    int c;
};
```

```
int main(void)
{
    union Test x;
    printf("%d\n",sizeof(union Test));
    printf("%d\n",sizeof(x));
    x.c = 0x41;
    printf("x.c = %x\n",x.c);
    printf("x.a = %x\n",x.a);
    printf("x.b = %x\n",x.b);
    x.a = 0x88;
    printf("x.c = %x\n",x.c);
    printf("x.a = %x\n",x.a);
    printf("x.b = %x\n",x.b);
    return 0;
}
```

程序执行后的输出：_____。

---| 课后习题 10 |---

一、选择题

1.有如下定义：

```
struct ss
{char name[10];
int age;
char sex;
}std[3],*p=std;
```

下面各输入语句中错误的是_____。

A. scanf("%d",&(*p).age); 　　　B. scanf("%s",&std.name);
C. scanf("%c",&std[0].sex) 　　　D. scanf("%c",&(p->sex));

2. 有以下程序：

```
#include"stdio.h"
struct s
{int x,y;}data[2]={10,100,20,200};
main()
{struct s *p=data;
 printf("%d\n",++(p->x));
}
```

程序运行之后的输出结果是_____。

A. 10 　　　　　　B. 11 　　　　　　C. 20 　　　　　　D. 21

3. 有以下程序：

```c
#include"stdio.h"
struct STU
{char name[10];
int num;
int score;
};
main()
{struct STU s[5]={{"YangSan",20041,703},{"LiSiGuo",20042,580},
       {"WangYin",20043,680},{"SunDan",20044,550},
       {"PengHua",20045,537}},*p[5],*t;
int i,j;
for(i=0;i<5;i++)p[i]=&s[i];
for(i=0;i<4;i++)
 for(j=i+1;j<5;j++)
  if(p[i]->score>p[j]->score)
   {t=p[i];p[i]=p[j];p[j]=t;}
printf("%d %d\n",s[1].score,p[1]->score);
}
```

程序执行后的输出结果是_____。
A. 550 550   B. 680 680   C. 580 550   D. 580 680

4. 有以下程序：

```c
#include <stdlib.h>
#include"stdio.h"
struct NODE{int num;struct NODE *next;};
main()
{struct NODE *p,*q,*r;int sum=0;
 p=(struct NODE *)malloc(sizeof(struct NODE));
 q=(struct NODE *)malloc(sizeof(struct NODE));
 r=(struct NODE *)malloc(sizeof(struct NODE));
 p->num=1;q->num=2;r->num=3;
 p->next=q;q->next=r;r->next=NULL;
 sum+=q->next->num;sum+=p->num;
 printf("%d\n",sum);
}
```

程序执行后的输出结果是_____。
A. 3   B. 4   C. 5   D. 6

5. 有以下结构体类型的定义，并且指针 p、q、r 分别指向链表中的 3 个连续结点，如图 10-19 所示，现要将 q 所指的结点从链表中删除，同时要保持链表的连续，以下不能完成指定操作的语句是_____。

```
struct node
```

```
{int data;struct node *next;}*p,*q,*r;
```

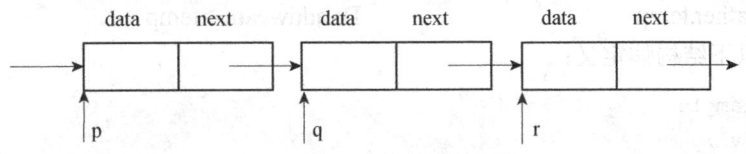

图 10-19 习题 5 链表图示

A. p->next=q->next; B. p->next=p->next->next;
C. p->next=r; D. p=q->next;

6. 有以下程序：

```
#include"stdio.h"
struct STU
{char name[10];int num;float TotalScore;};
void f(struct STU *p)
{struct STU s[2]={{ "SunDan",20044,550},{"Penghua",20045,537}},*q=s;
++p;++q;*p=*q;
}
main()
{struct STU s[3]={{ "YangSan",20041,703},{"LiSiGuo",20042,580}};
f(s);
printf("%s %d%3.0f\n",s[1].name,s[1].num,s[1].TotalScore);
}
```

程序运行后的输出结果为_____。

A. 20045537   B. 20044550   C. 20042580   D. 20041703

7. 有以下程序：

```
#include"stdio.h"
struct STU
{char name[10];int num;float TotalScore;};
void f(struct STU *p)
{struct STU s[2]={{ "SunDan",20044,550},{"Penghua",20045,537}},*q=s;
++p;++q;*p=*q;
}
main()
{struct STU s[3]={{ "YangSan",20041,703},{"LiSiGuo",20042,580}};
f(s);
printf("%s %d%3.0f\n",s[1].name,s[1].num,s[1].TotalScore);
}
```

程序运行后的输出结果是_____。

A. SunDan 20044 550   B. Penghua 20045 537
C. LiSiGuo 20042 580   D. SunDan 20041 703

8. 如果 temp 是结构体变量 weather 的成员，并且已经执行了语句 addweath=&weather，那么_____能代表 temp。

A. weather.temp B. (*weather).temp
C. addweather.temp D. addweath->temp

9. 若有以下结构体定义：

```
struct example
{int x,y}v1;
```

则_____是正确的引用或定义。

A. example.x=10； B. example v1.x=10；
C. struct v2；v2.x=10； D. struct example v2=10；

10. 若有如下说明：

```
struct student
{char name[20];
int age;
char sex;
}a={"ZhangLei",20,'M'},*p=&a;
```

则对字符串 ZhangLei 的引用方式不正确的是_____。

A. (*p).name B. p.name C. p->name D. a.name

11. 共用体类型中的成员_____。

A. 必须具有相同的数据类型
B. 必须包含指针类型的成员
C. 允许在内存中占用大小不同的空间
D. 必须在内存中占用大小不同的空间

12. 对 C 语言中共用体类型数据的正确描述是_____。

A. 一旦定义了一个共用体变量后，即可以引用该变量或该变量的任意成员
B. 一个共用体变量中可以同时存放其所有成员
C. 一个共用体变量中不能同时存放其所有成员
D. 共用体类型数据可以出现在结构体类型的定义中，但结构体类型的数据不能出现在共用体类型的定义中

13. 设有以下说明：

```
union data
{int I;
char c;
float f;
}a;
```

则下面不正确的叙述是_____。

A. a 所占内存单元的长度等于 f 所占内存单元的长度
B. a 的地址和它各成员的地址都是同一个地址
C. a 可以作为函数参数
D. 不能对 a 赋值，但可以在定义 a 时对它进行初始化

14. 设有如下语句：

```
enum team{my,your=4,his,her=his+10};
printf("%d,%d,%d,%dn",my,your,his,her);
```

则输出结果为_____。

A. 0，1，2，3　　　　　　　　　　B. 0，4，5，15
C. 0，4，0，10　　　　　　　　　　D. 1，4，5，15

15. 下面程序的输出结果是_____。

```
  typedef union
   {long x[2];
int y[4];
char n[8];
   }MYTYPE;
   MYTYPE them;
   main()
   {printf("%dn",sizeof(them));}
```

A. 8　　　　　　B. 16　　　　　　C. 3　　　　　　D. 24

二、程序填空题

1. 建立一个带有头结点的单向链表，并将存储在数组中的字符依次转存到链表中的各个结点。

```
#include<stdio.h>
struct node
{char data;struct node * next;};
【1】CreatList(char *s)
{struct node *h,*p,*q;
h=(struct node *)malloc(sizeof(struct node));
p=q=h;
while(*s!='0')
  {p=(struct node *)malloc(sizeof(struct node));
   p->data=【2】;
   q->next=p;
q=【3】;
s++;
   }
 p->next='0';
 return h;
}
main()
{char str[ ]="link list";
 struct node *head;
 head=CreatList(str);
}
```

2. 已有如下定义：

```
struct node
{int data;
struct node *next;
}*p;
```

请调用 malloc 函数，使指针 p 指向一个具有 struct node 类型的动态存储空间，请填空。

```
p=(struct node *)malloc(_____);
```

3. 将程序补充完整，完成链表的输出功能（结构体类型 student 已定义）。

```
void print(head)
{struct student *p;
p=head;
if(_____)
  do
  {printf("%d,%fn",p->num,p->score);
   p=p->next;}
  while(_____);
}
```

三、程序分析题

1. 以下程序的运行结果是_____。

```
  struct HAR
  {int x,y;
struct HAR *p;
  }h[2];
  main()
  {h[0].x=1;
h[0].y=2;
h[1].x=3;
h[1].y=4;
h[0].p=&h[1];
h[1].p=h;
printf("%d %dn",(h[0].p)->x,(h[1].p)->y);
   }
```

2. 以下程序的运行结果是_____。

```
  struct STU
{char num[10];
 float score[3];
};
main()
{struct STU s[3]={{"20021",90,95,85},{"20022",95,80,75},{"20023",100,95,90}};
struct STU *p=s;
int i;
```

```
    float sum=0;
    for(i=0;i<3;i++)
      sum=sum+p->score[i];
    printf("%6.2fn",sum);
}
```

项目 11　所见即所得——图形可视化

项目导读

通过对 C 语言基础知识的学习，大家已经掌握了最基本的语法规则，在前面的学习中，知识都是比较抽象的，同学们初次接触，可能有些畏难情绪，本项目将介绍如何通过使用编程软件的图形库让你的程序"活"起来，让冰冷的代码变得五颜六色。

项目目标

1. 学习使用 C 语言编程软件中的图形库，培养自己的动手设计能力，真正做到学以致用。
2. 在学习制作生动有趣图片的同时，提高自己的审美，培养自己的艺术涵养。
3. 学习编写小游戏，让学生从游戏中获益，认清游戏的本质，学会适当游戏。

任务 1　安装 EasyX

一、任务描述

EasyX 是针对 C++ 的图形库，其有助于 C/C++ 初学者快速上手图形绘制和游戏编程。例如，可以基于 EasyX 图形库用几何图形画一个房子，或者画一辆移动的小车，可以编写俄罗斯方块、贪吃蛇、黑白棋等游戏程序，可以练习图形学的各种算法等。

二、相关知识

1. EasyX 图形库的安装

EasyX Graphics Library 是针对 Visual C++的免费绘图库，支持 VC6.0～VC2019，其简单易用，学习成本低，应用领域广泛，可以到 EasyX 官网直接下载。安装可以通过自动安装和手动安装两种方式实现。

1）自动安装

自动安装程序支持 Visual C++6.0 / 2008～2019 版本，推荐使用自动安装方式，具体操作步骤如下。

（1）双击下载的 EasyX 安装包，鉴于电脑防火墙，可能会有安全警告，单击"运行"命令，打开如图 11-1 所示的"欢迎使用 EasyX 20210224 安装向导"对话框。

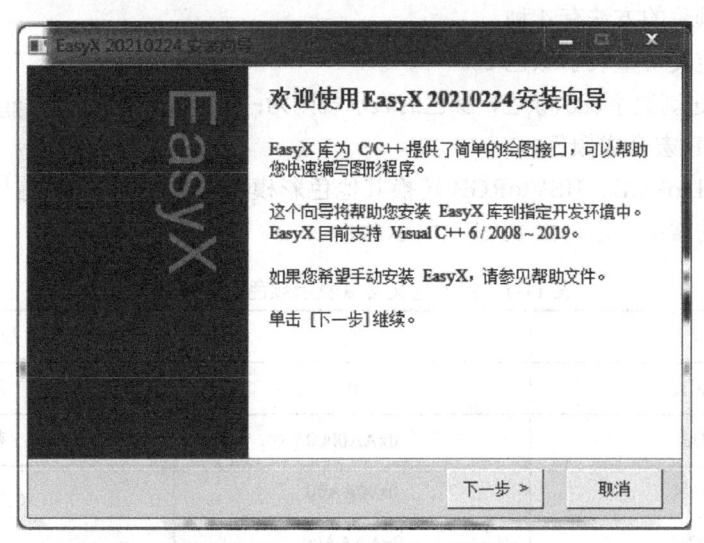

图 11-1　EasyX 20210224 安装向导一

（2）EasyX 安装程序会检测到当前操作系统中安装的 Visual Studio 版本，单击对应版本右侧的"安装"按钮即可，如图 11-2 所示。

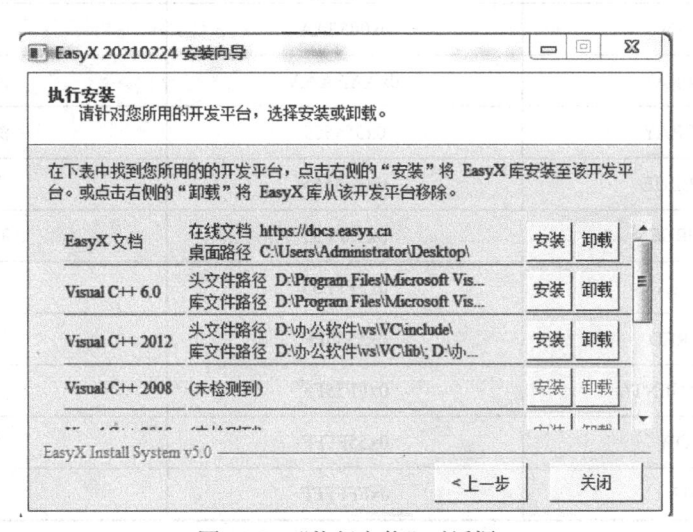

图 11-2　"执行安装"对话框

2）手动安装

EasyX 安装程序使用 7-Zip 封装的自解压缩包程序。手动安装时，可以先直接用 7-Zip 将安装文件解压，再根据文件列表的说明，将解压后的相关文件分别拷贝到 VC 对应的 include 和 lib 文件夹内。也可以先将所需的 include 和 lib 文件夹放到任意位置，然后在 VC 中增加 lib 和 include 的引用路径。

2. 绘图颜色的使用

要画出丰富多彩的图片，颜色的搭配尤为重要。在 EasyX 中，EasyX 使用 24bit 真彩色，不支持调色板模式。

通常表示颜色的方法有 4 种。

（1）用预定义常量表示颜色 2。

（2）用 16 进制数字表示颜色，颜色的表示规则为：0xbbggrr（bb=蓝，gg=绿，rr=红）。

（3）用 RGB 宏合成颜色。

（4）用 HSLtoRGB、HSVtoRGB 转换其他色彩模型到 RGB 颜色。这里给出用预定义常量表示颜色的常用表示，如表 11-1 所示。

表 11-1 用预定义常量表示颜色的常用表示

常量	值	颜色
BLACK	0	黑
BLUE	0xAA0000	蓝
GREEN	0x00AA00	绿
CYAN	0xAAAA00	青
RED	0x0000AA	红
MAGENTA	0xAA00AA	紫
BROWN	0x0055AA	棕
LIGHTGRAY	0xAAAAAA	浅灰
DARKGRAY	0x555555	深灰
LIGHTBLUE	0xFF5555	亮蓝
LIGHTGREEN	0x55FF55	亮绿
LIGHTCYAN	0xFFFF55	亮青
LIGHTRED	0x5555FF	亮红
LIGHTMAGENTA	0xFF55FF	亮紫
YELLOW	0x55FFFF	黄
WHITE	0xFFFFFF	白

如表 11-2 所示是常用的图形颜色及样式设置相关函数。

表 11-2 常用的图形颜色及样式设置相关函数

函数或数据类型	描述
fillstyle	填充样式对象
getbkcolor	获取当前设备背景色
getbkmode	获取当前设备图案填充和文字输出时的背景模式

（续表）

函数或数据类型	描述
getfillcolor	获取当前设备填充颜色
getfillstyle	获取当前设备填充样式
getlinecolor	获取当前设备画线颜色
getlinestyle	获取当前设备画线样式
getpolyfillmode	获取当前设备多边形填充模式
getrop2	获取当前设备二元光栅操作模式
linestyle	画线样式对象
setbkcolor	设置当前设备绘图的背景色
setbkmode	设置当前设备图案填充和文字输出时的背景模式
setfillcolor	设置当前设备的填充颜色
setfillstyle	设置当前设备的填充样式
setlinecolor	设置当前设备的画线颜色

例如，setfillcolor（BLUE）表示设置当前设备的填充颜色为蓝色；setlinecolor（COLORREF color）表示设置当前设备的画线颜色为括号里的颜色；setbkcolor（BLUE）表示设置当前设备绘图的背景色为蓝色。

3. 基本图形绘制的相关函数

在 EasyX 图形库中，基本绘图函数如表 11-3 所示。

表 11-3 基本绘图函数

函数	描述
arc	画椭圆弧
circle	画无填充的圆
clearcircle	清空圆形区域
clearellipse	清空椭圆区域
clearpie	清空扇形区域
clearpolygon	清空多边形区域
clearrectangle	清空矩形区域
clearroundrect	清空圆角矩形区域
ellipse	画无填充的椭圆
fillcircle	画有边框的填充圆
fillellipse	画有边框的填充椭圆
fillpie	画有边框的填充扇形

（续表）

函数	描述
fillpolygon	画有边框的填充多边形
fillrectangle	画有边框的填充矩形
fillroundrect	画有边框的填充圆角矩形
floodfill	填充区域
line	画直线
pie	画无填充的扇形
polybezier	画三次方贝塞尔曲线
polyline	画多条连续的线
polygon	画无填充的多边形
putpixel	画点
rectangle	画无填充的矩形
roundrect	画无填充的圆角矩形
solidcircle	画无边框的填充圆
solidellipse	画无边框的填充椭圆
solidpie	画无边框的填充扇形
solidpolygon	画无边框的填充多边形
solidrectangle	画无边框的填充矩形
solidroundrect	画无边框的填充圆角矩形

下面给出常用基本绘图函数的调用格式。

（1）arc 函数用于画椭圆弧。其调用格式一般为：

```
void arc(
int left,
int top,
int right,
int bottom,
double stangle,
double endangle
);
```

left：圆弧所在椭圆的外切矩形左上角的 x 坐标。
top：圆弧所在椭圆的外切矩形左上角的 y 坐标。
right：圆弧所在椭圆的外切矩形右下角的 x 坐标。
bottom：圆弧所在椭圆的外切矩形右下角的 y 坐标。
stangle：圆弧起始角的弧度。
endangle：圆弧终止角的弧度。

（2）circle 函数用于画无填充的圆。其调用格式一般为：

```
void circle(
```

```
    int x,
    int y,
    int radius
);
```

x：圆心的 x 坐标。
y：圆心的 y 坐标。
radius：圆的半径。
（3）rectangle 函数用于画无填充的矩形。其调用格式一般为：

```
void rectangle(
    int left,
    int top,
    int right,
    int bottom
);
```

left：矩形左部的 x 坐标。
top：矩形顶部的 y 坐标。
right：矩形右部的 x 坐标。
bottom：矩形底部的 y 坐标。

三、课堂训练

EasyX 在使用上非常简单。例如，启动 Visual C++，创建一个空的控制台项目（Win32 Console Application），然后添加一个新的代码文件（.cpp），并引用 graphics.h 头文件就可以了。当然，EasyX 也可以在 Win32 Application 项目上使用。需要注意的是，因为 Win32 Application 项目没有控制台，所以无法使用与控制台相关的函数。

【例 11-1】用 C 语言绘制圆形图案。
分析：绘制圆心为（250，240），半径为 100 的圆。
编写的程序如下：

```
#include <graphics.h>      // 引用 EasyX 绘图库头文件
#include <conio.h>
int main()
{
    initgraph(500,480);          // 创建绘图窗口,分辨率 500×480
    circle(250,240,100);         // 画圆,圆心(250,240),半径 100
    _getch();                    // 按任意键继续
    closegraph();                // 关闭图形界面
    return 0;
}
```

运行程序，例 11-1 程序的输出结果如图 11-3 所示。

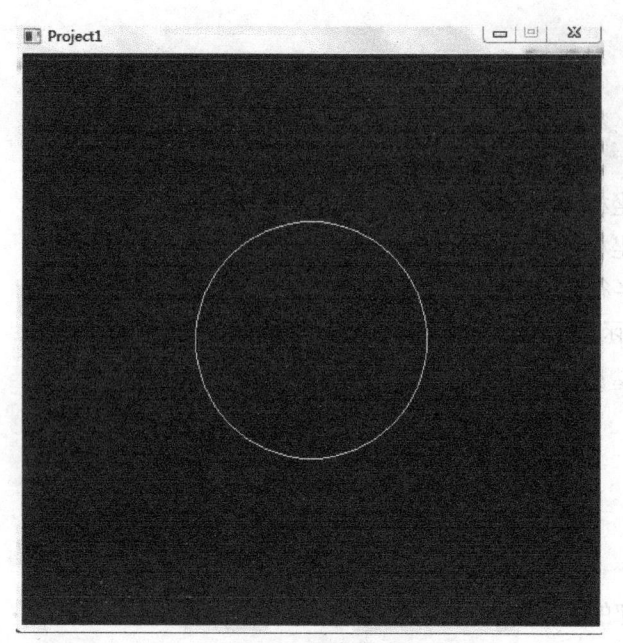

图 11-3　例 11-1 程序的输出结果

【例 11-2】绘制美丽的彩虹。

分析：绘制出颜色渐变的彩虹条。

编写的程序如下：

```c
#include <graphics.h>
#include <conio.h>
int main()
{
// 创建绘图窗口
 initgraph(640,480);
// 画渐变的天空(通过亮度逐渐增加)
 float H = 190;          // 色相
 float S = 1;            // 饱和度
 float L = 0.7f;         // 亮度
 for(int y = 0;y < 480;y++)
 {
     L += 0.0005f;
     setlinecolor(HSLtoRGB(H,S,L));
     line(0,y,639,y);
 }
// 画彩虹(通过色相逐渐增加)
 H = 0;
 S = 1;
 L = 0.5f;
 setlinestyle(PS_DASH,3);        // 设置线宽为 2
 for(int r = 400;r > 344;r--)
 {
```

```
        H += 5;
        setlinecolor(HSLtoRGB(H,S,L));
        circle(500,480,r);
}
// 按任意键退出
_getch();
closegraph();
}
```

运行程序，例 11-2 程序的输出结果如图 11-4 所示。

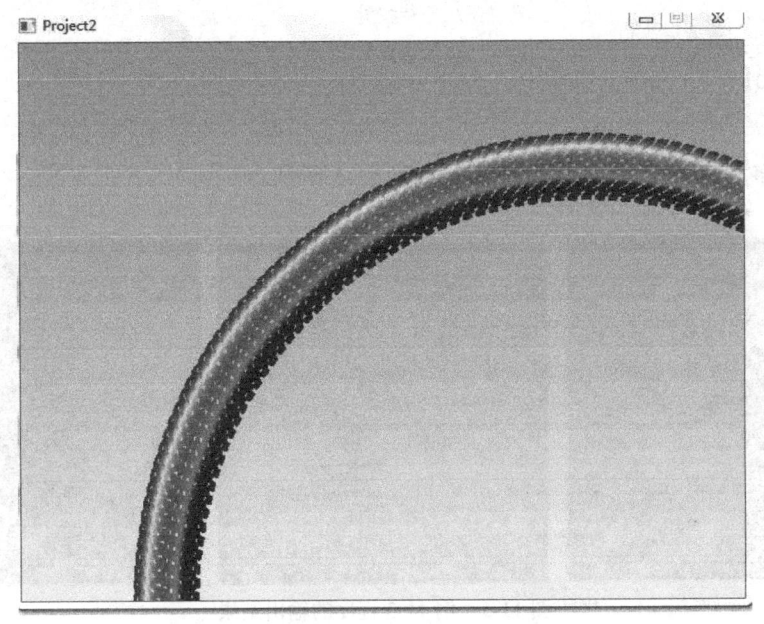

图 11-4 例 11-2 程序的输出结果

【例 11-3】模拟小球运动。

分析：设计小球的运动过程，小球做自由落体运动，落到地面，再弹起来，反复跳跃，直至停落在地面上。

编写的程序如下：

```
#include <graphics.h>
#include <conio.h>
int main()
{
    float y = 50;                    // 小球的 y 坐标
    float vy = 0;                    // 小球 y 方向速度
    float g = 0.5;                   // 小球加速度,y 方向
    initgraph(600,600);              // 初始游戏窗口画面,宽 600,高 600
    while(1)                         // 一直循环运行
    {
        cleardevice();               // 清除掉之前绘制的内容
```

```
            vy = vy + g;              // 利用加速度 g 更新 vy 速度
            y = y + vy;               // 利用 y 方向的速度 vy 更新 y 坐标
            if(y >= 560)              // 当碰到地面时
                vy = -0.95 * vy;      //  y 方向速度改变方向,并受阻尼影响绝对值变小
            if(y > 560)               // 防止小球越过地面
                y = 560;
            setfillcolor(RED);        // 设置填充色
            fillcircle(300,y,40);     // 在坐标(300,y)处画一个半径为 40 的圆
            Sleep(10);                // 暂停 10 毫秒
        }
        _getch();                     // 等待按键
        closegraph();                 // 关闭窗口
        return 0;
    }
```

运行程序，例 11-3 程序的输出结果如图 11-5 所示。

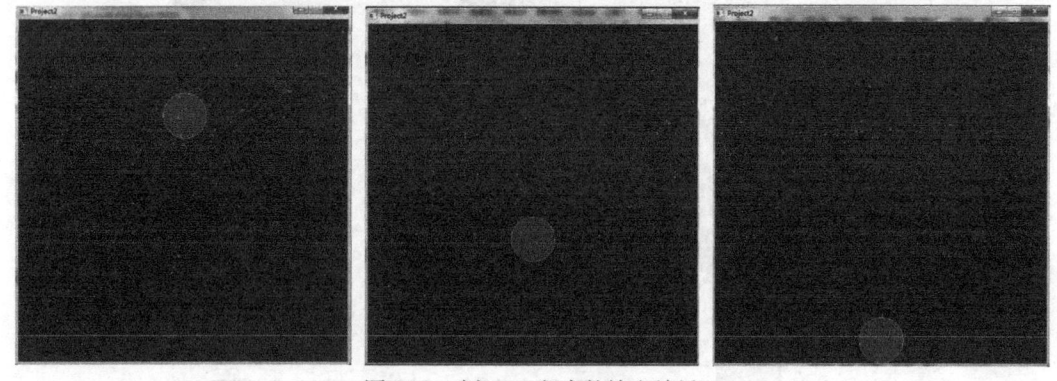

图 11-5　例 11-3 程序的输出结果

任务 2　鼠标操作

一、任务描述

对于鼠标和键盘的操作，其会被系统转换成相应的消息，窗口过程在接收到消息后会进行相应地处理。因此通过函数发送鼠标和键盘的相关消息就可以进行鼠标和键盘的模拟操作。

二、相关知识

1. 鼠标的常用操作

无论是鼠标光标的移动、单击鼠标左键或右键，还是键盘的按键，通常在应用程序中都会转换成相应的消息。例如，每天的电脑操作，将鼠标光标移动到"我的电脑"上，然

后单击鼠标右键，在弹出的快捷菜单中用鼠标左键单击"属性"命令。

2. MOUSEMSG

MOUSEMSG 结构体常用于保存鼠标消息，其定义格式如下。

```
struct MOUSEMSG
{
    UINT uMsg;              // 当前鼠标消息
    bool mkCtrl;            // Ctrl 键是否按下
    bool mkShift;           // Shift 键是否按下
    bool mkLButton;         // 鼠标左键是否按下
    bool mkMButton;         // 鼠标中键是否按下
    bool mkRButton;         // 鼠标右键是否按下
    int x;                  // 当前鼠标的 x 坐标(物理坐标)
    int y;                  // 当前鼠标的 y 坐标(物理坐标)
    int wheel;              // 鼠标滚轮滚动值
};
```

成员 uMsg 用于指定鼠标消息，鼠标的消息函数有很多，如表 11-4 所示。当移动鼠标光标的时候，系统中对应的消息是 WM_MOUSEMOVE，按下鼠标左键的时候，系统中对应的消息是 WM_LBUTTONDOWN；释放鼠标左键的时候，系统中对应的消息是 WM_LBUTTONUP。

表 11-4　鼠标的消息函数

值	含义
WM_MOUSEMOVE	鼠标移动消息
WM_MOUSEWHEEL	鼠标滚轮拨动消息
WM_LBUTTONDOWN	左键按下消息
WM_LBUTTONUP	左键弹起消息
WM_LBUTTONDBLCLK	左键双击消息
WM_MBUTTONDOWN	中键按下消息
WM_MBUTTONUP	中键弹起消息
WM_MBUTTONDBLCLK	中键双击消息
WM_RBUTTONDOWN	右键按下消息
WM_RBUTTONUP	右键弹起消息
WM_RBUTTONDBLCLK	右键双击消息

【例 11-4】在控制台显示鼠标左键单击的图形窗口的位置坐标。

分析：在图形窗口用鼠标左键单击任意位置，在控制台会显示对应的坐标。

编写的程序如下：

```c
#include <stdio.h>
#include <graphics.h>
```

```
#include <conio.h>
int main()
{
    // 初始化图形窗口,保留控制台显示
    initgraph(640,480,SHOWCONSOLE);
    MOUSEMSG m;        // 定义鼠标消息
    while(true)
    {
        // 获取一条鼠标消息
        m = GetMouseMsg();
        switch(m.uMsg)
        {
            case WM_LBUTTONDOWN:
                // 如果单击鼠标左键的同时按下 Ctrl 键
                printf("坐标是(%d,%d)",m.x,m.y);
                break;
            case WM_RBUTTONUP:
                return 0;     // 单击鼠标右键退出程序
        }
    }
    // 关闭图形窗口
    closegraph();
}
```

运行程序，例 11-4 程序的输出结果如图 11-6 所示。

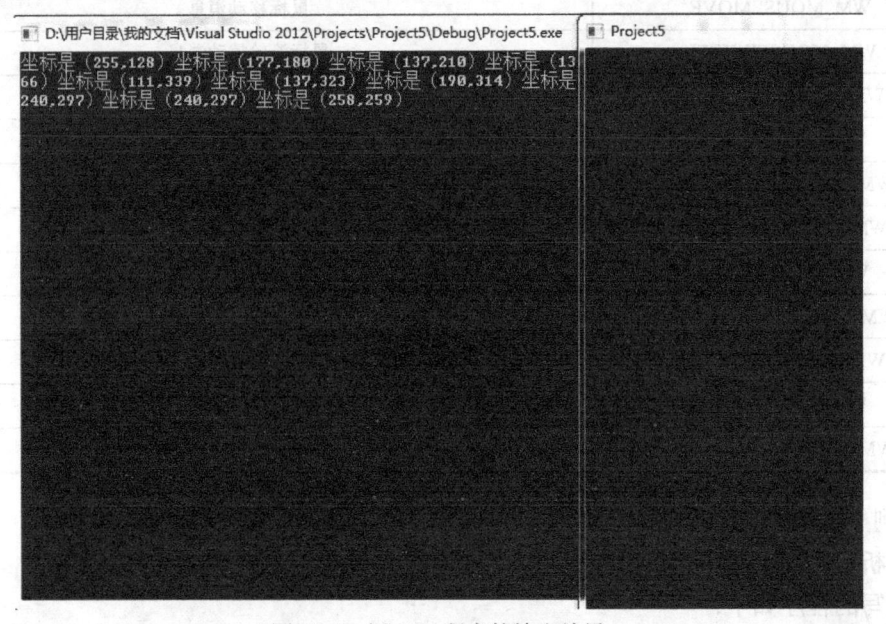

图 11-6　例 11-4 程序的输出结果

【例 11-5】在鼠标移动的时候画红色的小点，若在单击鼠标左键的同时按下 Ctrl 键，则画一个青色方块,否则画一个椭圆。

分析: 在获取到鼠标移动的信息时,就会在图形串口绘制红色小点,若在鼠标移动的同时按下 Ctrl 键,则绘制一个青色方块,否则绘制一个椭圆。

编写的程序如下:

```c
#include <graphics.h>
#include <conio.h>

int main()
{
    // 初始化图形窗口
    initgraph(640,480);
    MOUSEMSG m;        // 定义鼠标消息
    while(true)
    {
        // 获取一条鼠标消息
        m = GetMouseMsg();
        switch(m.uMsg)
        {
            case WM_MOUSEMOVE:
                // 鼠标移动的时候画红色的小点
                putpixel(m.x,m.y,RED);
                break;
            case WM_LBUTTONDOWN:
                // 如果在单击鼠标左键的同时按下 Ctrl 键
                if(m.mkCtrl)
                    // 画一个青色方块
                    setfillcolor(CYAN),
                    fillrectangle(m.x-10,m.y-10,m.x+10,m.y+10);
                else
                    // 画一个椭圆
                    fillellipse(m.x-8,m.y-5,m.x+8,m.y+5);
                break;
            case WM_RBUTTONUP:
                return 0;    // 单击鼠标右键退出程序
        }
    }
    // 关闭图形窗口
    closegraph();
}
```

运行程序,配合鼠标操作,例 11-5 程序的输出结果如图 11-7 所示。

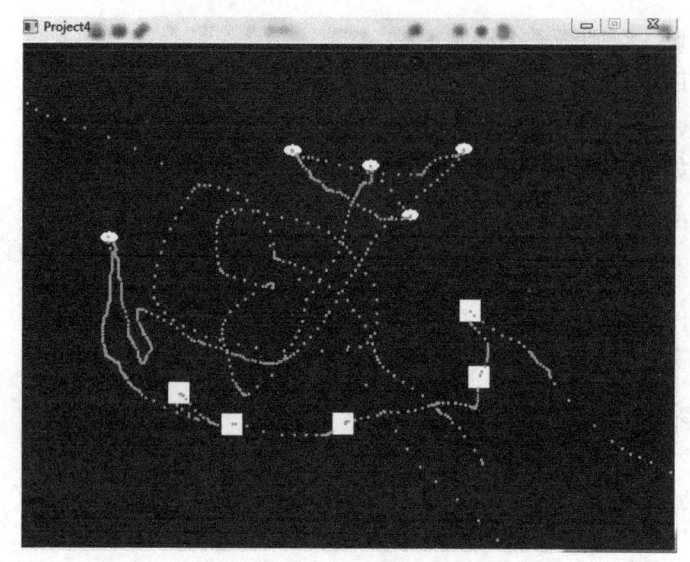

图 11-7　例 11-5 程序的输出结果

拓展训练 11

一、实验目的与要求

1. 掌握基本绘图函数的使用。
2. 掌握循环结构的应用。
3. 将 C 语言的基础知识与图形函数结合起来综合练习。
4. 逐步掌握动图的绘制，为编写游戏程序打下基础。

二、实验内容

"黑客帝国代码雨"的动态图显示：随机显示数字，循环刷新显示。
编写的程序如下：

```c
#include <graphics.h>
#include <time.h>
#include <conio.h>
int main()
{
    // 设置随机函数种子
    srand((unsigned)time(NULL));
    // 初始化图形界面大小
    initgraph(650,490);

    int  x,y;
    char c;
```

```
settextstyle(16,8,_T("Courier"));      // 设置字体格式
// 设置数字和线条颜色
settextcolor(GREEN);
setlinecolor(BLACK);
for(int i = 0;i <= 489;i++)
{
    // 在随机位置显示 3 个 0~9 的随机数字
    for(int j = 0;j < 3;j++)// 逐行显示
    {
        x =(rand()% 80)* 8;
        y =(rand()% 20)* 24;
        c =(rand()% 10)+48;
        outtextxy(x,y,c);
    }
    // 画线擦掉一个像素行
    line(0,i,649,i);
    Sleep(12);                  // 延时
    if(i >= 489) i = -1;        // 循环
    if(_kbhit()) break;         // 按任意键退出
}
// 关闭图形窗口
closegraph();
}
```

运行程序,"黑客帝国代码雨"如图 11-8 所示。

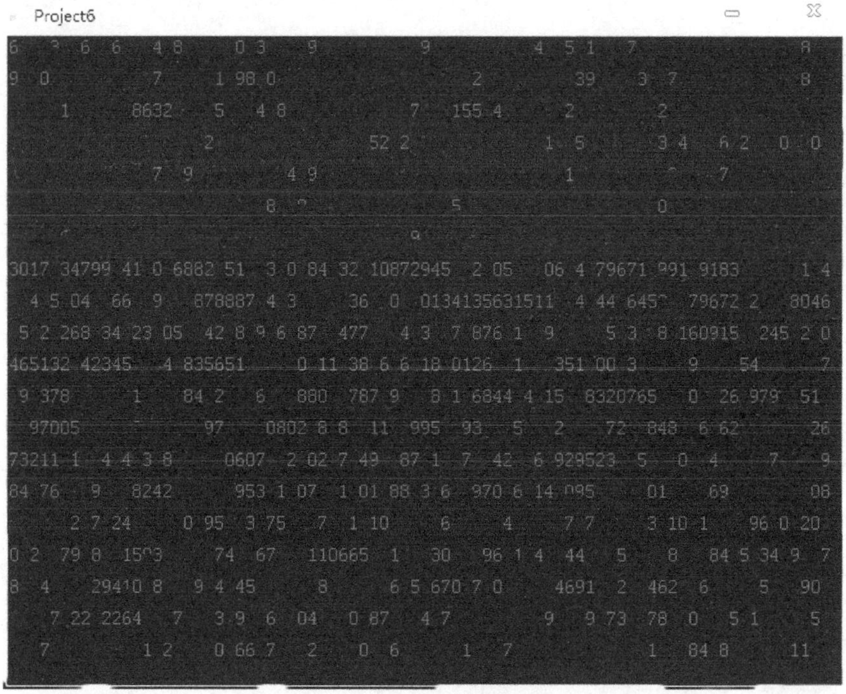

图 11-8 "黑客帝国代码雨"

课后习题 11

一、填空题

1. 使用 EasyX 进行图形化设计时，需要添加_____头文件。
2. 画有边框的填充圆需要使用的函数是_____。当要调节填充颜色，需要使用函数_____。
3. 模拟鼠标按下的函数是_____。

二、编程题

1. 绘制一个边长为 5cm，填充色为红色的正方形。
2. 绘制间距为 1cm 的 10 条平行直线。

附录 I ASCII 码对照表

ASCII 码	键盘	ASCII 码	键盘	ASCII 码	键盘	ASCII 码	键盘
27	ESC	32	SPACE	33	!	34	"
35	#	36	$	37	%	38	&
39	'	40	(	41	)	42	*
43	+	44	,	45	-	46	.
47	/	48	0	49	1	50	2
51	3	52	4	53	5	54	6
55	7	56	8	57	9	58	:
59	;	60	<	61	=	62	>
63	?	64	@	65	A	66	B
67	C	68	D	69	E	70	F
71	G	72	H	73	I	74	J
75	K	76	L	77	M	78	N
79	O	80	P	81	Q	82	R
83	S	84	T	85	U	86	V
87	W	88	X	89	Y	90	Z
91	[	92	\	93	]	94	^
95	_	96	`	97	a	98	b
99	c	100	d	101	e	102	f
103	g	104	h	105	i	106	j
107	k	108	l	109	m	110	n
111	o	112	p	113	q	114	r
115	s	116	t	117	u	118	v
119	w	120	x	121	y	122	z
123	{	124			125	}	126	~

附录Ⅱ C语言中的关键字

关键字	含义	关键字	含义
auto	声明自动变量	int	声明整型变量或函数
break	跳出当前循环	long	声明长整型变量或函数
case	开关语句分支	register	声明寄存器变量
char	声明字符型变量或函数	return	子程序返回语句（可以带参数，也可不带参数）循环条件
const	声明只读变量	short	声明短整型变量或函数
continue	结束当前循环，开始下一轮循环	signed	声明有符号类型变量或函数
default	开关语句中的"其他"分支	sizeof	计算数据类型长度
do	循环语句的循环体	struct	声明结构体变量或函数
double	声明双精度变量或函数	static	声明静态变量
else	条件语句否定分支（与if连用）	switch	用于开关语句
enum	声明枚举类型	typedef	用于给数据类型取别名
extern	声明变量已在其他文件中声明	union	声明共用数据类型
float	声明浮点型变量或函数	unsigned	声明无符号类型变量或函数
for	一种循环语句	void	声明函数无返回值或无参数，声明无类型指针
goto	无条件跳转语句	volatile	说明变量在程序执行中可被隐含地改变
if	条件语句	while	循环语句的循环条件

附录Ⅲ 运算符和结合性

优先级	运算符	含义	要求运算对象的个数	结合方向
1	() [] -> .	圆括号 下标运算符 指向结构体成员运算符 结构体成员运算符		自左至右
2	! ~ ++ -- - （类型） * & sizeof	逻辑非运算符 按位取反运算符 自增运算符 自减运算符 负号运算符 类型转换运算符 指针运算符 地址与运算符 长度运算符	1 （单目运算符）	自右至左
3	* / %	乘法运算符 除法运算法 求余运算法	2 （双目运算符）	自左至右
4	+ -	加法运算符 减法运算符	2 （双目运算符）	自左至右
5	<< >>	左移运算符 右移运算符	2 （双目运算符）	自左至右
6	<< = >> =	关系运算符	2 （双目运算符）	自左至右
7	== !=	等于运算符 不等于运算符	2 （双目运算符）	自左至右
8	&	按位运算符	2 （双目运算符）	自左至右
9	∧	按位与运算符	2 （双目运算符）	自左至右
10	|	按位或运算符	2 （双目运算符）	自左至右
11	&&	逻辑与运算符	2 （双目运算符）	自左至右
12	||	逻辑或运算符	2 （双目运算符）	自左至右
13	?:	条件运算符	3 （三目运算符）	自右至左

（续表）

优先级	运算符	含义	要求运算对象的个数	结合方向
14	=、+=、-=、*=、/=、%= &=、∧=、|=	赋值运算符	2 （双目运算符）	自右至左
15	,	逗号运算符 （顺序求值运算符）		自左至右

说明：

（1）相同优先级运算符的运算顺序由结合方向决定。例如，*与/具有相同的优先级，其结合方向为自左至右，因此 3*5/4 的运算次序是先乘后除。-和++为同一个优先级，结合方向为自右至左，因此-i++相当于-(i++)。

（2）运算符按照运算对象的个数不同分为单目运算符、双目运算符和三目运算符 3 种。

（3）不同的运算符要求的运算对象的个数不同。例如，+（加）和-（减）为双目运算符，要求在运算符两侧各有一个运算对象（如 3+5、8-3 等）。而++和-（负号）运算符是单目运算符，只要求有一个运算对象。

（4）条件运算符是 C 语言中唯一的一个三目运算符，例如，x?a:b。

附录Ⅳ 全国计算机等级考试二级C语言程序设计考试大纲（2018年版）

基本要求：

1. 熟悉 Visual C++集成开发环境。
2. 掌握结构化程序设计的方法，具有良好的程序设计风格。
3. 掌握程序设计中简单的数据结构和算法，并能阅读简单的程序。
4. 在 Visual C++集成环境下，能够编写简单的C语言程序，并具有基本的纠错和调试程序的能力。

考试内容：

一、C 语言程序的结构

1. 程序的构成，main 函数和其他函数。
2. 头文件、数据说明、函数的开始和结束标志及程序中的注释。
3. 源程序的书写格式。
4. C 语言的风格。

二、数据类型及其运算

1. C 语言的数据类型（基本类型、构造类型、指针类型、无值类型）及其定义方法。
2. C 语言运算符的种类、优先级和结合性。
3. 不同类型数据间的转换与运算。
4. C 语言的表达式类型（赋值表达式、算术表达式、关系表达式、逻辑表达式、条件表达式、逗号表达式）和求值规则。

三、基本语句

1. 表达式语句、空语句、复合语句。
2. 输入输出函数的调用，正确输入数据并正确设计输出格式。

四、选择结构程序设计

1. 用 if 语句实现选择结构。
2. 用 switch 语句实现多分支选择结构。
3. 选择结构的嵌套。

五、循环结构程序设计

1. for 循环结构。

2. while 和 do…while 循环结构。

3. continue 语句和 break 语句。

4. 循环的嵌套。

六、数组的定义和引用

1. 一维数组和二维数组的定义、初始化，以及数组元素的引用。

2. 字符串与字符数组。

七、函数

1. 库函数的正确调用。

2. 函数的定义方法。

3. 函数的类型和返回值。

4. 形式参数与实际参数，参数值的传递。

5. 函数的正确调用、嵌套调用、递归调用。

6. 局部变量和全局变量。

7. 变量的存储类别（自动、静态、寄存器、外部），变量的作用域和生存期。

八、编译预处理

1. 宏定义和调用（不带参数的宏、带参数的宏）。

2. "文件包含"处理。

九、指针

1. 地址与指针变量的概念，地址运算符与间址运算符。

2. 一维数组、二维数组和字符串的地址及指向变量、数组、字符串、函数、结构体的指针变量的定义。通过指针引用以上各类型数据。

3. 用指针作为函数参数。

4. 返回地址值的函数。

5. 指针数组、指向指针的指针。

十、结构体（"结构"）与共用体（"联合"）

1. 用 typedef 说明一个新类型。

2. 结构体和共用体类型数据的定义和成员的引用。

3. 通过结构体构成链表，单向链表的建立，结点数据的输出、删除与插入。

十一、位运算

1. 位运算符的含义和使用。

2. 简单的位运算。

十二、文件操作只要求缓冲文件系统（高级磁盘 I/O 系统），对非标准缓冲文件系统（低级磁盘 I/O 系统）不要求

1. 文件类型指针（file 类型指针）。

2. 文件的打开与关闭（fopen 函数、fclose 函数）。

3. 文件的读写（fputc 函数、fgetc 函数、fputs 函数、fgets 函数、fread 函数、fwrite 函数、fprintf 函数、fscanf 函数的应用），文件的定位（rewind 函数、feek 函数的应用）。

考试方式：

上机考试，考试时长 120 分钟，满分 100 分。

1. 题型及分值。

单项选择题 40 分（含公共基础知识部分 10 分）。

操作题 60 分（包括程序填空题、程序修改题及程序设计题）。

2. 考试环境操作系统：中文版 Windows 7。

开发环境：Microsoft Visual C++2010 学习版。